普通高等教育"十二五"规划教材

C语言程序设计

主　编　祁昌平
副主编　李晓霞　白春霞
参　编　申雪琴　贺登超
主　审　赵　柱　吴建军

科学出版社
北　京

内 容 简 介

本书根据 C 语言的发展和计算机教学的需要，精心设计案例，融计算思维于一体。在以知识点为主线的基础上，兼顾"数据表示"和"程序设计"线索，优化了 C 语言程序设计的知识安排。主要内容包括程序设计基础、基础数据类型和表达式、顺序结构程序设计、选择结构程序设计、循环结构程序设计、数组、函数、指针、结构体与共同体、文件、高级编程等。

本书内容先进，结构清晰，体系合理，案例丰富，代码专业，是初学者学习 C 语言程序设计的理想教材，可以作为高等院校非计算机专业的程序设计教材，也是适合广大编程爱好者自学的好教材，还可以作为全国计算机等级考试的辅导用书。本书配有授课课件，需要者请与作者联系，联系方式在前言结尾。

图书在版编目（CIP）数据

C 语言程序设计 / 祁昌平主编. —北京：科学出版社，2017.2
普通高等教育"十二五"规划教材
ISBN 978-7-03-051635-0

Ⅰ. ①C… Ⅱ. ①祁… Ⅲ. ①C语言－程序设计－高等学校－教材 Ⅳ. ①TP312.8

中国版本图书馆 CIP 数据核字（2017）第 009159 号

责任编辑：于海云 / 责任校对：郭瑞芝
责任印制：张　伟 / 封面设计：迷底书装

科学出版社出版
北京东黄城根北街 16 号
邮政编码：100717
http://www.sciencep.com

涿州市般润文化传播有限公司 印刷
科学出版社发行　各地新华书店经销

*

2017 年 2 月第　一　版　　开本：787×1092　1/16
2022 年 1 月第七次印刷　　印张：16
字数：450 000

定价：59.80元
（如有印装质量问题，我社负责调换）

前　言

随着计算机技术的快速发展和计算机网络的快速普及，当今社会已进入信息时代，计算机在各行各业中的应用越来越广泛。对高等院校的学生来说，不论是什么专业，学习和掌握一种计算机程序设计语言都是十分必要的。

本书以知识点为主线，以编程应用为驱动，理论联系实际，通过丰富的典型案例，详细介绍了 C 语言程序设计的思想和方法。全书力求概念清晰、准确，案例丰富、有趣，重点、难点突出。本书从最基本的计算机程序设计基础知识讲起，由浅入深，循序渐进，使读者学习本书后，可较快地掌握 C 语言。

在内容的指导思想上，本书以 C 语言为工具，介绍计算思维方法和程序设计的基本方法，把计算思维方法和程序设计中最基本、最有价值的思想和方法渗透到 C 语言的介绍中。目的是使读者在学习了 C 语言后，无论使用什么语言编程，都具有灵活应用这些思想和方法的能力。

全书共 11 章，内容包括程序设计基础、基本数据类型和表达式、选择结构、循环结构、数组、函数、结构体与共用体、指针、文件、高级编程。第 1～10 章以导读开头，指导学生整体把握本章主要内容；重点章节精心组织了一节程序设计举例，以一个个富有趣味的经典实例介绍一种新的编程思维，便于学生在轻松愉快的气氛中学习；每章安排了易错问题举例，汇总了本章容易出现的错误，使学生对本章知识的掌握更加准确；通过章后的习题可以进一步巩固所学知识；特设高级编程，详细介绍了几个综合性设计案例，可以根据专业不同，适当要求学生完成其中一项即可，既锻炼了学生的设计能力，又培养了学生分析、解决问题的综合素质。书中变量都取自程序中，形态与程序中保持一致。

本书编写过程中，王玲老师、董玉蓉老师和公维军老师负责校稿，赵柱教授和吴建军副教授负责审稿，在此，一并表示感谢。

本书由祁昌平担任主编，负责统稿、定稿等工作。参与编写的有李晓霞(编写第 4～6 章)，白春霞(编写第 1～3 章)，祁昌平(编写第 7～10 章)，申雪琴(编写第 11 章)，贺登超(编写了附录)。

本书可作为普通高等院校非计算机专业学习计算机程序设计语言的教材和广大编程爱好者的自学读物，还可以作为全国计算机等级考试的辅导用书。

因编者水平有限，书中难免有错误和不妥之处，恳请广大读者提出宝贵意见。我们会在重印时及时予以更正。编者的 E-mail：hxuzhy@163.com。

编　者

2016 年 12 月

目 录

前言

第1章 程序设计基础 ················· 1
1.1 程序和程序设计语言 ············· 1
　1.1.1 计算机与程序 ················· 1
　1.1.2 程序设计中的主要问题 ······· 2
1.2 算法 ······························ 3
　1.2.1 算法的概念及特性 ············ 3
　1.2.2 算法的描述工具 ··············· 6
1.3 结构化程序的设计方法 ·········· 7
　1.3.1 顺序结构 ······················· 7
　1.3.2 选择结构 ······················· 7
　1.3.3 循环结构 ······················· 7
1.4 C语言及其特点 ··················· 8
　1.4.1 C语言的特点 ·················· 8
　1.4.2 C源程序的结构 ··············· 9
　1.4.3 C语言的上机步骤 ············ 11
1.5 程序举例 ·························· 15
1.6 本章小结 ·························· 16
练习题 ································· 17

第2章 基本数据类型和表达式 ······ 18
2.1 C语言数据类型概述 ············ 18
2.2 常量 ······························ 19
　2.2.1 整型常量 ······················ 19
　2.2.2 浮点型常量 ··················· 20
　2.2.3 字符型常量 ··················· 20
　2.2.4 字符串常量 ··················· 21
　2.2.5 符号常量 ······················ 21
2.3 变量 ······························ 22
　2.3.1 整型变量 ······················ 22
　2.3.2 浮点型变量 ··················· 24
　2.3.3 字符型变量 ··················· 24
2.4 运算符与表达式 ·················· 24
　2.4.1 C语言中的运算符简介 ······ 24

　2.4.2 基本算术运算符和基本算术
　　　　表达式 ························ 25
　2.4.3 赋值运算符和赋值表达式 ··· 25
　2.4.4 逗号运算符和逗号表达式 ··· 26
　2.4.5 关系运算符和关系表达式 ··· 26
　2.4.6 逻辑运算符和逻辑表达式 ··· 27
　2.4.7 自增自减运算符 ·············· 28
　2.4.8 条件运算符及条件表达式 ··· 29
　2.4.9 位运算符 ······················ 29
　2.4.10 求字节运算符 ··············· 31
　2.4.11 强制类型转换运算符 ······· 31
2.5 不同类型数据之间的混合运算 ··· 31
2.6 本章小结 ·························· 33
练习题 ································· 33

第3章 顺序结构程序设计 ··········· 37
3.1 C语言程序的基本单位——
　　函数 ······························ 37
3.2 函数的基本单位——语句 ······ 38
　3.2.1 控制语句 ······················ 38
　3.2.2 函数调用语句 ················· 38
　3.2.3 表达式语句 ··················· 38
　3.2.4 空语句 ························· 39
3.3 数据的输入与输出 ··············· 39
　3.3.1 格式输出函数 ················· 39
　3.3.2 格式输入函数 ················· 44
　3.3.3 字符的输入与输出函数 ····· 45
3.4 程序举例 ·························· 47
3.5 本章小结 ·························· 51
练习题 ································· 51

第4章 选择结构程序设计 ··········· 57
4.1 选择结构程序设计概述 ········· 57
4.2 关系运算符和关系表达式 ······ 57
　4.2.1 关系运算符 ··················· 57
　4.2.2 关系表达式 ··················· 58

4.3 逻辑运算符和逻辑表达式 ……… 59
 4.3.1 逻辑运算符 ……………… 59
 4.3.2 逻辑表达式 ……………… 60
4.4 用 if 语句实现选择结构程序
  设计 ……………………………… 61
 4.4.1 if 语句的 3 种形式 ……… 61
 4.4.2 if 语句的嵌套 …………… 65
 4.4.3 条件运算符和条件表达式 …… 67
4.5 用 switch 语句实现多分支选择
  结构程序设计 …………………… 68
4.6 程序举例 ………………………… 71
4.7 本章易出错问题 ………………… 73
4.8 本章小结 ………………………… 76
练习题 ……………………………… 77

第 5 章 循环结构程序设计 ……… 78
5.1 循环结构程序设计概述 ………… 78
5.2 用于实现循环结构程序设计的
  语句 ……………………………… 79
 5.2.1 用 while 语句实现循环结构
    程序设计 ………………… 79
 5.2.2 用 do-while 语句实现循环
    结构程序设计 …………… 83
 5.2.3 用 for 语句实现循环结构
    程序设计 ………………… 86
 5.2.4 循环的嵌套 ……………… 89
 5.2.5 几种循环语句的比较 …… 91
5.3 用 break 语句和 continue 语句
  提前结束循环 …………………… 91
 5.3.1 break 语句 ……………… 91
 5.3.2 continue 语句 …………… 92
5.4 程序举例 ………………………… 93
5.5 本章易出错问题 ………………… 95
5.6 本章小结 ………………………… 97
练习题 ……………………………… 98

第 6 章 数组 ……………………… 103
6.1 数组的概念 …………………… 103
6.2 数组的定义 …………………… 104
6.3 数组的初始化 ………………… 105
6.4 数组元素的使用 ……………… 107

6.5 数值数组元素的常用操作 …… 109
 6.5.1 一维数组元素的常用操作 …… 109
 6.5.2 二维数组元素的常用操作 …… 116
6.6 数值数组的应用举例 ………… 121
 6.6.1 一维数组程序举例 …… 121
 6.6.2 二维数组程序举例 …… 123
6.7 字符数组的使用 ……………… 124
 6.7.1 字符串和字符串结束标志 …… 124
 6.7.2 字符数组的输入输出 … 125
 6.7.3 字符串处理函数 ……… 126
6.8 程序举例 ……………………… 130
6.9 本章易出错问题 ……………… 131
6.10 本章小结 …………………… 132
练习题 …………………………… 133

第 7 章 函数 ……………………… 138
7.1 概述 …………………………… 138
7.2 函数定义和函数声明 ………… 140
 7.2.1 函数定义 ……………… 140
 7.2.2 函数声明 ……………… 141
7.3 函数的调用 …………………… 142
7.4 嵌套调用 ……………………… 146
7.5 递归调用 ……………………… 147
7.6 数组作为函数参数 …………… 148
 7.6.1 数组元素作为函数实参 …… 148
 7.6.2 一维数组名作函数参数 …… 149
 7.6.3 多维数组名作函数参数 …… 150
7.7 变量的作用域 ………………… 151
7.8 变量的存储类型 ……………… 152
 7.8.1 局域变量的存储类型 … 153
 7.8.2 全局变量的存储类型 … 155
7.9 内部函数与外部函数 ………… 156
7.10 程序举例 …………………… 157
7.11 本章易出错问题 …………… 159
7.12 本章小结 …………………… 160
练习题 …………………………… 161

第 8 章 指针 ……………………… 162
8.1 地址和指针 …………………… 162
8.2 指针变量 ……………………… 163
 8.2.1 指针变量的定义 ……… 163

	8.2.2	指针的引用 ································· 163
	8.2.3	指针变量做函数参数 ············· 166
8.3	指针和数组 ·· 167
	8.3.1	指向一维数组元素的指针 ··· 167
	8.3.2	指向多维数组元素的指针 ··· 170
	8.3.3	数组指针 ································· 173
8.4	指针与字符串 ······································ 174
	8.4.1	指向字符串的指针 ··············· 174
	8.4.2	指针与字符数组的比较 ········ 176
	8.4.3	字符串指针作函数参数 ········ 177
8.5	指针与函数 ·· 178
	8.5.1	指向函数的指针 ···················· 178
	8.5.2	用函数指针变量调用函数 ···· 178
	8.5.3	返回指针的函数 ···················· 179
8.6	指针数组与多重指针 ························· 180
	8.6.1	指针数组 ································· 180
	8.6.2	多重指针 ································· 181
8.7	动态内存 ·· 183
	8.7.1	动态内存的概念 ···················· 183
	8.7.2	动态内存的分配和释放 ········ 183
	8.7.3	动态内存的应用 ···················· 184
8.8	程序举例 ·· 185
8.9	本章易错问题 ······································ 188
8.10	本章小结 ·· 189
练习题 ·· 190

第9章 结构体与共用体 ································ 191

9.1	概述 ·· 191
9.2	结构体变量的定义、初始化和引用 ······································ 192
	9.2.1	结构体变量的定义 ················ 192
	9.2.2	结构体变量的初始化 ············ 193
	9.2.3	结构体变量的引用 ················ 193
9.3	结构体数组 ·· 195
	9.3.1	结构体数组的定义 ················ 195
	9.3.2	结构体数组的应用举例 ········ 195
9.4	结构体指针 ·· 196
	9.4.1	结构体指针变量 ···················· 196
	9.4.2	指向结构体数组元素的指针 ··· 197
	9.4.3	向函数传递结构体 ················ 198
9.5	共用体 ··· 199
	9.5.1	共用体类型及变量 ················ 200
	9.5.2	共用体变量的引用 ················ 200
	9.5.3	共用体类型数据的特点 ········ 201
9.6	枚举类型和 Typedef ····························· 202
	9.6.1	枚举类型 ······························· 202
	9.6.2	Typedef ································· 203
9.7	单向链表 ·· 204
	9.7.1	链表概述 ······························· 204
	9.7.2	建立简单的静态单向链表 ···· 204
	9.7.3	建立动态单向链表 ················ 205
9.8	程序举例 ·· 206
9.9	本章易错问题 ······································ 208
9.10	本章小结 ·· 209
练习题 ·· 209

第10章 文件 ·· 210

10.1	概述 ·· 210
	10.1.1 什么是文件 ························ 210
	10.1.2 文件分类 ···························· 211
10.2	文件指针 ·· 212
10.3	打开与关闭文件 ································ 213
	10.3.1 打开文件 ···························· 213
	10.3.2 关闭文件 ···························· 214
10.4	文件的顺序读写 ································ 215
	10.4.1 字符读写 ···························· 215
	10.4.2 字符串读写 ························ 217
	10.4.3 格式化读写 ························ 218
	10.4.4 记录方式的读写 ················ 219
10.5	随机读写数据文件 ···························· 220
10.6	程序举例 ·· 222
10.7	本章常见问题 ···································· 226
10.8	本章小结 ·· 226
练习题 ·· 227

第11章 高级编程 ·· 228

11.1	个人小金库的管理 ···························· 228
11.2	简单的信息管理系统 ························ 231
11.3	贪吃蛇游戏 ·· 238

附录 C库函数 ·· 244

第 1 章　程序设计基础

内容导读：

C 语言程序设计在程序设计语言中有很重要的地位和作用，是学习程序设计的一门基础课程。本章以基本操作、基本语法规则和基本编程方法技巧为主，强调理论联系实际，帮助读者掌握程序设计的思想和方法，解决工程实践中的实际问题。

- 程序和程序设计语言
- 算法
- 结构化程序的设计方法
- C 语言及其特点
- C 语言的上机步骤

1.1　程序和程序设计语言

1.1.1　计算机与程序

当今，计算机已广泛应用于社会生活的各个领域，成为大众化的现代工具。但是，不熟悉计算机的人仍然把它想象得十分神秘。其实，计算机不过是一种具有内部存储能力、由程序自动控制的电子设备。人们将需要计算机做的工作写成一定形式的指令，并把它们存储在计算机的内部存储器中，当人们给出命令之后，它就按指令操作顺序自动执行。人们把这种可以连续执行的一条条指令的集合称为"程序"。可以说，程序就是人与机器进行"对话"的语言，也就是我们常说的"程序设计语言"。

程序设计语言是用户用来编写程序的语言，是人机之间交换信息的工具。程序设计语言一般分为三类：机器语言、汇编语言和高级语言。

1. 机器语言

机器语言是用机器指令编写的程序，可以由计算机直接执行。程序中每一条机器指令都是以二进制编码的形式出现的，每一台机器的指令集就是机器语言，因此机器语言与计算机一一对应，有多少种计算机就有多少种机器语言，针对一种机器编写的机器语言程序不能在另一种计算机上运行。由于机器语言是针对机器硬件编写程序的，所以它的执行效率高，能充分发挥计算机性能。但是，编写程序的难度大，常常需要由计算机专业人员编写，一般人员不能进行编程。

2. 汇编语言

用助记符替代机器指令称为汇编指令，用汇编指令编写的程序称为汇编语言源程序。汇编语言的命令与机器语言指令一一对应，因此，汇编语言也与具体针对的计算机有关，一种机器上的汇编程序同样不能在另一种机器上运行。

汇编语言由于采用了人们比较容易记忆的助记符，相对于机器语言就直观得多，并且容易理解和记忆，但计算机不能直接识别，必须由针对某一种机器编写的"汇编程序"对汇编源程序进行解释，将其翻译成机器语言才能运行。这种翻译过程就称为"汇编"。

3. 高级语言

机器语言和汇编语言一般称为低级语言，是面向机器的语言，开发这类语言比较困难，一般用户很难胜任这一工作。随着计算机的不断发展，计算机用户队伍在不断扩大，要使普通用户也能参与软件开发工作，从20世纪50年代起就发展了面向问题的程序设计语言，这就是高级语言。

高级语言与计算机的硬件无关，其表达方式接近于人对问题的描述，容易被人接受和掌握。用高级语言编写程序比用低级语言容易得多，编制出的程序通用性强，可移植性高，容易修改。

高级语言从20世纪50年代发展到现在已有上百种之多，得到广泛应用的有十几种，几乎每一种高级语言都有它自身最适用的领域。表1-1列出了常用的高级语言的应用领域。

表1-1 常用的高级语言的应用领域

语言名称	语言特点	应用领域
BASIC	基础语言	教学和小型系统的开发
FORTRAN	基础语言	科学工程计算
PASCAL	结构化语言	教学和应用系统的开发
COBOL	基础语言	商业和管理应用系统开发
FOXBASE	专用语言	数据库管理系统
C	结构化语言	中小型系统软件开发
C++	结构化语言	面向对象程序开发
LISP	专用语言	人工智能
PROLOG	专用语言	人工智能
Java	结构化语言	应用程序开发

高级语言发展非常快，新的版本正在不断推出，例如数据库开发语言，适用于大、中型系统的网络数据库软件SQL-Server、Sybase、Oracle、Informix和DB2等。但必须指出，任何一种高级语言编写的程序(源程序)都要经过编译或解释程序,翻译成机器语言后计算机才能运行。

1.1.2 程序设计中的主要问题

通过程序设计方法的学习和实际练习，就能动手进行一般应用软件的设计。应用软件设计中有3个主要问题：功能设计，算法设计，结构设计。这三者之间既有联系又不能相互代替。

1. 功能设计

依据"解决什么样的问题，完成什么样的功能"，提出"面向计算机的、含义明确而无歧义"的说明书。

功能需求一般是由用户提出的。这些需求未必合理和利于在计算机上实现。设计者分析用户需求后，应使之"面向计算机且含义确切"，也就是说便于在计算机上实现。

例如，用计算机做教务管理，要求具备"学生学籍管理，学生成绩管理，课程安排"等功能，即要分析它的全局和细节，将各部分功能具体化，使之便于在计算机上实现。一个"面向计算机的、含义明确而无歧义性"的说明书，将是算法设计和程序设计的依据。

2. 算法设计

算法设计在程序设计中占有特别重要的位置。如果对被求解问题的算法模糊，则不可能求解出它的正确程序。算法设计是提出实现软件功能的合适算法，算法应是正确有效的，并且用自然语言或伪代码描述。

比如，计算 1+2+3+4+5+6+…+100 之和的算法，其算法为：

S1：设置一个累加和变量 sum 和一个计数变量 n，并设它们的初值都为 0；
S2：判断 n<=100，若成立转 S3，否则转 S5；
S3：sum+n=>sum，n+1=>n；
S4：转 S2；
S5：输出 sum。

3. 结构设计

结构设计就是选择适当的数据结构和程序结构实现算法。这和建筑一栋楼房时要进行周密的结构设计相似。

算法设计和结构设计之间有联系，但不能相互代替。

1.2 算　　法

1.2.1 算法的概念及特性

算法就是解决问题的方法与步骤。

1. 目标问题分析

对目标问题的分析是程序设计的基础。只有对问题进行充分的分析、理解后，才能寻找出正确的算法，有把握编制出高水平的程序，从而求得正确的结果。问题的分析很复杂，程序员面对的是各种各样的问题，当然不同的问题就需要不同的解法。为针对问题进行分析，一般来说应从下面几个方面着手。

1) 分析问题的性质

人面对的问题是各种各样的，而对于不同性质的问题，使用的方法、工具一般是不同的。首先程序员应分析所面对的问题属于数值型数据的计算还是非数值型数据处理的问题。对于数值型数据的计算问题要考虑计算结果的精度，从而定义输入数据和中间结果的数据类型，以求获得一个合理的精度要求。对非数值型数据的处理，则需要考虑输出结果与输入的关系，合理定义输入数据的数据类型，求得数据类型的统一。

2) 确定输入/输出

程序设计中分析问题常常通过从输出的要求回溯到输入，或从输入数据分析一步一步到输出。在这个分析过程中输入/输出的数据应从下面几个方面考虑。

(1) 数据的类型，即数据设为整型、实型(单精度或双精度)、字符型等。
(2) 输入/输出时数据定义格式。
(3) 由哪些设备完成数据输入/输出。

3) 数学模型

通过分析问题的性质,确定输入/输出数据类型后,一般就要考虑数学模型的设计,寻找一个适合于该问题的算法。

2. 算法的设计

算法一般说来是在有限步骤内解决一个目标问题,因此它是一个有明确意义描述的步骤的集合,即指对解题过程的准确而完整的描述。例如,要求一个圆的周长和面积,就应知道求它们的公式:周长=$2\pi R$,面积=πR^2。写出对这个问题的算法如下:

(1) 从键盘输入半径 R,π=3.1415926;
(2) 计算周长 Z=2*π*R;
(3) 计算面积 S=π*R*R;
(4) 显示 Z 和 S。

从上面例子中看到,算法不同于一般公式,算法应具有以下一些基本特征。

1) 可行性

描述对某一问题的算法,每一步必须都能实现。例如,求算术平方根中出现在实数范围内对负数求平方根这样的算法描述,在除法运算中出现分母为零的情况等,在算法设计中就要避免,不允许出现。

2) 唯一性

算法是针对某一问题提出的解决本问题的操作步骤。每一步必须确定,不允许出现模棱两可的解释,也不允许多义性,而是针对此问题的唯一的执行步骤。

3) 有穷性

算法不允许无限制地进行计算,必须在一定的时间内完成。对于像数学中的无穷级数,在算法描述中只能按实际要求取有限项。

4) 有零个或多个输入

一个算法应该有明确的数据源,要根据提供的数据进行实际运算,数据获得的方式可以直接赋值(0 个输入),也可以从外部输入(至少 1 个输入)。

5) 有一个或多个输出

将运算的结果输出,判断结果是否满足设计要求,这就要求必定通过一定的方式将数据输出。

综上所述,算法是一个针对某一问题的一组严谨的运算规则,它的每一规则都有明确的定义,并且都将在有限次的操作后终止。又因为算法是针对某一问题建立的,所以算法按其操作的数据对象又分为:数值型求解算法和非数值型数据处理算法。

3. 算法的类型

算法是为解决特定问题而设计的,而要解决的问题门类繁多,因此,算法也会呈现出多样性与复杂性,但这并不妨碍对算法做一个大致的分类。对于计算机处理而言,算法根据其应用方向可以大概分为数值算法和非数值算法两种。

数值算法可以定义为"数学问题构造性解法的一个完备而确切的描述,并规定方法中仅允许加、减、乘、除等基本算术运算"。数值算法常用于科学计算领域中。

非数值算法则广泛应用在信息(数据)处理的场合。这类问题常常要对大量的数据进行加工处理(搜集、转换、分类、组织、检索、存储、维护等),有时还要绘制数据分布曲线或打印出报表,还可以根据加工后得到的信息寻找规律,进行预测。这些处理工作一般不涉及复杂的数学问题,但数据量大,数据的类型和结构也较复杂。

4. 算法的基本结构

一个算法是由"结构"和"原操作"两个部分构成的。最基本的结构有3种,它们是顺序结构、分支结构和循环结构。下面用图来分别描述这3个基本结构。

1) 顺序结构

这个结构是由若干个依次执行的处理块组成的。图1-1是包含两个处理块的序列,其中,A、B分别代表不同的处理块。

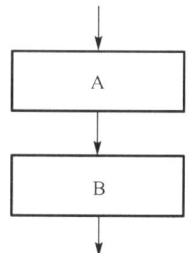

图1-1 顺序结构示意图

顺序结构是任何一个算法都离不开的基本主体结构。

2) 分支结构

最基本的分支结构是二分支结构。它是根据某一逻辑条件是否成立而决定选择哪一个分支上的处理块去执行,所以分支结构又称选择结构。如图1-2所示是分支结构示意图。

分支结构总是以条件或情况的判断为起始点的,它是人脑思维判断活动的抽象。

3) 循环结构

循环结构是指在算法设计中,从某处开始有规律地反复执行某一处理块,该处理块称为循环体。循环体执行多少次是由一个控制循环的条件决定的。当控制条件成立时,重复执行处理块。典型循环结构示意图如图1-3所示。

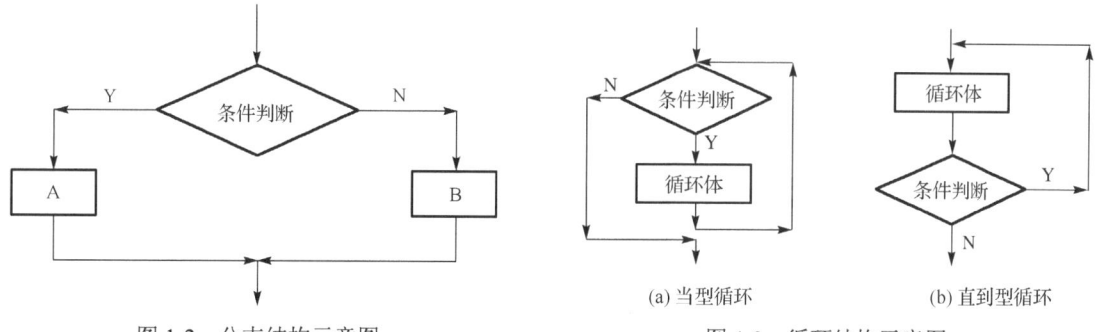

图1-2 分支结构示意图　　　　　　　　图1-3 循环结构示意图

循环结构反映了人们在处理某一事件时,对不同数据执行同一操作的工作方式。

这三个结构中的每一个块都具有一个入口和一个出口,而结构中的每一个处理块,如图1-1中的A、B,也都具有一个入口和一个出口。由这三种基本结构可以繁衍出无限多的结构来,可以表示任意一个复杂的算法。

1.2.2 算法的描述工具

程序设计的过程中,可以使用不同的算法描述工具确定解决问题的详细步骤。常用的描述工具有以下几种。

1) 自然语言

自然语言指人类在日常生活、学习、工作中通用的语言,这种语言不需要设计者专门学习和训练。但是使用自然语言做系统描述时,要求用语简练,尽量减少语言修饰。例如,用自然语言描述打印两数之和及求平均值的算法。

(1) 从键盘读入两个数 A1 和 A2;
(2) 计算两数之和 S=A1+A2;
(3) 求两数的平均值 V=S/2;
(4) 打印和 S、平均值 V。

自然语言描述算法容易理解,一般适合于较小的程序设计,但对于较大的程序设计工程,使用自然语言进行算法描述会令人感到不直观,容易产生多义性,也增加了理解的难度。使用算法描述工具是改善程序设计环境、提高设计效率和质量的一条重要途径。常用算法描述工具有流程图、NS 图、PAD 图和 PDL 语言等。其中流程图和 NS 图使用最广。

2) 流程图

流程图是用图形来描述问题的处理过程的工具。流程图普遍用于复杂计算和工程设计,它能直观、灵活地表现条件、活动和转移。如图 1-4 所示为国家标准规定的一些常用图符。流程图把控制和执行顺序表达得十分清晰,看起来也直观易懂,这就使得程序员习惯用流程图表示算法。其实流程图也存在严重的缺陷,由于流程线方向任意,如使用不当,会设计成非结构化方式,影响程序设计质量。

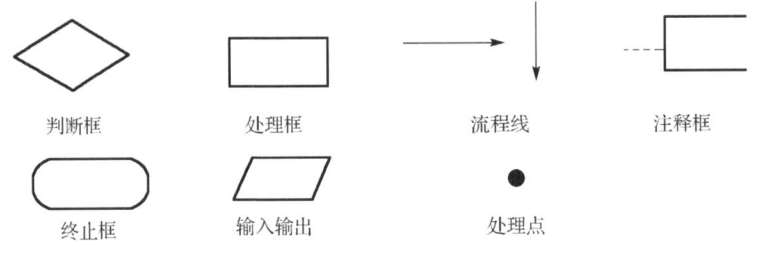

图 1-4 常用流程图框

图 1-1、图 1-2、图 1-3 也是算法的流程图表示方法。

3) NS 图

NS 图是 1973 年美国 I.Nassi 和 B.Shneiderman 提出的一种新的符合结构化程序设计的流程图,该算法的描述写在一个框内,去掉了容易引起麻烦的流程线。NS 图表示 3 种结构的流程图,如图 1-5 所示,图 1-5(a)所示表示顺序结构,图 1-5(b)表示选择结构,图 1-5(c)表示循环结构。

从 NS 流程图中看到,NS 图强迫设计者按结构化的要求构造算法。它有助于培养良好的按结构化原则进行程序设计的习惯。NS 图的缺点是由外框开始逐步向内画,可能图的整个布局由于考虑不周,使内部矩形功能域太小,无法向内层扩展,在设计时用户应尽量给出起始框余量。

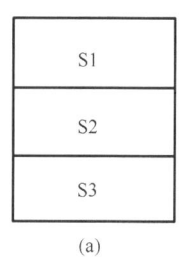 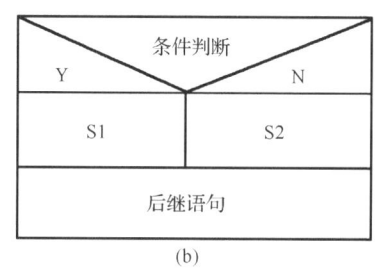 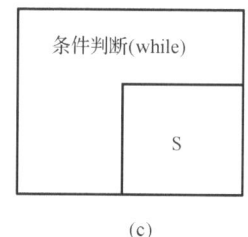

图 1-5　NS 流程图

1.3　结构化程序的设计方法

顺序结构、选择(分支)结构及循环结构称为程序设计的基本结构,由它们组成的程序称为结构化程序。一个结构化程序具有易读性好、可靠性高、便于维护和易于移植等优点。

任何一个结构化程序只能由这 3 种基本结构组成。

1.3.1　顺序结构

顺序结构是最简单、最基本的程序结构。在这种结构中,程序的各块是按其书写顺序依次执行的,如图 1-1 所示。执行完 A 块操作后,再执行 B 块操作。这里所说的每一块可以由一条或若干条不产生控制转移的语句组成。

1.3.2　选择结构

选择结构又称分支结构,在这种结构中通过对给定条件的判断,来选择一个分支执行,如图 1-2 所示。当条件为"真"时,执行 A 块操作;当条件为"假"时,执行 B 块操作。无论何种图形,A、B 两块操作不能同时执行。

1.3.3　循环结构

循环是指在给定的条件下,重复执行某段程序,直到条件不满足为止。循环结构分为以下两种形式。

1)当型(WHILE 型)循环

这种循环结构的执行过程是先判断条件,若条件为"真",重复执行某段程序,直到条件为"假"时结束,如图 1-3(a)所示。由于其先判断条件,所以当一开始条件就为"假"时,则 A 块操作将一次也不被执行。

2)直到型(UNTIL 型)循环

这种循环结构的执行过程是先执行某段程序,然后再判断条件,当条件为"真"时,重复执行这段程序,直到条件为"假"时结束,如图 1-3(b)所示。由于其先执行循环体操作,然后再判断条件,所以无论一开始条件是否满足,循环体都至少被执行一次。

从上述 3 种基本结构可以看出,它们都具有以下特点:

(1)每种基本结构只能有一个入口和一个出口;

(2)没有死语句,即程序中所有的语句都有被执行的机会;

(3)不包含死循环(无终止的循环)。

使用这 3 种基本结构可以组合成各种复杂的程序结构，并且具有自上而下设计的功能。单一的顺序结构只适用于很简单的问题，大多数实际问题的处理都包含了选择结构或循环结构。

1.4 C 语言及其特点

目前，在社会上使用的程序设计语言有上百种，它们都被称为计算机的"高级语言"，如 BASIC、PASCAL、C 语言等。C 语言是 20 世纪 70 年代初美国贝尔(Bell)实验室 Dennis M. Ritchie 设计的一种程序设计语言，正式发表于 1978 年。它是在一种被称为 B 语言的基础上进行重新设计的一种语言，由于是 B 语言的后继，故称为 C 语言。随着 UNIX 操作系统的广泛使用，C 语言也得到迅速的普及。1978 年，Brian W. Kernighan 和 Dennis M. Ritchie(合称 K&R)合著了一本影响深远的书 *The C Programming Language*，这本书所介绍的 C 语言成为后来广泛使用的 C 语言版本的基础，称为标准 C。这些语言都是用接近人们习惯的自然语言和数学语言作为语言的表达形式，人们学习和操作起来感到十分方便。1983 年，美国国家标准化协会(ANSI)制定新的标准，称为 ANSI C，它比原来的标准 C 有了很大的发展。目前，广泛流行的各种版本 C 语言编译系统基本相同，但也有些区别。在微机上使用的 C 语言有不同的版本，常用的编译软件有 Microsoft Visual C++、Borland C++、Borland C++ Builder、Watcom C++、GNU DJGPP C++、Lccwin32 C、Microsoft C、Turbo C、High C 等，它们的不同版本也略有差异，读者可以通过参阅有关手册，了解所用计算机系统 C 编译的特点和规定。

1.4.1 C 语言的特点

1) 简洁紧凑、灵活方便

C 语言一共有 30 多个关键字，9 种控制语句，程序书写自由，主要用小写字母表示。它把高级语言的基本结构和语句与低级语言的实用性结合起来。C 语言可以像汇编语言一样对位、字节和地址进行操作，而这三者是计算机中最基本的工作单元。

2) 运算符丰富

C 的运算符包含的范围很广泛，共有 34 个运算符。C 语言把括号、赋值、强制类型转换等都作为运算符处理，从而使 C 的运算类型极其丰富，表达式类型多样化，灵活使用各种运算符可以实现在其他高级语言中难以实现的运算。例如，要将变量 i 的值增加 1，可以用以下 4 种表达式完成：①i++；②++i；③i+=1；④i=i+1。

3) 数据类型丰富

C 语言的数据类型有：整型、实型、字符型、数组类型、指针类型、结构体类型、共用体类型等，能用来实现各种复杂的数据类型的运算，并引入了指针概念，使程序效率更高。另外 C 语言具有强大的图形功能，支持多种显示器和驱动器，且其计算功能、逻辑判断功能强大。

4) C 语言是结构式语言

结构式语言的显著特点是代码及数据的分隔化，即程序的各个部分除了必要的信息交流外彼此独立。这种结构化方式可使程序层次清晰，便于使用、维护以及调试。C 语言是以函数形式提供给用户的，这些函数可以方便地调用，并具有利用多种循环、条件语句控制程序流向的功能，从而使程序完全结构化。

5) C 语言语法限制不太严格,程序设计自由度大

一般的高级语言语法检查比较严,能够检查出几乎所有的语法错误。而 C 语言允许程序编写者有较大的自由度。如,数组的长度为 N,在数组的引用中,下标的取值为 0~N-1,若编程人员疏忽,将下标取为 N,尽管下标越界,系统是不会检查下标越界的情况,但会导致结果的无法预料性。

6) C 语言允许直接访问物理地址

C 语言既具有高级语言的功能,又具有低级语言的许多功能,能够像汇编语言一样对位、字节和地址进行操作,而这三者是计算机最基本的工作单元,所以 C 可以用来写系统软件。

7) C 语言程序生成代码质量高

C 程序执行效率高,一般只比汇编程序生成的目标代码效率低 10%~20%。

8) C 语言适用范围大

C 语言有一个突出的优点就是适合于多种操作系统,如 DOS、UNIX,可移植性好,也适用于多种机型。

9) C 语言继承和发扬了高级语言的长处

C 允许递归调用,由于采用递归,使有些算法的实现简明、清晰。

C 语言的优点很多,但也有不足之处。例如,运算符优先级太多,不便记忆,有些与常规约定有所不同;数据类型转换比较灵活,类型检验能力弱,不够安全;编程自由度大,给不熟练的程序员带来一定困难。

综上所述,C 语言把高级语言的基本结构与低级语言的高效实用性很好地结合起来,不失为一个出色而有效的通用程序设计语言。

1.4.2　C 源程序的结构

【例 1-1】

```
#include<stdio.h>
void main()
{    }
```

这是一个最"小"的 C 源程序,仅由一个主函数构成,且函数体为空,程序运行时无任何实际的执行动作。第 2 行是 C 语言的主函数首部,main 是主函数名,这是一个特殊的函数,每个 C 语言程序都必须有一个且只能有一个主函数,它是 C 程序运行的起点。main 后的"()"是函数的参数部分,其中可以为空,但"()"不能省略。

【例 1-2】 空语句。

```
#include<stdio.h>
void main()
{  ;  }
```

这是一个最简单的 C 源程序,包含一条语句(此语句是空语句,由一个";"构成),程序运行时也无任何实际的执行动作,但注意和例 1-1 的区别。

【例 1-3】 打印字符串。

```
// 打印字符串
```

```
main()
{  printf("Hello!\n"); }
```

这是一个完整的 C 语言程序,包含一条语句,即输出函数 printf 调用语句。printf 是一个标准的输出函数,括号内双引号括起来的是所带的参数,即要打印的内容,对应的输出设备是终端屏幕。上述程序运行后在屏幕上打印出字符串,其运行结果如图 1-6 所示。

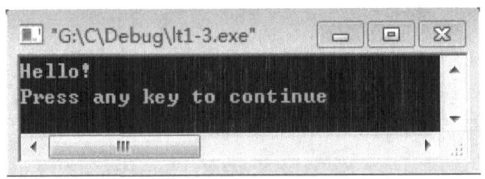

图 1-6 【例 1-3】运行结果

以上例子中,使用了 printf 函数,它称为库函数,实现标准输出功能。在 C 语言中,函数分为两类,一类是系统本身提供的库函数(标准函数),编程时只要在需要用的地方写上函数名,再加上正确的参数格式就可以调用此函数。一般情况下要在主函数 main 之前加上相应的包含函数库名,比如要调用数学库函数,应该在 main 之前加上包含命令,即 "#include <math.H>"。C 语言提供了十分丰富的库函数,经常用到的有输入输出函数(stdio)、数学函数(math)和字符串处理函数(string)等。另一类称为自定义函数,程序员可以根据需要自己设计一段程序来完成一个特定的功能,它相当于 PASCAL 中的过程或函数,等价于一个子程序。

C 语言函数使用简单方便,执行效率高。在 C 程序设计中要养成良好的设计风格,即尽量用多个小函数或小程序通过函数调用的方式来构成一个大程序,而每个小函数或小程序仅完成一个独立的功能。

【例 1-4】 现有两组数据,求每组数中的较大者,并求出两个较大者之中的较大者。

```
#include "stdio.h"
main()
{  int a1,b1,a2,b2,max1,max2,max;
   int Max(int x,int y);  //对函数 Max 的声明
   printf("input a1,b1,a2,b2, please:");
   scanf("%d,%d,%d,%d",&a1,&b1,&a2,&b2);
   max1=Max(a1,b1);       //调用函数 Max,将得到的值赋给 max1
   max2=Max(a2,b2);       //调用函数 Max,将得到的值赋给 max2
   max=Max(max1,max2);    //调用函数 Max,将得到的值赋给 max
   printf("max1=%d,max2=%d,max=%d\n",max1,max2,max);
}
int Max(int x,int y)      //定义函数 Max
{  int z;
   if(x>y) z=x;
   else z=y;
   return(z);             //返回 z 值
}
```

这是一个求较大值的 Max(x, y)函数及调用它的主程序所构成的 C 程序,主程序中调用 Max(x, y)共 3 次,但每一次参数不同,即 Max(a1, b1)、Max(a2, b2)和 Max(max1, max2)。其运行结果如图 1-7 所示。

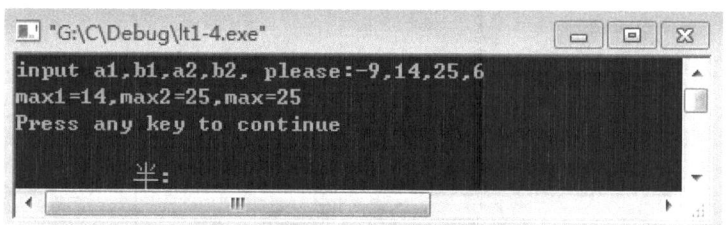

图 1-7 【例 1-4】运行结果

从上例可知,表示一个函数其形式是:

```
函数类型说明 函数名(参数表)
{变量说明
  语句部分
}
```

其中,函数名、圆括号和花括号是不可缺少的。通常函数可以分为两部分:函数头(函数说明部分)和函数体。

1) 函数头

函数类型说明定义函数返回值的数据类型(int、char、float、double 等),若不加说明,隐含为 int 型(整数型);函数名是标识符,必须要符合标识符的命名规则,以英文字母(大、小写)或者下划线开头,后跟英文字母或数字、下划线的序列(其他符号不行)。计算机只辨认前面 8 个字符(系统不一样,能识别的长度不同),同时英文大小写有区别,例如 fac、FAC、Fac…是不同的函数名,习惯上我们常使用英文小写字母表示(大写也正确),函数定义中的参数(称为形式参数或形参)放在圆括号内,调用函数时采用实际参数(实参),进行形实结合。函数名后面可以没有参数,但圆括号不能省略。

2) 函数体

函数体定义函数所要完成的功能,用"{"开始,"}"结束。函数中所用到的变量通常在"{"后进行说明,常用类型有 int、char、float 和 double 等。函数功能由一系列语句组成,语句和语句之间用分号(;)隔开,最后一个语句末尾也有分号(这一点与 PASCAL 语言不同)。

本例涉及函数调用、实参、形参、数据类型等一系列概念,初学者不太理解不要紧,在后面章节都会涉及,在此介绍这个例子,无非使读者对 C 语言程序的组成有一个初步的了解。

根据 C 语言规定,C 程序是由函数构成的,函数是 C 程序的基本单位。语句不是 C 程序的基本单位,语句是最小的可执行单位,它仅表示实现某种功能的一个动作,语句是函数的基本单位。函数由语句组成,是独立的程序单元,函数之间的关系是调用关系。在组成一个程序的多个函数中,有且仅有一个主函数。

1.4.3 C 语言的上机步骤

如何建立一个 C 源文件?这里介绍 VC++运行 C 程序的步骤:

(1) 首先在除 C 盘外其他的盘符下建立一个自己的文件夹,以便建立 C 源文件的时候将其存到该文件夹下。

(2) 在工具栏上找到"开始"→"程序"→Microsoft Visual Studio 6.0→Microsoft Visual C++6.0,如图 1-8 所示。

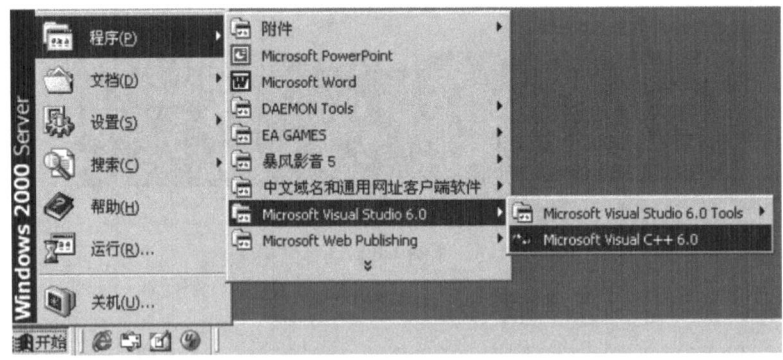

图 1-8　打开 VC++

（3）打开 Microsoft Visual C++6.0 主界面，其中最顶行为窗口标题行，显示当前编辑的程序文件的文件名；第 2 行为菜单，每个菜单项都对应一个下拉菜单，菜单中的每个菜单项都是一条操作命令，都具有一定的操作功能；第 3 行为按钮工具，如图 1-9 所示。

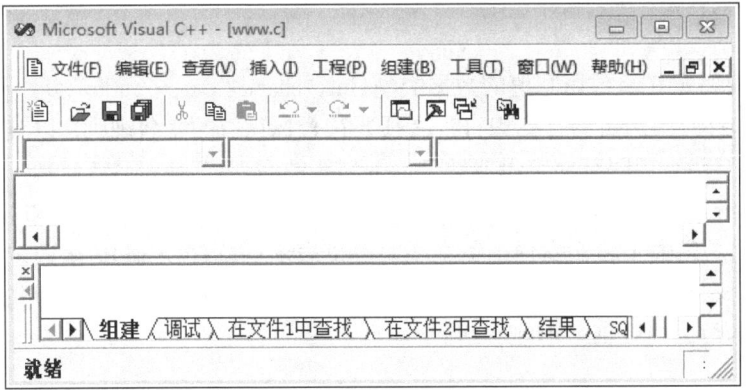

图 1-9　VC++主界面

（4）建立 C 源文件的步骤如下：

① 在 VC++6.0 工具栏上单击"文件"→"新建"，弹出"新建"对话框，如图 1-10 所示。

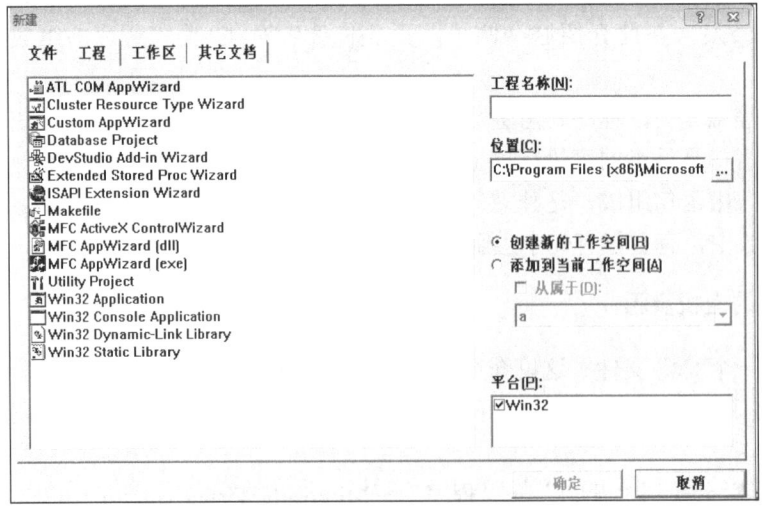

图 1-10　新建对话框

② 选择"文件"标签，打开文件选项卡列表框，如图 1-11 所示，从中选择"C++ Source File"，可以新建一个 C 源程序文件。选择"C++ Source File"后，在"新建"对话框右边的"位置"文本编辑框中输入位置，或单击该框右边按钮选择刚刚建立好的文件夹作为当前工作目录，在其上面的"文件名"文本编辑框中输入一个新建文件的文件名，例如"www.c"，注意一定要写扩展名".c"。

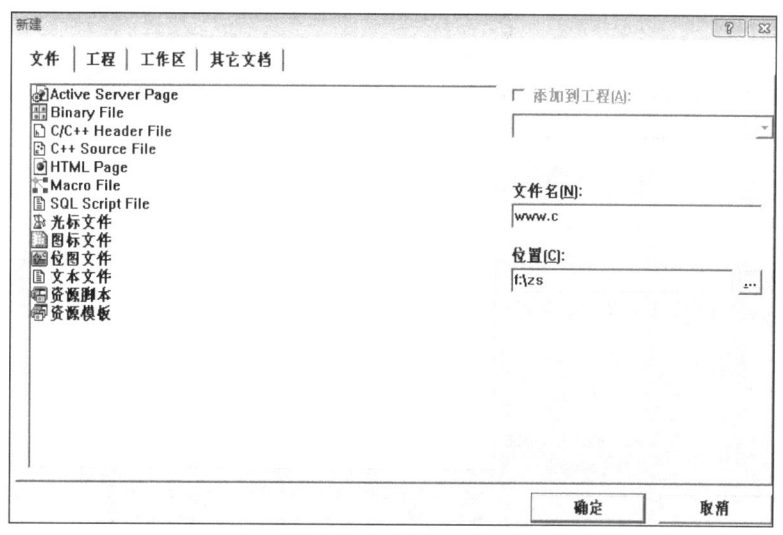

图 1-11　新建一个 C 文件

③ 单击右下角的"确定"按钮，就关闭了"新建"对话框。回到 VC++主界面，接着可以在程序编辑框中输入和编辑源程序的内容，如图 1-12 所示。

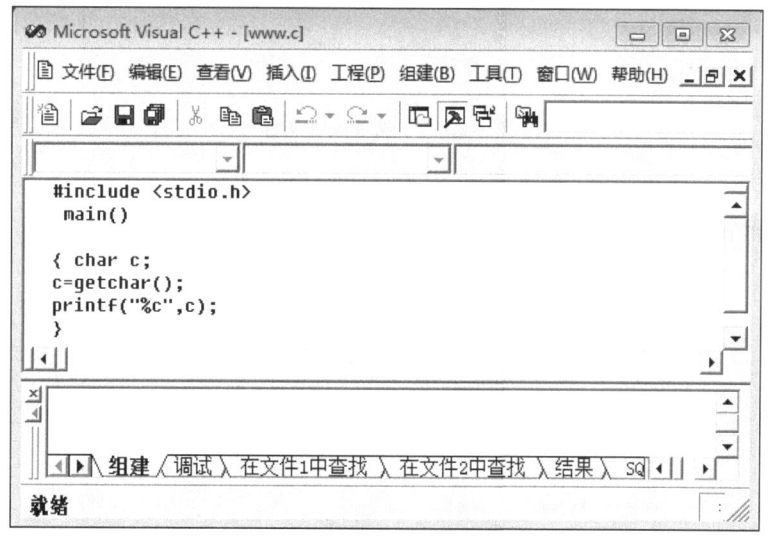

图 1-12　编辑一个 C 语言程序

(5)运行建立好的 C 程序的步骤如下：

① 输入并编辑好程序文件后，首先要编译它。选择菜单行中的"组建"菜单项的下拉子菜单，单击"编译"菜单项，会出现一个对话框，提示是否创建目标文件，如图 1-13 所示。单击"是"按钮即可。

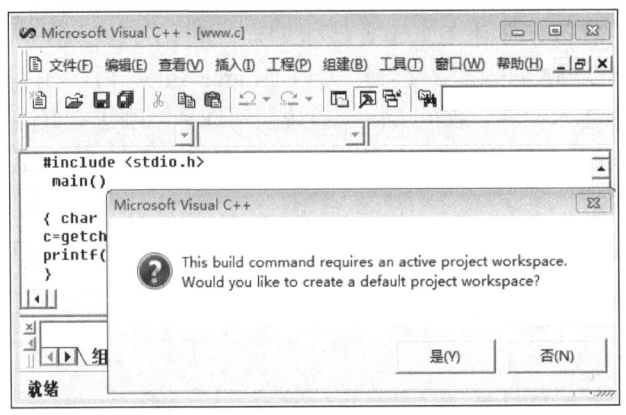

图 1-13　编译提示框

② 选择菜单行中的"组建"菜单，在其下拉菜单中单击"执行组建"命令，此时会弹出一个对话框，提示是否生成扩展名为 .exe 的可执行文件。单击"是"按钮，则生成可执行文件，如图 1-14 所示。

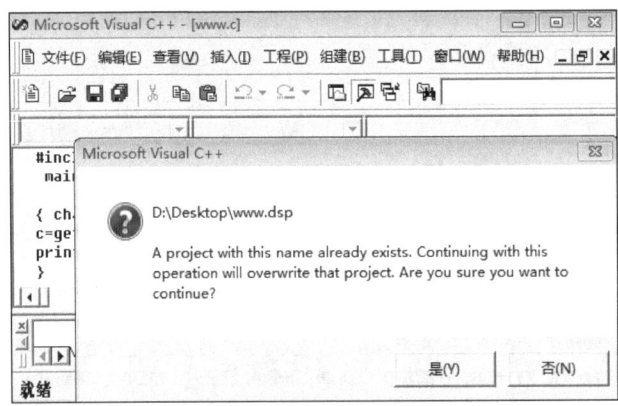

图 1-14　生成可执行文件

若此时其后显示"0 错误，0 警告"，则表示程序没语法错误，可执行文件建立成功（若有错误，返回编辑状态修改源程序，修改好后仍按以上步骤进行编译），如图 1-15 所示。

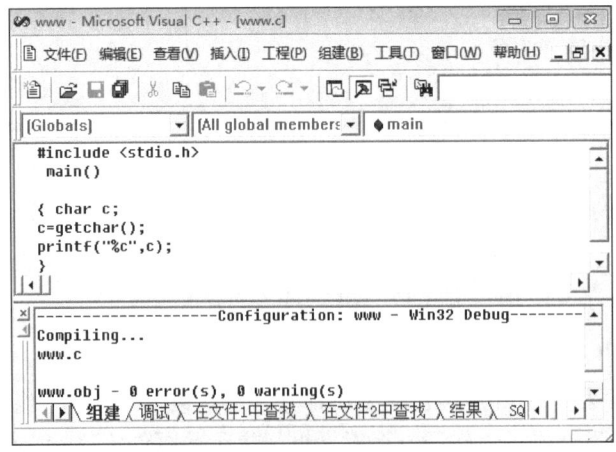

图 1-15　建立成功

③ 选择"组建"菜单中的"执行命令"选项，按照格式要求输入数据，会出现显示执行结果的窗口，如图 1-16 所示。

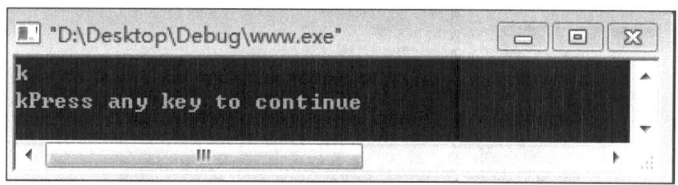

图 1-16　执行结果

④ 若想重新建立新的 C 源程序，需关闭当前 VC++6.0 窗口，重新启动 VC++6.0，重复上述过程即可。

1.5　程　序　举　例

【例 1-5】 已知三边 a、b、c，求三角形面积。

分析：本题输入条件是 a、b、c 三条边，可以在程序中设定值，也可以由用户从键盘输入，显然，后者更为灵活和方便。当然在输入三条边时要保证 a、b、c 都是正数并且任意两边之和大于第三边，否则不可能构成三角形。三角形面积计算的数学公式是：

$$area = \sqrt{s(s-a)(s-b)(s-c)}$$

其中，s=(a+b+c)/2。

应确定数据类型，公式中 a、b、c、s 及 area 都应该是浮点数（实数），可用 float 来说明。

程序如下：

```
#include<stdio.h>              // <stdio.h> 为输入输出库文件
#include<math.h>               // <math.h> 为数学计算库文件
float mj(float a,float b,float c);      //这里定义 mj() 为求面积函数
main()                                  //主函数
{
        float a,b,c;
        printf("请输入三角形的边长:\n");         // 输入提示字符串
        scanf("%f,%f,%f",&a,&b,&c);              // 输入三条边长
        printf("三角形面积为：%f\n",mj(a,b,c));   // 调用 mj
}
float mj(float a,float b,float c)
{       float s;
        s=(a+b+c)/2;
        return sqrt(s*(s-a)*(s-b)*(s-c));        //sqrt 是求开方的函数
}
```

说明：程序中第 1 个 printf 显示一个汉字串，第 2 个 printf 除显示一个汉字串外，还输出一个 mj 函数的调用值，运行结果如图 1-17 所示。

【例 1-6】 编写一个程序，输入 x、y、z 三个值，求出其中最大值。

分析：求最大值是将 3 个数两两进行比较，我们可以先把 x 赋给一个变量 max，然后再将 max 与 y 比较，把其中大的数送入 max，再将 max 与 z 比较，把大的数送入 max，这样

max 为 x、y、z 三个数中最大者。因此这里有一个条件判断,我们用 if...来表示。x、y、z 三个值可由用户输入,比较后得到的最大值 max 应该输出,x、y、z 三个数类型为实数类型(float)。

图 1-17　【例 1-5】程序运行结果

程序如下:

```
#include <stdio.h>
main()
{    float x,y,z,max;
     printf("please input x,y,z:\n");
     scanf("%f,%f,%f",&x,&y,&z);
     max=x;
     if(max<y) max=y;
     if(max<z) max=z;
     printf("最大数为: %f\n",max);
}
```

说明:条件语句"if(max<y)max=y;"表示如果 max 小于 y,那么把 y 赋给 max(原先 max 中为 x 的值,现在被 y 所取代);若 max 的值大于 y,则 max 中值不变,仍旧是 x 中的值。scanf 语句中,格式符中有两个逗号(,),说明输入 x、y、z 三个数时应该用逗号隔开。运行结果如图 1-18 所示。

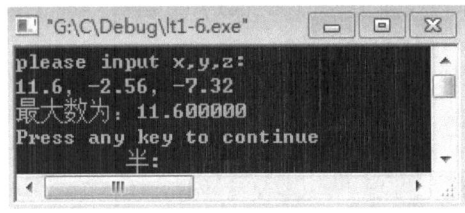

图 1-18　【例 1-6】程序运行结果

1.6　本章小结

- C 语言是一种结构化程序设计语言,有 3 种基本结构,即顺序结构、选择结构和循环结构。
- C 程序是由多个函数构成的。
- 每个 C 程序中有且只有一个 main 函数。
- main 函数是程序的入口和出口。
- 程序中可使用空行和空格。
- C 程序格式常用缩进书写格式。

- C 程序中可加任意多的注释。
- 引用 C 语言标准库函数,一般要用文件包含预处理命令将其头文件包含进来。
- 用户自定义的函数,必须先定义后使用。
- 变量必须先定义后使用。
- 变量名、函数名必须是合法的标识符,标识符习惯用小写英文字母,对字母大小写敏感。
- 不能用关键字来作为变量和函数的名称。
- 函数包含两个部分:声明部分和执行部分。在 C 程序中,声明部分在前,执行部分在后,这两部分的顺序不能颠倒,也不能交叉。
- C 语言的语句都以分号结尾。

练习题

一、在横线上填上合适的内容

1. 结构化程序设计中,3 种基本控制结构分别是_____、_____、_____。
2. C 语言程序是由_____组成的,其中主函数的名字必须是_____。
3. C 程序的执行在_____函数中开始,在_____函数中结束。
4. 一个函数包含_____和_____两部分,包含在_____中的内容称为函数体。
5. C 程序中,每一个语句的后面都要加上一个_____,它是语句结束的标志。
6. 注释部分以_____开始,以_____结束。

二、选择题

1. 算法是指可以用计算机来解决的某一类问题的程序或步骤,它不具有(　　)。
   (A)有限性　　　　(B)明确性　　　　(C)有效性　　　　(D)无限性
2. 程序框图是算法思想的重要表现形式,程序框图中不含(　　)。
   (A)流程线　　　　(B)判断框　　　　(C)循环框　　　　(D)执行框
3. 程序框图中有 3 种基本逻辑结构,它没有(　　)。
   (A)条件结构　　　(B)判断结构　　　(C)循环结构　　　(D)顺序结构
4. 在程序框图中一般不含有条件判断框的结构是(　　)。
   (A)顺序结构　　　(B)循环结构　　　(C)当型结构　　　(D)直到型结构
5. C 语言程序的基本单位是(　　)。
   (A)程序行　　　　(B)语句　　　　　(C)函数　　　　　(D)字符
6. 语句的基本标志是(　　)。
   (A)表达式　　　　(B)分号　　　　　(C)函数　　　　　(D)任意符号
7. 一个函数包含的语句(　　)。
   (A)可以是一条或多条　　　　　　　(B)必须是一条
   (C)必须是零条　　　　　　　　　　(D)必须是多条
8. 一个 C 语言程序可包含函数的个数是(　　)。
   (A)至少一个　　　　　　　　　　　(B)无法确定
   (C)至少两个　　　　　　　　　　　(D)可以不包含任何函数

第 2 章　基本数据类型和表达式

内容导读：

数据以某种特定的形式存在于实际问题中，数据类型的定义以及数值数据的处理（表达式求值）是 C 语言的主要任务，而表达式是由运算符将操作数联系起来的式子。在表达式求值时需注意运算符的优先级与结合性。

- 常量
- 变量（整型、浮点型、字符型）
- 算术运算符及表达式
- 关系运算符及表达式
- 逻辑运算符及表达式
- 赋值运算符及表达式
- 自增、自减运算符及表达式
- 其他运算符及表达式

2.1　C 语言数据类型概述

数据类型是 C 语言中一个重要的概念，它把一个语言所处理的对象按其不同性质分为不同的子集，对不同的类型规定不同的运算。

C 中规定的基本数据类型有 3 种：

$$\text{基本类型}\begin{cases}\text{整型 int} \\ \text{浮点型}\begin{cases}\text{单精度 float} \\ \text{双精度型 double}\end{cases} \\ \text{字符型 char}\end{cases}$$

表 2-1 给出基本数据类型的长度和存储的值域，在 TC 和 VC++中不一样。

表 2-1　基本数据类型的长度和存储的值域

类型	TC 中占字节长度（位）	值域	VC++中占字节长度（位）	值域
char	1(8)	0～255	1(8)	0～255
int	2(16)	−32768～32767	4(32)	−2147483648～2147483647
float	4(32)	−3.4E+38～3.4E+38	4(32)	−3.4E+38～3.4E+38
double	8(64)	−1.7E+308～1.7E+308	8(64)	−1.7E−308～1.7E+308

此外，还有一些用于整型的限定词：short（短）、long（长）、signed（有符号）和 unsigned（无

符号），其中 signed 经常省略。当 int 前加上限定词后，int 本身也可省略。从表 2-2 可知，signed int 和 short int 是不一样的。

表 2-2　带限定词后整数的长度和范围（带方括号部分可以省略）

类型	VC 中占字节长度(位)	值域
short[int]	2(16)	−32768～32767
int	4(32)	−2147483648～2147483647
signed[int]	4(32)	−2147483648～2147483647
long[int]	4(32)	−2147483648～2147483647
unsigned[int]	4(32)	0～4294967295
unsigned long[int]	4(32)	0～4294967295

2.2　常　　量

常量是 C 语言中使用的基本数据对象之一。其值在程序运行过程中是不允许改变的。常量在程序中一般以其值本身来表示，也可以通过宏定义命令(#define 标识符 常量)来定义。

C 语言中的常量可分为简单常量和符号常量两类，其类型如下：

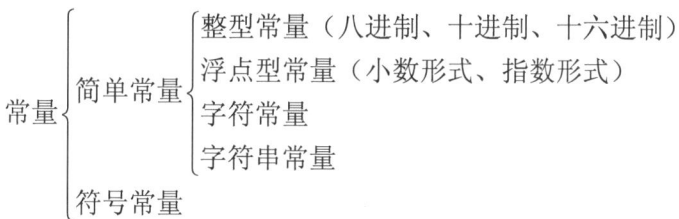

2.2.1　整型常量

1．十进制常数

一般占一个机器字长，是一个带正负号的常数，其值为 $-2^{n-1} \sim 2^{n-1}-1$ 之间，n 为机器字的位数，例如 16 位机器中，其值范围为 −32768～+32767。下列数都是合法的十进制常数：

−32678，0，3261，+123，−456

2．八进制数

C 语言中规定八进制数一律以零(0)开头，后面跟一串八进制数字(0～7)表示，因此下列数都是合法的八进制数：0123，05，0100，03276。它们分别等于十进制数的 83，5，64，1726。而下列数是十进制数 123，5，100，3276。

3．十六进制数

C 语言中规定十六进制数是以 0X(或 0x)开头，后面跟一串十六进制数(0～9,A～F 或 0～9,a～f)组成的串，例如十六进制数 0x10，0x1B，0x2f，0x25，它们分别是十进制的 16，27，

47，37(这里 B 代表 11，f 代表 15)。注意，以下数不是十六进制数：oxl0，oxlB，ox2f，ox25(以 ox 或 oX 开头不能表示十六进制数，必须以 0x 或 0X 开头)。

4. 长整数

长整数占两个机器字长，其值范围为$-2^{2n-1} \sim 2^{2n-1}-1$。规定在上述 3 种进制的整数后加字母 1 或 L 来表示长整数常量，在 16 位机器中占用 4 个字节(32 位)空间。

例如：-30L，0371，-0x1fL 都是长整数常量。

2.2.2 浮点型常量

C 语言中实型常量可由整数、小数、指数 3 部分组成。前两部分之间用小数点隔开，后两部分依靠 E(或 e)来连接，E 或 e 表示 10 的幂，指数部分也可有正负号，它表示小数点的实际位置。

实数(浮点数)的组成规则如下：

(1) 上述 3 个部分可以缺省一个部分或两个部分，但整数部分和小数部分不能同时缺省；
(2) 如果带有小数点，那么小数点两边至少一边有数字；
(3) 如果带有 E(e)，两边至少有一位数字；
(4) 指数部分必须是整数。

例如，下列都是合法的实型常量：3.123，.45，.002，52.48E3，1.2E-5，0.0；而下列是非法的实型常数：e3，3.0e，e-9.，.e5，e。

2.2.3 字符型常量

字符型常量常见的有两种：简单字符常量和转义字符。

1. 简单字符常量

字符常量由一对单引号括起的单个字符构成，例如'A'、'2'、'?'、'#'均为字符常量，它占一个字节(8 位)，单引号只是字符的界定符(书写时字符的标志)，不是字符的内容。'aa'、'12'均为错误的字符常量。

2. 转义字符

在计算机中 ASCII 码中还有一些非图形字符，C 语言中用转义字符来表示，例如：

'\n'	换行(newline)	'\f'	走纸(form feed)
'\t'	制表符(tab)	'\\'	反斜杠(backslash)
'\0'	空白(null)	'\ddd'	位型(bit pattern)(1～3 位八进制)
'\b'	退格(backspace)	'\xdd'	位型(1～2 位十六进制)
'\r'	回车(CR)	'\''	(输出一个)单引号
'\"'	(输出一个)双引号		

注意，转义字符'\n'中的 n 不代表字符'n'，而表示换行。转义字符'\012'是'\ddd'形式，其中 012 是八进制字符串，代表 ASCII 表中编码为 10 的字符，即换行符，因此其功能与\n 相同。转义字符是反斜线"\"加特定字符组成的、具有特殊意义的字符常量，存储时也占用一个字节的存储空间，只能算一个字符。

2.2.4 字符串常量

C 语言中字符串常量是用双引号括起来的零个或多个字符的序列。双引号是字符串常量的边界(书写字符串时的标志)，它本身不是字符串的一部分，例如：

```
"this is a string" , "How are you?" , "a", "□"
```

其中"a"是字符串常量，它和'a'不同，后者是字符常量。

此外，如果在字符串中出现双引号，则前面应加上反斜杠将其转义(不作为边界看待)。例如，要输出字符串：

```
He says:"What's your name?"
```

应写成下列格式：

```
printf("He says:\"what's your name?\"");
```

1. 字符串的长度

字符串的长度指字符串中包含字符的个数。一个字符串中可以包含普通字符，也可以包含转义字符。如字符串"abcd123\"\123fgh"的长度为 12，其中\"与\123 是转义字符，各算 1 个字符。

2. 字符串在内存中的存储

字符串在内存中存储时，系统自动加上"\0"作为字符串的结束标志，但串的长度不包括"\0"，因此一个字符串存储时分配的存储单元数是其长度加 1。如字符串"a"的存储形式如下：

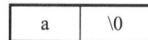

2.2.5 符号常量

有时程序要多次使用一些常量，如果这些常量本身字符序列很长，会使输入工作很繁琐，同时也难以查找和修改。有时为表达清楚常量的含义，也需要给它取个名字。

C 语言提供一种宏定义命令，对常量进行定义，其格式为：

```
#define 标识符 常量
```

例如，在程序中想用 ONE 代表 1，PI 代表 3.4159，TV 代表字符串"television"等，可以分别用以下宏定义命令：

```
#define  ONE  1
#define  PI   3.14159
#define  WTO  "World Trade Organization"
#define  TV   "television"
```

说明：

(1)符号常量与变量不同，程序中一旦定义后，不能再改变，也不能再赋值。为了区别，习惯上符号常量用大写字母表示，变量用小写字母表示。

(2)符号常量作用范围是从开始定义处直到程序结束，通常在程序中一开始就将定义常量的宏命令集中放在程序的开始处，这种良好的习惯使程序结构规范，也便于对宏定义进行查找。

(3) 常量定义允许嵌套但不允许递归,即可以引用已定义过的符号常量名。例如:

```
#define  PI  3.14159
#define  R  123.45
#define  AREA  PI*R*R
```

(4) 一个宏定义命令一行写不下,可以延续到下一行,但第一行结尾应加一个字符"\"。例如:

```
#define BIT "Beijing Institute Of\
Technology"
```

(5) define 与标识符之间必须有空格,标识符与常量之间也必须有空格(空格个数至少为 1 个)。

2.3 变　　量

数据项在程序中不是常量就是变量。在程序执行过程中,变量的值可以改变,而常量的值不可以改变。变量就是一般标识符,用来存储各种类型的数据以及指向存储器内部单元的地址(指针)。变量在使用之前必须加以说明,即说明变量的名称、类型、长度等信息。变量的两要素是:变量名和变量的值。变量的分类及定义如下:

$$\text{变量}\begin{cases}\text{整型变量}\\\text{浮点型变量}\\\text{字符变量}\end{cases}$$

```
类型说明符 变量表;
```

例如:

```
int  x,y,z;
char  c, name[10];
```

上述说明也可以写成:

```
int  x;
int  y;
int  z;
char  c;
char  name[10];
```

后一种形式会使源程序冗长,但便于给每个变量说明增加注释,也便于修改。上面说明的 x、y、z 为整数类型,c 是字符类型,name 是字符数组,可存放 10 个字符。

2.3.1　整型变量

1. 整型变量的定义

常见的格式说明如下:

```
[signed]   int            变量表;      //有符号基本整型
[signed]   short   [int]   变量表;      //有符号短整型
[signed]   long    [int]   变量表;      //有符号长整型
```

```
unsigned          [int]              变量表;            //无符号基本整型
unsigned   short  [int]              变量表;            //无符号短整型
unsigned   long   [int]              变量表;            //无符号长整型
```

如:

```
int a,b;
unsigned c,d;
```

2. 整型变量在内存中的表示

整型变量在内存中以二进制形式存放,一般有 3 种:即原码、反码、补码。

有符号整型值在内存中的表示如下。

1) 原码

最高位表示符号位,0 表示正数,1 表示负数,其余各位是该数的绝对值对应的二进制数。若有定义 int i=1, j=−1;则 i 和 j 在内存中的原码表示形式(以 16 位为例)如下:

i: | 0 | 0 | 0 | 0 | 0 | 0 | 0 | 0 | 0 | 0 | 0 | 0 | 0 | 0 | 0 | 1 |

j: | 1 | 0 | 0 | 0 | 0 | 0 | 0 | 0 | 0 | 0 | 0 | 0 | 0 | 0 | 0 | 1 |

2) 反码

如果是正整数,反码等于其原码。如果是负整数,则先写出与该负数相对应的正数的原码,然后将所有位按位取反(或写出该数的原码,符号位不变,其他位按位取反)。若有定义 int i=1, j=−1;则 i 和 j 在内存中的反码表示形式(以 16 位为例)如下:

i: | 0 | 0 | 0 | 0 | 0 | 0 | 0 | 0 | 0 | 0 | 0 | 0 | 0 | 0 | 0 | 1 |

j: | 1 | 1 | 1 | 1 | 1 | 1 | 1 | 1 | 1 | 1 | 1 | 1 | 1 | 1 | 1 | 0 |

3) 补码

如果是正整数,补码等于其原码且等于其反码。如果是负整数,则先写出与该负数相对应的正数的补码表示,然后将其按位取反,最后在末位(最低位)加 1(即反码+1);然后将上述求得的补码的低 n 位存放于内存单元之中,就得到了该整数在内存中的补码,内存单元的最高位是符号位(0 表示正,1 表示负)。若有定义 int i=1, j=−1;则 i 和 j 在内存中的补码表示形式(以 16 位为例)如下:

i: | 0 | 0 | 0 | 0 | 0 | 0 | 0 | 0 | 0 | 0 | 0 | 0 | 0 | 0 | 0 | 1 |

j: | 1 | 1 | 1 | 1 | 1 | 1 | 1 | 1 | 1 | 1 | 1 | 1 | 1 | 1 | 1 | 1 |

注意:一个整数在内存中以补码表示。

无符号整型值在内存中的表示如下:

一个无符号数在内存中把它看成一个正数,存储时,不分配符号位,所有位皆为数据位。如内存中存储结构如下:

| 1 | 1 | 1 | 1 | 1 | 1 | 1 | 1 | 1 | 1 | 1 | 1 | 1 | 1 | 1 | 1 |

则表示存储的数为 65535,而不是−1。

2.3.2 浮点型变量

1. 浮点型变量的定义

浮点型变量分为单精度型和双精度型两种。

```
float  变量表;
double 变量表;
```

如：

```
float  x1,y1;
double x2,y2;
```

2. 浮点型数据在内存中的表示形式

浮点型数据在内存中以指数形式存放。系统把一个浮点型数分成小数部分和指数部分分别存放。指数部分采用规范化指数形式，即尾数部分只包含一位非零整数，其余部分皆为小数位。如有定义 float x=123.4567;则其在内存中的表示(若分配 32 位)形式如下：

| 尾数符(0) | 尾数(1.234567) | 解码符(0) | 阶码(2) |

该数为 $1.234567*10^2$，尾数符和阶码符为 0，表示尾数和阶码为正，为 1 时，表示尾数和阶码为负，尾数分配的字节数越多，表示数的精度越高；阶码分配的字节数越多，表示数越大。

2.3.3 字符型变量

1. 字符型变量的定义

```
char  变量表;
```

如：

```
char ch1,ch2;          //定义两个字符型变量 ch1,ch2
```

2. 字符型变量在内存中的表示形式

字符型变量在内存中以 ASCII 码表示，分配 1 个字节的存储空间。

如：

```
char  c1='a';
```

其存储结构为：

| 0 | 1 | 1 | 0 | 0 | 0 | 0 | 1 |

字符的 ASCII 码表见附录。

2.4 运算符与表达式

2.4.1 C 语言中的运算符简介

C 语言的运算符种类很多，但共有 34 个，常见分类如下：

C语言运算符 ｛算术运算符
关系运算符
逻辑运算符
位运算符
赋值运算符
条件运算符
逗号运算符
指针运算符
求字节运算符
强制类型转换运算符
分量运算符
下标运算符
其他运算符

2.4.2 基本算术运算符和基本算术表达式

C语言中允许5种基本算术运算符,它们是+(加)、-(减)、*(乘)、/(除)和%(模)。

(1)对除法运算(/)规定:两个整数相除时为整数,即舍去小数部分,仅取整数部分。例如:

```
5/3=1, 5.0/3=1.666667
```

(2)求模运算(%)要求两个运算操作数都是整数,其结果是整数除法的余数。例如:

```
5%10=5, 10%3=1, -10%3=-1
```

(3)基本算术运算符的优先级与一般数学运算相同,先乘除后加减,并且从左至右进行结合。例如:

```
10/5*3 结果是6,而不是10/(5*3)=0
```

2.4.3 赋值运算符和赋值表达式

(1) C 语言中规定"="是赋值运算符,它把右边表达式内容赋予左边的变量。例如,"a=17",其作用是把17赋给变量a。

(2)如果赋值运算两侧类型不一致,但都是数值型或字符型时,赋值时自动进行类型的转换。

① 将实型数(包括单、双精度)赋给整数变量时,舍弃小数部分,自动取整。例如:a 为整型变量,执行"a=5+3.72"后,a 中值为8。

② 将整数赋给实型变量时,数值不变,但以浮点形式存入变量中。例如,x 为 float 变量,执行"x=25"后,x=25.00000。

(3)复合赋值符。在赋值符前加上其他运算符可以构成复合运算符,例如"+="、"-="、"*="、"/="、"%="……

例如:

```
a+=5 等价于 a=a+5
```

x*=y+8 等价于 x=x*(y+8)，注意圆括号不可少
x%=5 等价于 x=x%5

(4)赋值表达式。赋值表达式形式是：

<变量><赋值运算符><表达式>

因此"a=5"是一个赋值表达式。但要注意，<表达式>本身也可以是赋值表达式。例如：a=b=c=d=5，其结果是 a 到 d 共 4 个变量值均被赋值 5，再例如，a=(b=l0)/(c=2)，a 的值为 5。

赋值表达式还可以包含复合赋值运算符，例如，a+=a-=a*a，如果 a 的初值是 5，那么此表达式求解过程是：

先进行 a-=a*a 运算，相当于 a=a-a*a=5-5*5=-20；
再进行 a+=-20，即 a=a+(-20)=-20-20=-40。

【例2-1】 若 a 的原值为 12，计算 a+=a-=a*a。

解：（1）计算 a=a*a=144
（2）计算 a=a-144=0
（3）计算 a=a+0=0

因此，其结果为 0。

2.4.4 逗号运算符和逗号表达式

C 语言提供一种特殊的运算符，叫逗号运算符。用它把两个表达式连接起来，例如，"3+7, 4+9"。其一般形式是：

表达式 1,表达式 2

其求解过程是先求解表达式 1，再求解表达式 2，而整个表达式值为表达式 2 的值。例如：

"3+7,4+9"值为 13
"a=3*4,a+5"值为 17
"(a=3*4,a*5),a+8"值为 20

注意，尽管执行 a*5，但 a 值未变，仍为 12。
逗号表达式扩展形式为：

表达式 1,表达式 2,…,表达式 n

其值为表达式 n 的值。

逗号运算符是运算级别最低的运算符，因此下面两个式子中 x 值不一样。

(1) x=(a=3,6*3)，x 值为 18；
(2) x=a=3,6*a，x 值为 3。

2.4.5 关系运算符和关系表达式

C 语言规定了 6 个关系运算符：
>(大于)、<(小于)、>=(大于等于)、<=(小于等于)、!=(不等于)及==(等于)

关系运算的结果是逻辑值，C 语言中没有逻辑类型数据，因此用整数 0 代表"假"，用整数 1 代表"真"。

说明：

(1)<、<=、>、>=的优先级相同，==和!=的优先级相同。前者运算优先级高于后者。
(2)关系运算符优先级低于算术运算符。
(3)表达式中连续使用多个运算符时要注意运算的优先级和结合性。

【例2-2】 若程序中已说明 int a=5，b=2，c=3；则求以下关系表达式的值：

```
a>b              (成立，其运算结果为1)
a<=c             (不成立，其运算结果为0)
a!=b             (成立，其运算结果为1)
(a>c)==b         (不成立，其运算结果为0)
a-b!=c           (不成立，其运算结果为0)
```

说明：最后一题中，因为关系运算符优先级低于算术运算符，因此先计算a-b，其值为3，再计算3!=c 不成立，因此其最终结果为0。

若变量 x 的取值范围为 0≤x≤10，不能写成"0<=x<=10"，因为这样做，先求"0<=x"，结果为0或者1，再作"<=10"的判断，其最终结果必定为1，显然违背了原意。此时应该采用逻辑运算符进行连接，写成"0<=x&&x<=10"。

2.4.6 逻辑运算符和逻辑表达式

C 语言中规定了3个逻辑运算符，它们是逻辑与(&&)、逻辑或(||)和逻辑非(!)，其中前两个是双目运算符，后一个是单目运算符。三者中"!"优先级最高，"&&"次之，"||"最低。尤其要注意，"!"优先级比任何算术运算符都高，而"&&"及"||"的优先级低于所有关系运算符。

表2-3 给出了逻辑运算真值表，式中0表示假，1表示真。C 语言中把非0值也作为真来处理。

表 2-3 逻辑真值表

a	b	!a	!b	a&&b	a||b
0	0	1	1	0	0
0	非0	1	0	0	1
非0	0	0	1	0	1
非0	非0	0	0	1	1

【例2-3】 若 a=3，b=2，计算下面的值。

```
!b                  (值为0，因为b值为非0即真)
a&&b                (值为1，因为a、b值均为非0)
!a||b               (值为1)
a||b                (值为1)
4&&0||2             (值为1)
2>5&&2||3<4-!0      (值为0)
```

因为关系运算优先级高于"&&"和"||"，因此先计算2>5，其值为0；再进行0&&2运算，其值为0；接着根据逻辑次序先计算!0 其值为1；计算4-1=3，再计算3<3 其值为0。最后综合：0||0=0。

从上例可知，逻辑运算的对象不仅可以是0、1，还可以是非0值，甚至是字符型、实型等，但逻辑运算的结果只能为0或者1。例如'c'&&'d'值为1(因'c'和'd'的 ASCII 值都不是0，按"真"处理)。

关系运算符和逻辑运算符在后续章节中还有进一步的介绍。

【例 2-4】 给出判定某一年 year 是否为闰年的条件。

分析：闰年是符合下面二者之一的年份：(1)能被 4 整除，但不能被 100 整除；(2)能被 400 整除。

判别年份 year 能否被 4 整除，只要进行求模运算，即 year%4，若其值为 0，说明能被 4 整除。

求解：

```
(year%4==0&&year%100!=0)||year%400==0
```

当上述表达式值为 1(真)时，year 为闰年，否则不为闰年。

2.4.7 自增自减运算符

自增"++"、自减"--"都是单目运算符，其作用是使变量的值增 1 或减 1，可表示为：
++i; --i; ++、--在变量 i 之前，为"前缀"形式。
i++; i--; ++、--在变量 i 之后，为"后缀"形式。

请特别注意，在表达式中前缀形式是先增减再使用，后缀形式是先使用再增减，因此其意义不同。

【例 2-5】 若 i=1，计算下列各式值。

x=++i 先计算 i=i+1(结果 i=2)再执行 x=i，因此最终结果为 i=2，x=2。
x=i++ 先执行 x=i(结果 x=1)，再执行 i=i+1，因此最终结果为 i=2，x=1。
x=i++*i++ 先取 i 值进行乘法(*)运算，再对 i 加 1 两次，因此结果为 i=3，x=1。
x=++i*++i 先对 i 加 1 两次，再取 i 值相乘，因此结果为 i=3，x=9。

使用 i++ 或 ++i 有不少容易混淆的地方，请读者注意以下几个问题：

(1)自增、自减运算符只能用于变量而不能用于常量或表达式，例如 5++、(a+b)++ 都是不允许的。本例中 5 是常量不能改变值，a+b 值若为 8，那么增 1 后为 9 存放到何处去呢？无变量供存放。

(2)++ 和 -- 的结合方向是"自右至左"而不是习惯上的"自左到右"，例如，-i++ 如果 i 原值为 4，根据从左到右的结合，应求取 (-i)++，表达式是不允许自增自减运算的。实际上，根据"自右至左"的结合方向，是计算 -(i++)，因此表达式值是 -4(不是 -5)。

(3)在表达式中出现时要尤其小心。如 i 的原值是 3，那么 (i++)+(i++)+(i++) 其值是多少呢？有人认为相当于 3+4+5，即 12，事实上 VC++ 显示它为 9，实际上是先把 3 个 i 取出来相加，然后再对 i 自加 3 次(i=6)。再例如，i 的原值为 3，那么 k=(++i)+(++i)+(++i) 值是多少呢？事实上 k=16。

(4)i+++j 是理解为 (i++)+j 还是 i+(++j) 呢？在 C 语言中自左到右结合，尽可能多地把若干字符组合一个运算符，因此其解释为前者而不是后者。

(5)printf("%d,%d",i, i++); 若 i 原值为 3，那么输出是多少呢？多数系统对函数参数的求值次序是从右向左，执行 i++ 时先输出 i 值再进行自加，当打印第一个参数时，其值已变为 4，因此该 printf 输出值可能是"3,3"也可能是"4,3"。

因此自增自减运算符往往会产生人们"想不到"的副作用，初学者要慎用。

2.4.8 条件运算符及条件表达式

条件运算符"?:"是三目运算符,其一般形式为:

```
e1 ? e2 :e3
```

这里 e1、e2、e3 均是表达式,先计算 e1 的值,若非零则执行 e2,把 e2 的值作为整个表达式值;若 e1 为零,则执行 e3 的值,且把 e3 的值作为整个表达式值。

例如:z=(a>b)?a:b。该赋值语句表明把 a 和 b 值中大的一个赋予 z,其中(a>b)为 e1,a 为 e2,b 为 e3。

2.4.9 位运算符

C 语言的位运算是它有别于其他高级语言的特点之一,它是对变量的二进制位进行运算。共有 6 种运算符:

&(按位与)、|(按位或)、^(按位异或)、~(按位求反)、<<(按位左移)、>>(按位右移)

其中求反(~)是单目运算符,其他都是双目运算符。位运算对象只能是整型(int)或者字符型(char)数据。

1. "按位与"运算(&)

参加运算的两个二进制数相应位都为 1,则该位结果值为 1,否则为 0。即 0&0=0,0&1=0,1&0=0,1&1=1。例如:

3&5 并不等于 8,先把 3 和 5 以补码表示,再按位运算。

$$
\begin{array}{r}
3\ \text{的补码为}\ 00000011 \\
5\ \text{的补码为}\ 00000101 \\
\hline
\&:\ 00000001
\end{array}
$$

它是 1 的补码,因此 3&5=1。

按位与运算有一些特殊的用途:

(1)清零。若要把一个单元清零(即 8 位二进制都为 0),则只要用 0 与该单元进行按位与运算即可,即 0&n=0(n 为任意二进制数)。

(2)取一个数中某些指定位。例如:x(1 个字节)只想取其低 4 位,只需把它与 $(0F)_{16}$(十六进制数)进行逻辑与即可。例:

$$
\begin{array}{r}
x\ \ 01011101 \\
(0F)_{16}\ \ 00001111 \\
\hline
\&:\ \ 00001101
\end{array}
$$

其结果是 x 的低 4 位。

(3)保留特定位。例如:x=84=$(01010100)_2$,想保留左面第 3、4、7 位的值,可以与一个数进行&运算,此数(n)的第 3、4、7 位为 1,其余各值为 0。即 n=$(00110010)_2$=50。

$$
\begin{array}{r}
x=84=\ 01010100 \\
n=50=\ 00110010 \\
\hline
\&:\ \ \ 00010000(\text{等于十进制数}\ 16)
\end{array}
$$

所以:84&50=16。

2. 按位或(|)运算

参加运算的两个二进制数相应位只要有一个是 1，则该结果为 1，否则为 0。即 0|0=0，0|1=1，1|0=1，1|1=1。

如：061|017，使八进制数 061 与 027 进行按位或运算。

$$(061)_8 = (00110001)_2$$
$$(027)_8 = (00010111)_2$$
$$|: \quad (00110111)_2 \rightarrow (067)_8$$

因此，061|027=067（均为八进制表示）。

按位或常用于将原数的指定位置为 1。

3. 按位异或运算(^)

异或运算是两个运算量的相应位相同，则结果为 0，相异则结果为 1。即 0^0=0，0^1=1，1^0=1，1^1=0。

异或运算常用于使某个数的某几位翻转。

如：a=015（八进制），要使其后 4 位翻转，只需要 a=a^017。

```
        a:    00001101
      ^017:   00001111
        a:    00000010
```

4. 按位求反运算(~)

该运算为单目运算，求反是把对象（二进制数）按位取反。如：

```
x=7
y=~x=(00000111)=(11111000)
```

由于计算机中存放补码，因此其值的真值为-8。

请注意求反运算、单目减和逻辑非三者之间差别：

```
y=~x=~(7)=-8
y=-x=-7
y=!x=0
```

5. 左移(<<)和右移(>>)运算符

左移、右移运算表达式为：

```
x<<n 或 x>>n
```

表达式把二进制数 x 全部向左或向右移动 n 位，左移时左边移出的高位舍弃，右边补 0；右移时，右边低位舍弃，对于无符号位数左边高位补 0，对有符号位数，左边高位不变。例如：

```
a=14
b=a<<2=00001110<<2=00111000 (b 是十进制数 56，为 a 的 2² 倍)
c=a>>2=00001110>>2=00000011 (c 是十进制数 3，为 a 的 2⁻² 倍，有一定误差)
```

2.4.10 求字节运算符

功能：获取变量和数据类型所占内存大小(字节数)。
格式：

```
     sizeof 表达式
或   sizeof(数据类型名或表达式)
```

例：

```
sizeof (int)           其值为 2(在 TC2.0 或 BC3.1 下)
                       其值为 4(在 VC6.0 下)
sizeof (long)          其值为 4
sizeof 10L             其值也为 4
unsigned long a = 2;
sizeof (a)             其值也为 4
```

2.4.11 强制类型转换运算符

强制类型转换是通过类型转换运算来实现的。其一般形式为：

```
(类型说明符) (表达式)
```

功能：把表达式的运算结果强制转换成类型说明符所表示的类型。其中，(类型说明符)是强制类型转换符，它的优先级比较高。

在使用强制转换时应注意以下问题：

(1)类型说明符和表达式都必须加括号(单个变量可以不加括号)。

例如，把(int)(x+y)写成(int)x+y，则成了把 x 转换成 int 型之后再与 y 相加了。

(2)无论是强制转换还是自动转换，都只是为了本次运算的需要而对变量的数据长度进行的临时性转换，而不改变数据说明时对该变量定义的类型。

例如，(double)a 只是将变量 a 的值转换成一个 double 型的中间量，其数据类型并未转换成 double 型。

2.5 不同类型数据之间的混合运算

C 语言允许进行整型、实型、字符型数据的混合运算，但在实际运算时，要将不同类型数据转换成同一类型再进行运算。这种类型转换的一般规则是：

(1)运算中将 char 类型转换为 int 型，float 型转换为 double 型。

(2)低级类型服从高级类型并进行相应转换，数据类型识别由低到高的次序为：

```
char→int→unsigned→long→float→double
```

(3)赋值运算中，右边表达式值最终以左边变量的类型为准，并进行相应变换。例：

```
int a,b,c;
float x;
long d;
```

```
            double e;
            ...
            c=a+'a'+a*x-b/d+e
            ...
```

上列赋值运算中，'a'转换为 ASCII 码整数 97，并与整数 a 值相加；在计算 a*x 时，由于 x 为 float 型先转换为 double 型，a 是整型，但为运算一致也转变为 double 型，其运算结果也为 double 型；上两步求和，是把 a+'a'的整型值(int)先转化为 double 型，再进行求和；计算-b/d 其值为 long 型；再把以上几步结果和 e 相加，类型为 double 型；赋予 c 时，压缩 double 的小数部分变为 int 型，再赋予 c。

以上各步骤中的类型转换都是 C 编译系统自动完成的，用户不必过问。

除自动进行类型转换外，用户可以用强制类型运算符(type)（其中 type 泛指某一数据类型），它是单目运算符。例如：

```
            (double)a,      将 a 强制转换为 double 型
            (int)(a*b),     将 a*b 结果强制转换为 int 型
            (float)a*b,     把 a 先强制转换为 float 型再与 b 相乘
```

【例 2-6】 写出下列程序运行结果。

```
            #include <stdio.h>
            main()
            {   char c1='b',c2='d',c3='f',c4='\103',c5='\115';
                printf("a%cc%c\te%c\tgh",c1,c2,c3);
                printf("\t\b%c%c\n",c4,c5);
            }
```

分析：c4='\103'，其中 103 是八进制，相当于十进制的 67，即字符'C'的 ASCII 码，因此它与 c4='C'完全等效。同理，c5='\115'与 c5='M'等效（ASCII 码 77），第一个打印语句中\t 为制表符，\n 为换行。该程序运行结果如图 2-1 所示。

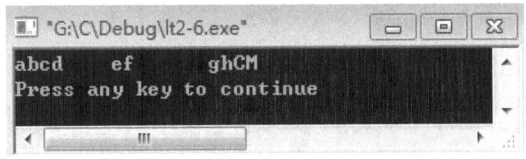

图 2-1 【例 2-6】程序运行结果

【例 2-7】 求以下表达式值。

(1) 设 x=3.2，a=10，y=3.9。计算 x+a%3*(int)(x+y)%2/4 的值。

解：

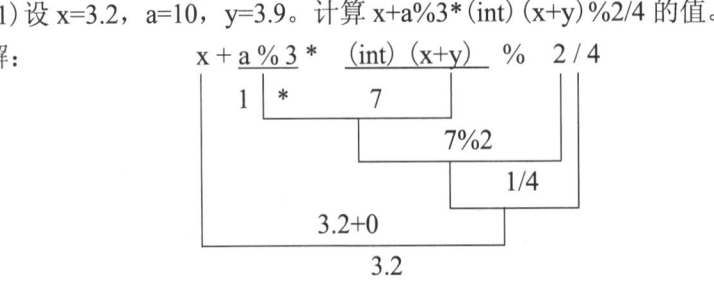

因此上式为 3.2。

(2) 设 a=4, b=3, x=6.3, y=7.4。计算 (float) (a+b)/2+(int) x%(int) y 的值。

解:

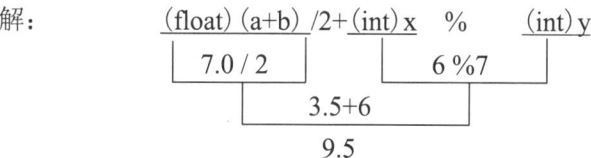

因此上式为 9.5。

2.6 本 章 小 结

- 标识符是由字母或下划线(_)开头,后跟由字母、数字和下划线组成的序列(包括空串),大小写字母在 C 语言中是有区别的,应注意 C 语言中的 32 个关键字和几个特定字有独特的含义,不能单独作为用户标识符使用。
- 数据项在程序中不是常量就是变量。习惯上变量用小写字母表示,并且要遵循"先说明后使用"的原则。
- C 语言中基本的数据类型包括整型(int)、单精度浮点型(float)、双精度浮点型(double)及字符型(char),对整型数据前面可加限定词(short, long, signed, unsigned),有时可省略 int 本身。
- C 语言中的常量有整型常量、实型常量、字符常量、字符串常量等,尤其要区分'a'和"a"的区别。前者是单字符常量,占用一个字节,后者是字符串常量,占用两个字节(在后面讲述)。
- 本章重点在于 C 语言中的表达式及赋值语句。
- C 语言中提供了丰富的运算符,包括基本算术运算符、关系运算符、逻辑运算符、自增自减运算符、赋值运算符、逗号运算符、条件运算符、位运算符等。应掌握这些运算符的作用,尤其是以前很少遇到的自增、自减运算符,复合赋值符。
- 各种表达式的求值,如算术表达式、关系表达式、逻辑表达式、自增自减运算表达式、赋值表达式、逗号表达式等,稍有疏忽就会出错。可以在计算机上求表达式的值,以验证自己的理解是否正确。
- 按位运算是 C 语言的特色,也是称它为"中级"语言的主要原因,使用它可以对变量中的二进制位进行运算,数值在计算机中以补码形式出现,因此用十进制表示时应该进行转换。
- 由于表达式中有各种运算符及各种类型的数据(操作对象),对前者要注意优先级和结合性,尤其是一些运算符是从右向左结合,与习惯不一致;对后者要注意类型的自动转换和强制转换问题。

练习题

一、选择题

1. 下面标识符中,不合法的用户标识符为(   )。
   (A) Pad   (B) a_10   (C) CHAR   (D) a#b
2. 下列 4 个选项中,均是合法整型常量的是(   )。

(A) 160 -0xffff 011 (B) -0xcdf 01a 0xe
(C) -01 986012 0668 (D) -0x48a 2e5 0x

3. 下列浮点型常量表示正确的是（　　）。
   (A) 0.7, 0, e2 (B) .4e9, .8, e6.5
   (C) 2.31e, 0.4, 9.8 (D) .8, 3.e-8, 55.6

4. 下列字符常量表示正确的是（　　）。
   (A) '1', '\n', '\123'   (B) '\aa', '12', '#'   (C) '*', '5', '\aaf'   (D) 1, '1', '\x78'

5. 下列4个选项中，均是合法转义序列的是（　　）。
   (A) '\"' '\\' '\n' (B) '\'' '\017' '\"'
   (C) '\018' '\f' 'xab' (D) '\\0' '\101' 'xlf'

6. 若有说明：char ch1='\065';char ch2=49;char ch3='2';则 ch1 中（　　），ch2 中（　　），ch3 中（　　）。
   (A) 包含1个字符 (B) 包含2个字符
   (C) 包含3个字符 (D) 字符个数不确定，说明不正确

7. 设 int 类型的数据长度为2个字节，则 unsigned int 类型数据的取值范围是（　　）。
   (A) 0～255 (B) 0～65535
   (C) -32768～32767 (D) -256～255

8. 在 C 语言中，int、char 和 short 三种类型数据所占用的内存（　　）。
   (A) 均为2个字节 (B) 由用户自己定义
   (C) 由所用机器的字长决定 (D) 是任意的

9. 以下（　　）是正确的转义字符。
   (A) '//' (B) '/' (C) '081' (D) '\0'

10. 若有说明 char sl='\067'; char s2=99; char s3='1';则 s1 中（　　），s2 中（　　），s3 中（　　）。
    (A) 包含3个字符 (B) 包含2个字符
    (C) 包含1个字符 (D) 无定值，说明不合法

11. 在 C 语言中，char 型数据在内存中以（　　）形式存储。
    (A) 原码 (B) 补码 (C) ASCII 码 (D) 反码

12. 以下运算符中优先级最低的运算符为（　　），优先级最高的为（　　）。
    (A) && (B) & (C) , (D) !=

13. 若有以下类型说明语句：char w; int x; float y;double z;则表达式 w*x+z-y 的结果为（　　）类型。
    (A) float (B) char (C) int (D) double

14. 设 x、y 为 float 型变量，则以下（　　）是不合法的赋值语句。
    (A) ++x; (B) y=float(3); (C) x=y=2=0; (D) x*=y+8;

15. 若 x 为 int 型变量，则执行下列语句后 x 的值为（　　）。
    ```
    x=6;
    x+=x-=x*x;
    ```
    (A) 36 (B) -60 (C) 60 (D) -24

16. 若 x、y、z 均为 int 型变量，m 为 long 型变量，则在16位机上执行下列语句后，y

的值为（   ），x 值为（   ），z 值为（   ），m 值为（   ）。

```
y=(x=32767,x+1);
z=m=0xffff;
```

(A) FFFF　　　　(B) 32768　　　　(C) -32768　　　　(D) 32767
(E) 1　　　　　(F) -1　　　　　(G) 0　　　　　　(H) 65535

17. 若 w=1, x=2, y=3, z=4，则条件表达式 x<x?w: y<z?w:y 的结果为（   ）。
    (A) 4　　　　(B) 3　　　　(C) 2　　　　(D) 1

18. 若 x 为 int 型变量，则逗号表达式(x=4*5,x*5),x+25 的结果为（   ），x 的值为（   ）。
    (A) 20　　　　(B) 100　　　　(C) 表达式不合法　　　　(D) 45

19. 设 a 和 b 均为 int 型变量，且 a 值为 15，b 值为 240，则表达式 a&b&&b 的结果为（   ），表达式(a&(b)&b) ‖ b 的结果为（   ）。
    (A) 0　　　　(B) 1　　　　(C) true　　　　(D) false

20. 设 x 和 y 均为 int 型变量，则执行以下语句后的输出为（   ）。

```
x=15;
y=5;
printf("%d\n",x%=(y%=2));
```

    (A) 0　　　　(B) 1　　　　(C) 6　　　　(D) 12

21. 若有说明语句：int w=1,x=2,y=3,z=4；则表达式 w>x?w:z>y?z:x 的值是（   ）。
    (A) 4　　　　(B) 3　　　　(C) 2　　　　(D) 1

22. 关系运算符两侧运算对象的数据（   ）。
    (A) 只能是 0 或 1　　　　　　　　(B) 只能是 0 或非 0 正数
    (C) 只能是整型或字符型数据　　　(D) 可以是任何类型数据

23. 逻辑运算符两侧运算对象的数据（   ）。
    (A) 只能是 0 或 1　　　　　　　　(B) 只能是 0 或非 0 正数
    (C) 只能是整型或字符型数据　　　(D) 可以是任何类型数据

24. 判断 char 型变量 c1 是否为大写字母的正确表达式是（   ）
    (A) 'A'<=c1<='Z'　　　　　　　　(B) (c1>='A') & (c1<='Z')
    (C) (c1>='A') && (c1<='Z')　　　(D) ('A'<=c1) AND ('Z'>=c1)

25. 若有定义：int k=7;float a=2.5,b=4.7;则表达式 a=k%3*(int)(a+b)%2/4 的值是（   ）。
    (A) 2.500000　　(B) 2.7500000　　(C) 3.500000　　(D) 0.000000

二、填空题

1. 字符串"I am a student."包含_____个字符，实际上在内存中占有_____个字节。

2. 无符号基本整型的数据类型符为_____，双精度实型数据类型符为_____，字符型数据类型符为_____。

3. 在 16 位 PC 机环境下，字符常量'a'在内存中应占_____个字节，字符串"a"应占_____个字节。

4. 若采用十进制数的表示方法，则 077 是_____，0111 是_____，0X29

是_____，0XAB 是_____。

5．设 x 为 float 型变量，设 y 为 double 型变量，设 a 为 int 型变量，设 b 为 long 型变量，设 c 为 char 型变量，则表达式 x+y*a/x+b/y+c 的结果为_____类型。

6．设 a、c、x、y、z 均为 int 型变量，请在下面对应的_____上写出各表达式的结果。

  (1) a=(c=5,c+5,c/2)；_____

  (2) x=(y=(z=6)+2)/5;_____

  (3) 18+(x=4)*3;_____

7．要定义符号常量 PRICE，其值为 3.5，写出定义的命令_____。

8．两个整数相除的结果为_____，如 1/2 的结果为_____。

9．若 a、b、c 均为 int 变量，则执行表达式 c=(a=5)-(b=2)+a 后，a 的值为_____，b 的值为_____，c 的值为_____。

10．若 a=3,b=2,c=1,则关系表达式 a>b 的值为_____,b+c<a 的值为_____,(a>b)==c 的值为_____，f=a>b>c 的值为_____。

11．设 x、y、z 均为 int 变量，且 x=3，y=-4，z=5，请写出下列表达式对应的结果。

 ①x&&y==(x||z)　_____　② !(x>y)+(y!=z)||(x+y)&&(y-z)　_____

12．设 x、y、z 均为 int 变量，请用 C 语言表达式描述以下命题。

 ① x 或 y 中有一个小于 z：_____。

 ② x、y、z 中只有两个为负数：_____。

 ③ y 是奇数：_____。

13．设 x、y、z 均为 int 型变量，且 x=3，y=-4，z=5，请在下面的_____上写出各表达式的结果。

  (1) x&&y==x ‖ z　_____

  (2) !(x>y)+(y!=z) ‖ (x+y)&&(-z)　_____

  (3) x++-y+(++z)　_____

第 3 章　顺序结构程序设计

内容导读：

顺序结构程序设计是结构化程序设计中最简单的一种结构，程序中没有分支和循环，只能从前往后执行，适合解决一些比较简单的工程问题，程序设计时注意数据输入输出的格式即可。
- 格式转换符
- 格式输入函数
- 格式输出函数
- 字符输入输出函数

3.1　C 语言程序的基本单位——函数

一个较大的程序一般应分为若干个程序块，每一个程序块用来实现一个特定的功能。所有的高级语言中都有子程序这个概念，用子程序实现模块的功能。在 C 语言中，子程序是由一个主函数和若干个函数构成，由主函数调用其他函数，其他函数也可以互相调用，但不可以调用主函数，同一个函数可以被一个或多个函数调用任意多次。

在程序设计中，常将一些常用的功能模块编写成函数，放在函数库中供公共选用。要善于利用函数，以减少重复编写程序段的工作量。

许多程序设计语言中，可以将一段经常需要使用的代码封装起来，在需要使用时可以直接调用，所以，函数也可以说是许多代码的集合，这就是程序中的函数。比如在 C 语言中：

```
int max(int x,int y)        //整数类型　最大值(整数类型x,整数类型y)
{   return (x>y?x:y);       //返回(x>y?x:y)
}
```

这是一段比较两数大小的函数，函数有参数与返回值。C 程序设计中的函数可以分为两类：带参数的函数和不带参数的函数。这两种参数的声明、定义方式也不一样。

带有(一个)参数的函数的定义如下：

```
类型名标示符　函数名(类型说明符　参数)
{ …
    return　表达式；
    …                       //程序代码
}
```

没有返回值且不带参数的函数的定义如下：

```
void　函数名( )              //无类型　函数名
{ …                         //程序代码
}
```
花括号内为函数体。

3.2 函数的基本单位——语句

和其他高级语言一样，C 语言的语句用来向计算机发出操作指令，一个语句编译后可产生若干条机器指令。在 C 语言中所有语句都是"可执行语句"，没有非执行语句。

C 语言中的语句分为简单语句和复合语句两大类，简单语句由分号(;)结尾，表示一个语句的终结，复合句用一对花括号({ })进行组合，在语法上相当于一个简单语句。例如：

```
if((d=b*b-4*a*c)>=0)
{   x1=(-b+sqrt(d))/(2*a);
    x2=(-b-sqrt(d))/(2*a);
}
```

注意，复合语句中所组合的最后一个语句的分号(;)不能省略。

3.2.1 控制语句

控制语句用来完成一定的控制功能，它改变了程序中语句一步接一步执行的次序，C 语言中共有 9 种控制语句。

(1) if( ) 语句 1 else 语句 2(属于条件语句)
(2) for( ) 循环体(属于循环语句)
(3) while( ) 循环体(属于循环语句)
(4) do～while( )(属于循环语句)
(5) continue 结束本次循环语句(只能用于循环语句)
(6) break 中止执行 switch 或循环语句(只能用于 switch 语句或循环语句)
(7) switch 多分支选择语句
(8) goto 转向语句(无条件转向)
(9) return 返回语句(从函数返回)

上面 9 种语句中的()中是一个条件判断表达式，可以是任意表达式。例如"for()循环体"，具体可表示为 for(s=0;i<=100;i++)s=s+i;(计算 s=1+2+3+…+100 的循环语句)。

3.2.2 函数调用语句

由一个函数调用加上一个分号(;)组成的语句为函数调用语句，例如：

```
printf("How do you do?\n");
```

3.2.3 表达式语句

由表达式加一个分号(;)构成的语句，最典型的是由赋值表达式构成的赋值语句。例如 a=5+6 是一个赋值表达式，而"a=5+6;"是一个赋值语句，可见分号(;)是语句中不可缺少的一部分，而不仅仅是个分隔符！例如：

```
i=i+1 是表达式(赋值表达式)
i=i+1; 是表达式与分号构成的赋值语句
i++; 是语句(相当于 i=i+1)
x+y; 是语句(但是不把 x+y 值赋予一个变量，因此它并无实际意义)
```

3.2.4 空语句

独由分号(;)构成的语句称为空语句，例如：

```
;
```

它什么动作也不执行，有时用来作为一个转向点，或循环语句中的循环体(空循环)。

3.3 数据的输入与输出

C 语言本身不提供输入/输出语句，它由函数来实现。C 语言标准函数库中提供 printf 和 scanf 函数，在程序中可以直接使用。

本节中介绍最基本的输入输出函数：字符输入输出函数和格式输入输出函数。它们都以终端(系统隐含的输入输出设备)为对象进行输入输出。

3.3.1 格式输出函数

1. 定义格式

printf 是 C 语言中最常用的输出函数，其作用是向终端输出若干个任意类型的数据。

printf 的调用格式是：

```
printf("控制字符串",参数1,参数2,…,参数n);
```

其中，每个参数代表一个输出数据，可以是常量、变量或表达式(输出它们的值)。控制字符串用于描述变量的输出方式，其形式为"%+附加格式说明符+格式转换符"(附加格式说明符可以省略)，它包括两类，一类是按原样输出的字符；另一类是格式说明，用于描述输出数据的显示方式，以%号开头(若输出%本身，应在%号前加一个%号，即两个%号连写)。

【例 3-1】 下列程序段的输出是什么？

```
float a=2.1,b=5;
printf("%f%f",a,b);   //f 格式符以小数形式输出浮点型数(6 位小数)
printf("a=%d b=%d",a,b);
```

若 a=2.1,b=5.0，则上式输出"2.1000005.000000"，下式输出"a=2.100000 b=5.000000"。

2. 格式说明

1) d 格式(输出十进制整数)

- %d：按数据实际长度输出。
- %md   m：指定的输出字段宽度，若实际数据位数<m，则数据向右靠，左端补空格；若实际数据位数>m，按实际位数输出。
- %-md   m：指定的输出字段宽度，若实际数据位数<m，则数据向左靠右端补空格；若实际数据位数>m，按实际位数输出。
- %ld：输出长整型数据，也可在 l 之前再加上 m。

【例 3-2】 试分析以下程序。

```
#include <stdio.h>
```

```
main()
{   int a=123,b=12345;
    long  c=123456;
    printf("%4d,%4d,%-4d,%-4d\n",a,b,a,b);
    printf("%ld,%9ld\n",c,c);
}
```

输出结果如图 3-1 所示。

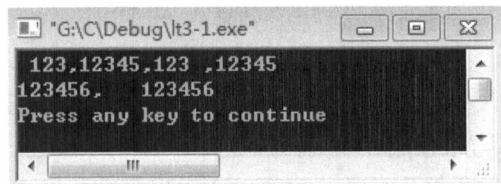

图 3-1　【例 3-2】程序运行结果

注意，c 是 long 类型，不能用%d 格式输出。

2) o 格式(输出八进制整数)

把内存单元(连同符号位)一起按八进制形式输出，因此，不会输出负号，例如，-1 在内存中以补码存放，两个字节中值如下：

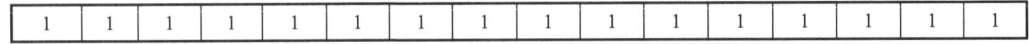

因此，若 a=-1：

```
printf("%d,%o,%8o,%-9o",a,a,a,a);
```

输出：

-1,177777,□□177777,177777□□□

同 d 格式符一样，有%o,%mo,%-mo,%lo 等形式(□代表空格)。

注意：若分配 4 个字节存放一个整型值，则结果为：

-1,37777777777,37777777777,37777777777

与分配两个字节时完全不同。

3) x(X)格式(输出十六进制整数)

类似 o 格式，也有%x,%mx,%-mx,%lx 形式，不会输出负值，若 X 为大写，则以十六进制形式显示 A～F 字母。

例如，a=-1，则：

```
printf("%x,%o,%d,%X",a,a,a,a);        /*分配 4 个字节时的结果*/
```

输出：

ffffffff,37777777777,-1,FFFFFFFF

4) u 格式(以十进制形式输出 unsigned 数据类型)

【例 3-3】　试分析以下程序。

```
#include <stdio.h>
main()
```

```
    {   unsigned a=65535;
        int b=-13;
        printf("a=%d,%o,%x,%u\n",a,a,a,a);
        printf("b=%d,%o,%x,%u\n",b,b,b,b);
    }
```

a=65535，存储单元中存放二进制为：

00000000000000001111111111111111

b=−13，存储单元中存放−13 的补码：

11111111111111111111111111110011

运行结果如图 3-2 所示。

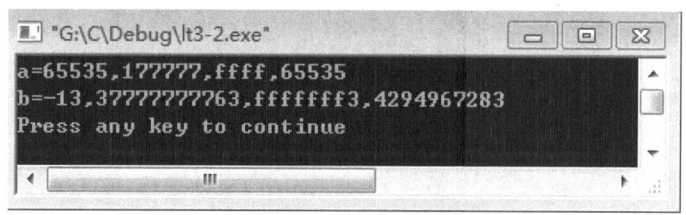

图 3-2　【例 3-3】程序运行结果

5) c 格式

用以输出一个字符，其范围为 ASCII 码，在 0～255 之间。

【例 3-4】　试分析以下程序。

```
#include <stdio.h>
main()
{   char c='A';
    int d=97;
    printf("%c,%d\n",c,c);
    printf("%c,%d\n",d,d);
}
```

该程序输出结果如图 3-3 所示。

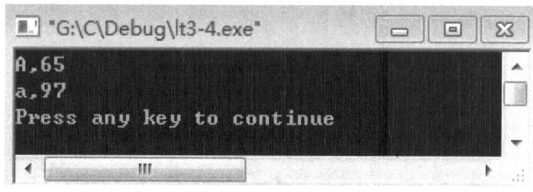

图 3-3　【例 3-4】程序运行结果

6) s 格式

用于输出字符串。

● %s：按原样输出字符串。
● %ms：串长度小于 m 时左边补空格，串长度大于 m 时，串原样输出；
● %−ms：串长度小于 m 时右边补空格，串长度大于 m 时，串原样输出；

- %m.ns：输出 m 列，但只取字符串左边的 n 个字符，m>n 时，左边补空格；
- %–m.ns：同上，但 n 个字符右边补空格。

【例 3-5】 试分析以下程序。

```
#include <stdio.h>
main()
{   printf("%2s,%6.4s,%3.4s,%-5.3s\n","Hello","Hello","Hello","Hello");
}
```

输出结果如图 3-4 所示。

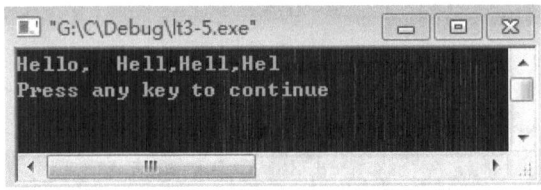

图 3-4 【例 3-5】程序运行结果

第 3 个字符串输出时突破场宽 3，第 3 个字串输出时，因为 m<n，自动使 m=n=4 后再输出。

7) f 格式

以小数形式输出实数。

- %f：不指定宽度时，由系统自动确定，整数部分全部输出，小数部分输出 6 位，但有效数为单精度时 7 位，双精度时 16 位。

【例 3-6】 试分析以下程序。

```
#include <stdio.h>
main()
{   float a,b;
    double x,y;
    a=333333.333;
    b=111111.111;
    x=2222222222222.222222;
    y=5555555555555.555555;
    printf("%f\n,%f\n",a+b,x+y);
}
```

输出显示如图 3-5 所示。

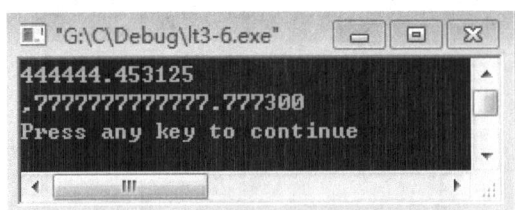

图 3-5 【例 3-6】程序运行结果

- %m.nf：指定输出共 m 列，小数 n 位，若数值长度小于 m 时左端补空格。
- %–m.nf：同上，输出数据长度小于 m 时右端补空格。

【例3-7】 试分析以下程序。

```
#include "stdio.h"
main()
{   double x=2314.758;
    printf("%f\n%9f\n%9.3f\n%.2f\n%-9.2f\n",x,x,x,x,x);
}
```

运行结果如图3-6所示。

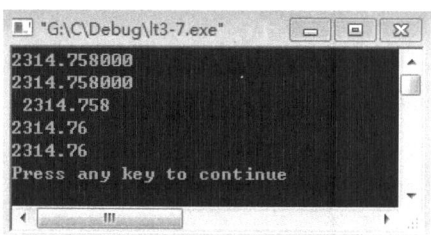

图3-6 【例3-7】程序运行结果

8) e 格式

以指数形式输出实数。

- %e：数值按规定格式形式输出（即小数点前有一位非零数字），系统自动确定6位小数和5位阶码（其中e本身占一位，阶符占一位，阶占3位，例如，e+003）。

例如：123.456 用%e 输出为：1.234560e+002。

%m.ne,%-m.ne 格式中 m 为总列数，n 为小数点后位数。

【例3-8】 试分析以下程序。

```
#include <stdio.h>
main()
{   float x=1234.56;
    printf("%e\n%10e\n%10.2e\n%.2e\n%-10.2e\n",x,x,x,x,x);
}
```

该例程序显示如图3-7所示。

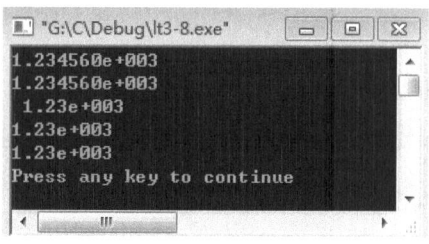

图3-7 【例3-8】程序运行结果

9) g 格式

输出实数，系统自动选用 e 或 f 格式，且不输出无意义的 0。系统自动在 e 和 f 格式中选择输出宽度小的一种方式。

【例3-9】 试分析以下程序。

```
#include <stdio.h>
main()
```

```
{   float x=1234.56;
    printf("%f\n%e\n%g\n",x,x,x);
}
```

运行结果如图 3-8 所示。

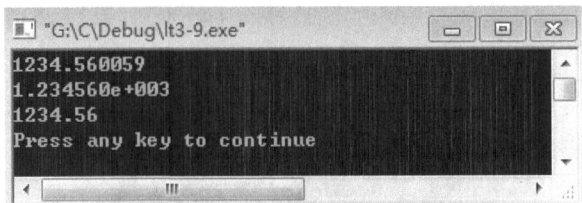

图 3-8 【例 3-9】程序运行结果

printf 函数常用的格式转换字符如表 3-1 所示，附加格式说明符如表 3-2 所示。

表 3-1 printf 的格式转换字符

格 式	说 明
%d	带符号的十进制整数输出(正数不输出＋号)
%o	以八进制形式输出整数(无符号数，不输出前缀)
%x	以十六进制形式输出整数(无符号数，不输出前缀)
%u	以无符号十进制形式输出整数
%c	以字符形式输出一个字符
%s	输出字符串
%f	以小数形式输出单、双精度实数(小数部分 6 位)
%e	以标准指数形式(6 位小数、5 位阶码)输出单双精度数
%g	在%f 或%e 中自动输出较短的格式，且不输出无意义的 0

表 3-2 printf 附加格式说明

格 式	说 明
l	用于输出长整型数据
m(正整数)	可以在前面指定数据最小域宽
n(正整数)	对实数表示小数位个数，对字符串为截取字符数目
–	数据在输出域内向左对齐

3.3.2 格式输入函数

格式输入函数常用来从键盘输入数据，其调用格式为：

scanf("控制字符串",参数 1, 参数 2, …, 参数 n);

格式字符串与 printf 函数类似，其格式转换字符如表 3-3 所示，附加格式说明符如表 3-4 所示。

表 3-3 scanf 格式转换字符

格式转换字符	说 明
d	输入十进制整数
o	输入八进制整数
x	输入十六进制整数
c	输入单个字符
s	输入字符串
f	输入实数(小数或指数形式)

表 3-4 scanf 附加格式说明符

附加格式说明符	说　　明
l	输入长整型数据及 double 实型数据
h	输入短整型数据
m（正整数）	指定输入数据宽度
*	读入后不赋给相应变量

注意：格式转换字符和附加格式说明符只能用小写字母（如%d，而不能写成%D），参数部分的每个参数若为数值变量和字符变量，要在变量名前加上"&"（地址运算符），而对字符数组不必加"&"。下面举例说明 scanf 函数调用方法。

（1）scanf 中没有%u 格式符，对无符号数据以%d、%o 或%x 格式进行输入。

（2）指定 m 后，系统按照 m 自动截取所需数据。

【例 3-10】 scanf("%4d%2d%3d",&x,&y,&z);

当输入序列为 1234567890↙ 时，执行结果为变量 x=1234，变量 y=56，变量 z=789，输入的最后一个 0 被丢掉，因为参数表中再没有参数与其对应。

（3）%*表示跳过相应数据。

【例 3-11】 scanf("%2d,%*3d,%2d",&x,&y);

当输入 12，345，67↙ 时，把 12 赋予 x，67 赋予 y，跳过 345。注意，此例中因为 scanf 格式中用","分隔，因此输入数据时也该用","隔开。

（4）输入时不能规定精度，例如，scanf("%7.2f",&a);是不合法的。

（5）用"%c"输入字符时，空格和转义字符均为有效字符输入。

例如：

scanf("%c,%c,%c",&c1,&c2,&c3);当输入：a□b□c 时，将'a'赋给 c1，'□'赋给 c2，'b'赋给 c3。

（6）若"格式字符串"中除格式说明外还有其他字符时，则输入时应该输入与这些字符相同的字符，例如，scanf("x=%d,y=%d",&x,&y);在输入时应输入 x=12,y=63↙，而不应该输入 x=12□y=63↙。

（7）输入数据时遇到下列情况之一时，认为数据输入结束。

- 空格、回车、跳格（Tab）。
- 遇到宽度满足时，例如"%4d"，只取 4 列。
- 遇到非法输入。

【例 3-12】 scanf("%d%c%f",&x,&y,&z);

当输入 98765a67O.34↙（其中把数字 0 错打为英文字母 O），则把 98765 赋给 x，'a'赋给 y，67 赋给 z。

3.3.3 字符的输入与输出函数

1. 字符的输入函数 getchar

该函数没有参数表，表示从键盘（或系统隐含的标准输入设备）输入一个字符，使用此函数前应采用"#include<stdio.h>"包含命令，因为该函数要用到标准 I/O 库的信息。

【例 3-13】

```
#include <stdio.h>
```

```
main()
{   char c;
    c=getchar();
    putchar(c);
}
```

在从键盘输入时，键入 S↙，此时把字母'S'送给了变量 c，并把它的值('S')显示在屏幕上。运行结果如图 3-9 所示。

图 3-9　【例 3-13】程序运行结果

注意：
(1) getchar()是一个无参函数，即括号内为空。
(2) 利用 getchar 时，一次只能输入一个字符。
(3) 以回车符为输入结束条件。
(4) 输入字符时，只输入字符本身，不输入界定符''。
(5) 调用 getchar()时，必须用包含命令 include，将输入输出函数的头函数包含进来。
(6) getchar()值也可以不赋给任意变量而直接输出，例如：printf("%c",getchar());。

【例 3-14】　利用 getchar 输入字符。

```
#include <stdio.h>
void main ( )
{   char ch1, ch2;
    int a;
    ch1 = getchar ( );
    ch2 = getchar ( );
    scanf ("%d", &a);
    printf ("ch1 = %c, ch2 = %c\n", ch1, ch2);
    printf ("a = %d\n", a);
}
```

假设输入为：1234↙，则执行结果如图 3-10 所示。

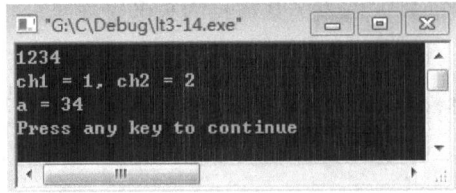

图 3-10　【例 3-14】程序运行结果

2. 字符的输出函数 putchar

putchar(c);用以输出字符 c 的值，c 可以是字符变量也可以是整型变量(其值是 ASCII 码)，在使用标准 I/O（输入/输出）函数时，应该用预编译命令"#include<stdio.h>"，把 stdio.h 头文件包含到源程序中。以下两种写法是等效的。

```
#include "stdio.h"
#include <stdio.h>
```

【例 3-15】

```
#include <stdio.h>
main()
{   char a,b,c;
    a='W';b='T';c='O';
    putchar(a);
    putchar(b);
    putchar(c);
}
```

程序运行结果为 WTO，如图 3-11 所示。

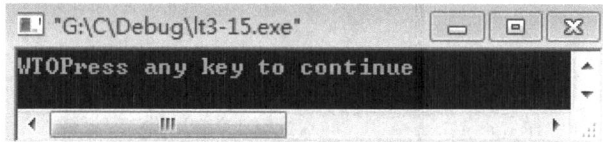

图 3-11　【例 3-15】程序运行结果

如果在最后 3 个语句的左边都加上控制符输出，例如，putchar('\n');那么本例输出为：

```
W
T
O
```

当然，也可以输出其他转义字符。
例如：

```
putchar('\103');          //输出八进制 103 对应字符'C'
putchar('\'');            //输出单引号'
putchar('\015');          //输出八进制 015，即将光标移到行首
putchar(65);              //输出英文字母'A'
```

注意：
(1) putchar()是一个有参函数，即括号内为参数，可以输出字符变量、常量、表达式及转义字符。
(2) 利用 putchar 时，一次只能输出一个字符。
(3) 输出字符时，只输出字符本身，不输出界定符''。
(4) 调用 putchar()时，必须用包含命令 include，将输入输出函数的头函数包含进来。

3.4　程　序　举　例

【例 3-16】　从键盘输入一个英文小写字母，输出相应的大写字母。

分析：英文大写字母与英文小写字母，在 ASCII 码表上的位置差 32，即 'A' 的 ASCII 码为 65，'a' 的 ASCII 码为 97，因此只要把输入小写字母减去 32 就可以变为大写字母。因为 C 语言中一个字符和它的 ASCII 码是自由转换的，不需要专用的转换函数，所以直接用 C2=C1–32; 就可以把小写字母 C1 变成大写字母 C2。

程序如下：

```
#include <stdio.h>   //程序中调用 getchar 时应加这一行
main()
{   char c1,c2;
    c1=getchar();    //等待用户输入字符
    printf("%c,%d\n",c1,c1);
    c2=c1-32;
    printf("%c,%d\n",c2,c2);
}
```

若输入 m，运行结果如图 3-12 所示。

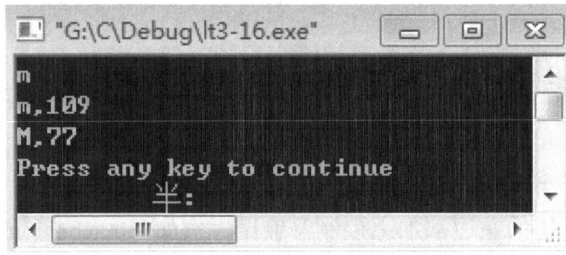

图 3-12　【例 3-16】程序运行结果

【例 3-17】　设圆柱底面半径为 R，圆柱高为 H，求圆柱表面积和体积。

分析：圆柱体积为底面积×高，即 $πR^2H$，表面积为 $2πR^2+2πRH$，其中 π 可以定义为常量 PI=3.14159（注意，程序中不能出现希腊字母 π 本身），圆底半径 R 和圆柱高 H 可作为变量（用小写字母）表示，并在程序运行时由用户输入，其类型可为实型，计算出来的圆柱表面积和体积可分别用 S 和 V 两个变量表示。

程序如下：

```
#include <stdio.h>  //程序中用的 getchar 应加这一行
#define  PI  3.14159
main()
{   float r,h,s,v;
    printf("input r,h please:\n");
    scanf("%f,%f",&r,&h);
    s=2*PI*r*(r+h);
    v=PI*r*r*h;
    printf("S=%.2f\n",s);
    printf("V=%.2f\n",v);
}
```

运行结果如图 3-13 所示。

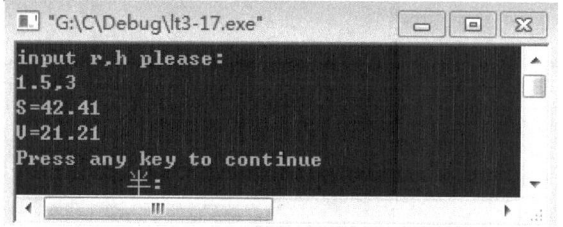

图 3-13 【例 3-17】程序运行结果

【例 3-18】 分析下列程序中 printf 语句输出结果。

```
#include <stdio.h>
 main()
{   int a=2,b=4,c=6;
    a+=b+=c;                          //(1)
    printf("%d\n",a<b?b:a);           //(2)
    printf("%d\n",a<b?a++:b++);       //(3)
    printf("%d,%d\n",a,b);            //(4)
    printf("%d\n",c+=a>b?b++:a++);    //(5)
    printf("%d,%d\n",b,c);            //(6)
    a=5;b=c=7;
    printf("%d\n",(c>=b&&b==a)?1:0);  //(7)
    printf("%d\n",c>=b&&b>=a);        //(8)
}
```

要点解析：

(1) 先进行 b=b+c=4+6=10，再进行 a=a+b=2+10=12；因此执行后 a=12，b=10，c=6；

(2) 因为 a<b 为假，因此输出 a 的值为 12；

(3) 同理先输出 b 值为 10，再进行 b++使 b=11(a 不自加)；

(4) 输出 a 和 b 值，即输出 12，11；

(5) 先进行 a>b?b++:a++，因此取 b++，再进行 c+=b++，即 c=c+b=6+11=17，最后进行 b++运算，使 b=12，因此此句输出 c 的值为 17；

(6) 输出 b 和 c 的值，因此输出 12，17；

(7) 上一句重新赋值 a=5，b=c=7，该句 c>=b 为真，b==a 为假，进行&&运算结果为假，根据条件语句，输出 0；

(8) 该句 c>=b 为真，b>=a 也为真，&&运算结果为真，因此输出 1。

运行结果如图 3-14 所示。

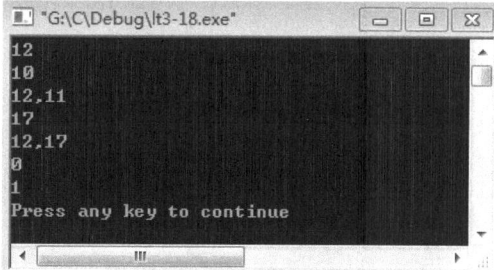

图 3-14 【例 3-18】程序运行结果

【例3-19】 写出下面程序输出结果。

```c
#include <stdio.h>
main()
{   int a=4,b=7,c=-5;
    float x=12.3456,y=-246.135;
    char ch='B';
    long n=7654321;
    unsigned u=65535;
    printf("%d%d%d\n",a,b,c);
    printf("%3d%3d%3d\n",a,b,c);
    printf("%f,%f\n",x,y);
    printf("%8.2f,%8.2f,%4f,%4f,%-3f,%-3f\n",x,y,x,y,x,y);
    printf("%e,%10.2e\n",x,y);
    printf("%c,%d,%o,%x\n",ch,ch,ch,ch);
    printf("%ld,%lo,%lx\n",n,n,n);
    printf("%u,%o,%x,%d\n",u,u,u,u);
    printf("%s,%7.5s\n","Over!","Thanks");
}
```

本例表示 printf 中各种格式符的使用方法，其运行结果如图 3-15 所示。

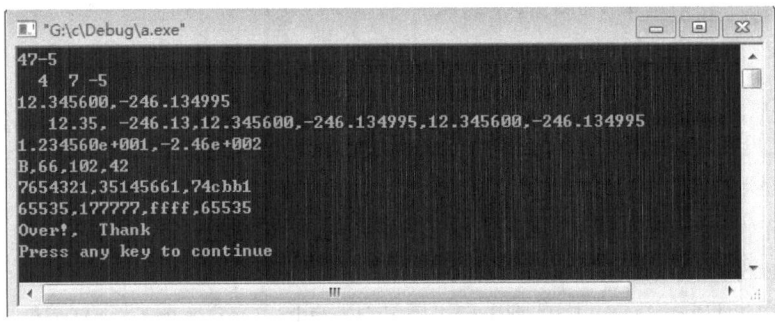

图 3-15 【例 3-19】程序运行结果

【例 3-20】 用 scanf ("%4d%4d%c%c%f%f%*f%f",&a,&b,&ch1,&ch2,&x,&y,&z);输入数据，使 a=22,b=44,ch1='A',ch2='z',x=2.24,y=–4.5,z=12.3。请问在键盘上如何输入？

分析：按照 scanf 格式控制符可以确定各个变量类型，在输入 a 和 b 值时，其格式为%4d，因此必须补足 4 位，即左边加空格，对于%*f 是用来禁止赋值的，因此可以任意输入一个实数(例如 3.14)，该值不会赋给任意变量。

程序如下(用□表示空格)：

```c
#include "stdio.h"
main()
{   int a,b;
    float x,y,z;
    char ch1,ch2;
    scanf("%4d%4d%c%c%f%f%*f%f",&a,&b,&ch1,&ch2,&x,&y,&z);
    printf("a=%d,b=%d,ch1=%c,ch2=%c,x=%f,y=%f,z=%f\n",a,b,ch1,ch2,x,y,z);
}
```

运行时应输入：

□□22□□44Az2.24-4.5-3.73□12.3↙

其运行结果如图3-16所示。

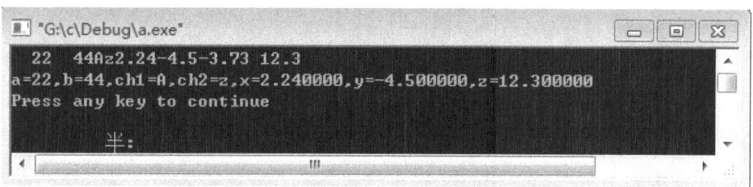

图3-16 【例3-20】程序运行结果

3.5 本 章 小 结

- C语言中语句的概念，每个语句必须用分号(;)结束。
- C语言中有9种控制语句(实现分支、循环、转向等功能)在程序中得到广泛使用，表达式和表达式语句是有差别的，请不要混淆。
- 数据输出函数putchar和printf，重点在格式输出函数printf，这是程序中最常用的输出函数，几乎每一个程序都离不开它。
- 熟练掌握控制字符串的含义，例如%d、%f、%c的使用，表3-1和表3-2是printf格式符的小结。
- 数据输入函数getchar和scanf，重点也在格式输入函数scanf上，它用来从键盘输入数据，格式符类似printf中格式符，但没有%u、%e和%g，也不能使用m、n格式。
- 请注意%*f的使用，它跳过所读入的一个实数。最为重要的是，当输入数值和字符时，变量必须是存储单元的地址，即变量名前加上"&"，否则就会出错。

练习题

一、选择题(用□表示空格)

1. 设m均为float型变量，则执行以下语句后的输出为( )。

```
m=1234.123;
printf("%-8.3f,%10.3f\n",m,m);
```

(A) 1234.123,□□1234.123 (B) 1234.123, 1234.123□□
(C) 1234.123,001234.123   (D) -1234.123,1234.12300

2. 若n为int型变量，则执行下列语句后的输出为( )。

```
int n=32767;
printf("%010d\n",n);
printf("%10d\n",n);
```

(A) 0000032767   (B) 32767
　　□□□□□32767   　　0000032767

  (C) 32767   (D) 输出格式描述不合法
    32767   32767

3. 若 x 为 unsigned int 型变量，则执行以下语句后的 x 值（ ）。

```
unsigned int x=65535;
printf("%d\n",x);
```

  (A) 65535   (B) 1   (C) 无定值   (D) -1

4. 若 x 为 char 型变量，则执行以下语句后的输出为（ ）。

```
char x='1';
printf("%3c\n",x);
printf("%2c%2c\n",x,x);
printf("%1c%4c\n",x,x,x);
```

  (A) □□1   (B) 1□□   (C) 1□□   (D) □□□1
    □1□1   □1□1   1□1□   □1□□1
    1□□□1   □□□11   11□□   1 1□□□

5. 若 x 为 int 型变量，则执行以下语句后的输出为（ ）。

```
x=0xdef;
printf("%4d\n",x);
printf("%4o\n",x);
printf("%4x\n",x);
```

  (A) 3567   (B) 3567   (C) 3567   (D) 3567
    6757   6567   06757   6757
    0def   def□   0xdef   □def

6. 若 x、y 均为 int 型变量，则执行以下语句后的输出结果为（ ）。

```
x=015;
y=0x15;
printf("%4o%4x\n",x,y);
printf("%4x%4d\n",x,y);
printf("%4d%4o\n",x,y);
```

  (A) 015015   (B) 1515   (C) 0150x15   (D) □□15□□15
    d□□21   □□d21   0x1521□□   □□□d□□21
    13□□15   1325   □□1325   □□13□□25

7. 若 x、y、z 均为 int 型变量，则执行以下语句后的输出结果为（ ）。

```
y=(x=10,x+5,z=10);
printf("x=%d,y=%d,z=%d\n",x,y,z);
z=(x=10,y=5,x+y);
printf("x=%d,y=%d,z=%d\n",x,y,z);
```

  (A) x=10, y=15, z=10   (B) x=10, y=10, z=10
    x=10, y=5, z=10   x=10, y=5, z=10
  (C) x=10, y=10, z=10   (D) x=10, y=10, z=10
    x=10, y=5, z=15   x=10, y=5, z=5

8. 若 x、y、z 均为 int 型变量，则执行以下语句后的输出结果为（　　）。

```
x=(y=(z=10)+5)-5;
printf("x=%d,y=%d,z=%d\n",x,y,z);
y=(x=z=0,x+10);
printf("x=%d,y=%d,z=%d\n",x,y,z);
```

(A) x=10，y=15，z=10
　　x=0，y=10，z=0

(B) x=10，y=10，z=10
　　x=0，y=10，z=0

(C) x=10，y=15，z=10
　　x=10，y=10，z=0

(D) x=10，y=10，z=10
　　x=0，y=10，z=0

9. 若 d1、d2、d3、d4 均为 char 型变量，则执行以下语句后的输出结果为（　　）。

```
d1='1'; d2='2';
d3='3'; d4='4';
printf("%1c",d1);
printf("%2c",d2);
printf("%3c",d3);
printf("%4c",d4);
```

(A) 1234
(B) 1□2□□3□□□4
(C) 1020030004
(D) 输出格式描述不合法

10. 若 w、x、z 均为 int 型变量，则执行以下语句后的输出结果为（　　）。

```
w=3;z=7;x=10;
printf("%d\n",x>10?x+100:0);
printf("%d\n",w++||z++);
printf("%d\n",!w>z);
printf("%d\n",w&&z);
```

(A) 0　　(B) 1　　(C) 0　　(D) 0
　　1　　　　1　　　　1　　　　1
　　1　　　　1　　　　0　　　　0
　　1　　　　1　　　　1　　　　0

11. 执行语句 printf("The program's name is c:\\tools\book.txt");后的输出是（　　）。

(A) The program's name is c:tools book.txt
(B) The program's name is c:\tools book.txt
(C) The program's name is c:\\tools book.txt
(D) The program's name is c:toolook.txt

12. 若 x 是 int 型变量，y 是 float 型变量，所用的 scanf 调用格式为：scanf("x=%d,y=%f", &x,&y);则为了将数据 10 和 66.6 分别赋给 x 和 y，正确的输入为（　　）。

(A) x=10, y=66.6(回车)
(B) 10 66.6(回车)
(C) 10 () 66.6(回车)
(D) x=10(回车) y=66.6

13. 若 w、x、y、z 均为 int 型变量，则为了使以下语句的输出：1234+123+12+1，正确的输入为（　　）。

```
scanf("%4d+%3d+%2d+%1d",&x, &y, &z, &w);
printf("%4d+%3d+%2d+%1d",x,y,x,w);
```

(A) 1234123121(回车)　　　　　　　　(B) 1234123412341234(回车)
(C) 1234+1234+1234+1234(回车)　　　(D) 1234+123+12+1(回车)

14. 若 x、y 均为 int 型变量，z 为 double 型变量，则以下合法的 scanf 函数调用为（　　）。
    (A) scanf("%d,%1x,%1e",&x,&y,&z);　　(B) scanf("%2d*%d%1f",&x,&y,&z);
    (C) scanf("%x%*d%o",&x,&y,&z);　　　 (D) scanf("%x%o%6.2f",&x,&y,&z);

15. 设 a、b 均是 int 型变量，则以下不正确的函数调用为（　　）。
    (A) getchar()　　　　　　　　　　　　(B) putchar('\108');
    (C) scanf("%d%2d",&a,&b);　　　　　　(D) putchar("\"");

16. 若有变量定义：int x;float y; char z[10];且执行语句 scanf("%3d%f%3s",&x,&y,z);时，从第一列开始输入以下数据：

    ```
    12345 123%<回车>
    ```

    则 x 的值为[1]中的（　　），y 的值为[2]中的（　　），z 的值为[3]中的（　　）。
    [1](A) 12345　　　　(B) 123　　　　(C) 345　　　　(D) 45
    [2](A) 无定值　　　 (B) 45.0　　　　(C) 45　　　　 (D) 123.0
    [3](A) 12　　　　　 (B) 123　　　　 (C) 123%　　　 (D) 无定值

17. 执行下面语句段后的 x 值为（　　）。

    ```
    int a=14,b=15,x;
    char c='A';
    x=((a&b)&&(c<'A'=='B'));
    ```

    (A) TRUE　　　　(B) FALSE　　　　(C) 0　　　　(D) 1

18. 下列程序正确的运行结果为（　　）。

    ```
    #include<stdio.h>
    main()
    {   printf("%d\t",NULL);
    }
    ```

    (A) 1　　　　　　　　　　　　　　　(B) 0
    (C) -1　　　　　　　　　　　　　　　(D) 不确定值(因变量无定义)

19. 下列程序正确的运行结果是（　　）。

    ```
    #include<stdio.H>
    #include<math.H>
    main()
    {   int a=1,b=4,c=2;
        float x=5.5,y=9.0,z;
        z=(a+b)/c+sqrt((double)y)*1.2/c+x;
        printf("%f\n",z);
    }
    ```

    (A) 9.800000　　(B) 9.300000　　(C) 8.500000　　(D) 8.000000

二、填空题

1. 若有说明 int x=10，y=20；请在下面对应的_____上写出各 printf 语句的输出结果。

(1) printf("%3x\n",x+y); _____
(2) printf("%3o\n",x*y); _____
(3) printf("%3d,%-4x,%5o\n",x%y,x,y); _____
(4) printf("%3d,%3o,%3d\n",x%y,x-y,x+y); _____

2．设有说明 int a=1234；请在下面对应的_____上写出各 printf 语句的输出结果。

(1) printf("%05d\n",a); _____
(2) printf("%-05d\n",a); _____
(3) printf("%05d\n",a++); _____
(4) printf("%05d\n",--a); _____

3．设 a、b 为 int 型变量，x、y 为 float 型变量，c1、c2 为 char 型变量，且设 a=5，b=10，x=3.5，y=10.8，c1='A'，c2='B'，为了得到以下的输出格式和结果，请写出对应的 printf 语句。

(1) a=5，b=10，x+y=14.3
    printf("_____", _____);

(2) x-y=-7.3 a-b=-5
    printf("_____", _____);

(3) c1='A' or 65 (ASCII) c2='b' or 66 (ASCII)
    printf("_____", _____);

4．若已有说明：

```
int a=123;
float b=456.78;
double c=-123.45678;
```

请在以下各 printf 语句后的_____上写出相应的输出结果(设在 16 位 PC 机环境下)。

(1) printf("%d %.3e %.1f\n",a,b,c); _____
(2) printf("%08d %08.3e %g\n",a,b,c); _____
(3) printf("%u %-10.3f %-10.3e\n",a,b,c); _____

5．若已有说明：int a; float b,x; char c1,c2; 为使 a=3，b=6.5，x=12.6，c1='a'，c2='A'，请写出适当的 scanf 函数调用语句及对应的数据输入。

```
scanf("_____",_____);
printf("a=%d,b=%f,x=%f,c1=%c,c2=%c\n",a,b,x,c1,c2);
```

从第一列开始输入数据：_____。

6．在 C 语言中，用_____表示逻辑"真"值。

7．若执行下面语句时，从第一列开始输入数据：1234 01234%67，则变量 a 的值为_____，b 的值为_____，s 的值为_____，c 的值为_____。

```
int a;
float b,c;
char s;
scanf("%d%f%c%f\n",&a, &b, &s, &c);
```

8. 请在相应的_____上填入运行以下程序后各变量的值。

```
main()
{   int a,b,c,d,e,f,g;
    int i=1,j=3,k=0;
    a=k;b=i!=j;
    printf("a=%d,b=%d\n",a,b);
    c=k&&j;d=k||j;
    printf("c=%d,d=%d\n",c,d);
    e=i&j;f=i|j;
    g=i^j;
    printf("e=%d,f=%d,g=%d\n",e,f,g);
}
```

a=_____, b=_____, c=_____, d=_____, e=_____, f=_____, g=_____。

9. 若已说明 x、y、z 均为 int 型变量，请在以下_____上写出各 printf 语句的输出结果。

(1) x=y=z=0;
++x || ++y&&z;
printf("x=%d\t y=%d\t z=%d\n",x, y, z);   _____

(2) x=y=z=-1;
++x&&++y&&++z;
printf("x=%d\t y=%d\t z=%d\n",x, y, z);   _____

(3) x=y=z=-1;
x++&&--y&&++z || --x;
 printf("x=%d\t y=%d\t z=%d\n",x,y,z);   _____

10. 设 a=3，b=4，c=5，请在以下_____上写出各逻辑表达式的值。
(1) a || b+c&&b==c   _____
(2) !(x=(a)&&(y=(b)&&0)) _____
(3) !(a+(b)+c-1&&b+c/2   _____

11. 若有说明语句：int x=1, y=0;请在以下_____上写出各表达式的结果。
(1) (x<=y++)?'a':'A'==x++   _____
(2) x--->(y+x)?10:12.5>y++?'A':'Z'   _____
(3) ++x*--x==y?12%5:'x'   _____

第 4 章 选择结构程序设计

内容导读：

用选择结构能编写一些简单的程序，进行简单的运算。但是，人们对计算机的要求不仅限于一些简单的运算，经常要求计算机进行逻辑判断。即给出一个条件，让计算机判断该条件是否成立，并按照不同的情况进行不同的处理，这就是选择结构。
- 关系运算符和关系表达式
- 逻辑运算符和逻辑表达式
- if 语句
- switch 语句

4.1 选择结构程序设计概述

在日常生活中，经常会遇到根据条件做出不同处理的问题，举例如下。
(1) 判断一个正整数的奇偶性。
(2) 从键盘输入一个数，如果它是正数，把它打印出来；否则不打印。
(3) 比较 3 个数的大小，输出最大者。
(4) 如果遇到红灯，要停车等待。
(5) 要计算机输出 y 的值：

$$y = \begin{cases} 1 & （当x > 0） \\ 0 & （当x = 0） \\ -1 & （当x < 0） \end{cases}$$

以上这些问题都需要由计算机按照给定的条件进行分析、比较和判断，并按照判断后的不同情况进行相应的处理。这些问题属于选择结构。

4.2 关系运算符和关系表达式

在程序中经常需要比较两个量的大小关系，以决定程序下一步的工作。比较两个量的运算符称为关系运算符。

4.2.1 关系运算符

1. 关系运算符

C 语言的 6 种关系运算符如下：

关系运算符	含义	关系运算符	含义
>	大于	>=	大于等于
<	小于	<=	小于等于
==	等于	!=	不等于

2. 关系运算符的值

关系运算就是平常所说的比较运算，比较的结果只有两种，要么成立(真)，要么不成立(假)。虽然 C 编译在给出关系运算值时，以 1 代表真，0 代表假。但反过来在判断一个量是否为真还是假时，以 0 作为假，而以非 0 的数值作为真。如：3>5 这个关系表达式是不成立的，值为假，即为 0；5>0 的值为真，即为 1。

3. 关系运算符的求值规则

(1)在对两个数值表达式进行关系运算时，是比较两个数值的大小。例如，3>5 的结果为假，(3+5)>7 的运算结果为真。

(2)对于字符型数据的比较，直接比较单个字符的 ASCII 码的大小。如'a'>'b'结果为假。不可以直接比较两个字符串。

4. 关系运算符的优先级

(1)>，<，>=，<=这 4 种优先级相同，==和!=优先级相同，但低于前 4 种。

(2)关系运算符的优先级低于算术运算符。

(3)关系运算符的优先级高于赋值运算符。

如：a=3+5>4

5. 关系运算符的结合性

关系运算符为双目运算符，其结合性为左结合。

4.2.2 关系表达式

1. 关系表达式

用关系运算符将表达式连接起来构成的有意义的式子。

2. 关系表达式的格式

> 表达式 关系运算符 表达式

例如：a+b>c-d

3. 关系表达式使用说明

(1)赋值运算符"="和等于运算符"=="不同。"=="两侧的运算量可以互换；而"="两侧的运算量不可以互换。

(2)由于表达式也可以又是关系表达式，因此也允许出现嵌套的情况。

例如：a>(b>c)

【例 4-1】 关系表达式求值。

程序代码如下：

```
#include<stdio.h>
void main()
{
    char c='k';
    int i=1,j=2,k=3;
    float x=3e+5,y=0.85;
    printf("%d,%d\n",'a'+5<c,-i-2*j>=k+1);
    printf("%d,%d\n",1<j<5,x-5.25<=x+y);
    printf("%d,%d\n",i+j+k==-2*j,k==j==i+5);
}
```

程序运行的结果如图 4-1 所示。在本例中求出了各种关系运算符的值。字符变量是以它对应的 ASCII 码参与运算的。对于含多个关系运算符的表达式，如 k==j==i+5，根据运算符的左结合性，先计算 k==j，该式不成立，其值为 0，再计算 0==i+5，也不成立，故表达式值为 0。

图 4-1 【例 4-1】程序运行结果

4.3 逻辑运算符和逻辑表达式

在程序中不仅需要比较两个量的大小关系，而且有时会遇到更复杂的问题，这些问题涉及多个条件，可能需要根据这些具有关联关系的多个条件来决定程序下一步的工作。关系表达式只能描述单一条件，例如"x>=0"。如果需要描述"x>=0"同时"x<10"，就要借助于逻辑表达式了，这就会涉及逻辑运算符。

4.3.1 逻辑运算符

1. 逻辑运算符

C 语言提供了 3 种逻辑运算符，如表 4-1 所示。

表 4-1 逻辑运算符

运算符	名称	运算量个数	说　　明	结合性
!	逻辑非	单目运算符	对单个表达式取反，即由真变假或由假变真	右结合
&&	逻辑与	双目运算符	两个表达式都为真时，表达式的值为真	左结合
||	逻辑或	双目运算符	两个表达式有一个为真时，表达式的值为真	左结合

2. 逻辑运算的值

逻辑运算的值也为真和假两种，分别用 1 和 0 来表示。

3. 逻辑运算求值规则

(1) 与运算&&：参与运算的两个量都为真时，结果才为真，否则为假。例如：
    5>0&&4>2 结果为真。

(2) 或运算||：参与运算的两个量只要有一个为真，结果就为真。两个量都为假时，结果为假。例如：
    5>0||5>8 结果为真。

(3) 非运算!：参与运算量为真时，结果为假；参与运算量为假时，结果为真。例如：
    !(5>0)的结果为假。

4. 逻辑运算符优先级

逻辑运算符和其他运算符优先级的关系由高到低可表示如下：
(1) ! → && → ||
(2) 逻辑运算符! → 算术运算符 → 逻辑运算符&&和|| → 赋值运算符
按照运算符的优先顺序可以得出：

> a+b>c&&x+y<b   等价于   ((a+b)>c)&&((x+y)<b)

5. 逻辑运算符的结合性

逻辑运算符&&和||为左结合。

4.3.2 逻辑表达式

1. 逻辑表达式

用逻辑运算符将表达式连接起来构成的有意义的式子。

2. 逻辑表达式格式

> 表达式　逻辑运算符　表达式

其中的表达式可以又是逻辑表达式，从而组成嵌套。例如：

> (a||b)&&c

3. 逻辑表达式的值

逻辑表达式的值是式中各种逻辑运算的最后值，以 1 和 0 分别代表真和假。

【例 4-2】 逻辑表达式求值。

程序代码如下：

```
#include<stdio.h>
void main()
{
    char c='k';
    int i=1,j=2,k=3;
    float x=3e+5,y=0.85;
    printf("%d,%d\n",!x*!y,!!!x);
```

```
        printf("%d,%d\n",x||i&&j-3,i<j&&x<y);
        printf("%d,%d\n",i==5&&c&&(j=8),x+y||i+j+k);
}
```

程序的运行结果如图 4-2 所示。本例中!x 和!y 分别为 0，!x*!y 也为 0，故其输出值为 0。由于 x 为非 0，故!!!x 的逻辑值为 0。对 x||i&&j-3 式，先计算 j-3 的值为非 0，再求 i&&j-3 的逻辑值为 1，故 x||i&&j-3 的逻辑值为 1。对 i<j&&x<y 式，由于 i<j 的值为 1，而 x<y 为 0，故表达式的值为 1 和 0 相与，最后结果为 0。对 i==5&&c&&(j=8)式，由于 i==5 为假，即值为 0，该表达式由两个与运算组成，所以整个表达式的值为 0。对于式 x+y||i+j+k，由于 x+y 的值为非 0，故整个或表达式的值为 1。

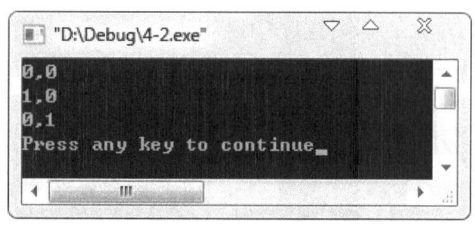

图 4-2 【例 4-2】程序运行结果图

4. 说明

在计算逻辑表达式时，只有在必须执行下一个表达式才能求解时，才求解该表达式(即并不是所有的表达式都一定要被求解)。

4.4 用 if 语句实现选择结构程序设计

在 C 语言中，提供了两种实现选择结构的语句：条件语句(也称 if 语句)和开关语句(也称 switch 语句)。用 if 语句可以构成选择结构。它根据给定的条件进行判断，以决定执行某个分支程序段。C 语言的 if 语句有 3 种基本形式。

4.4.1 if 语句的 3 种形式

1. 第一种形式：if

1) 第一种 if 语句格式

```
if(表达式)
    语句;
```

或写成：

```
if(表达式) 语句;
```

该语句可写在一行，也可以写在两行，但 if(表达式)不是一个单独的语句，所以末尾无分号。

2) 第一种 if 语句功能

如果表达式的值为真，则执行其后的语句，否则不执行该语句。

【例 4-3】 从键盘输入一个数,如果它是正数,把它打印出来;否则不打印。

程序代码如下:

```c
#include<stdio.h>
void main()
{
    int a;
    printf("输入a:");
    scanf("%d",&a);
    if(a>0) printf("a=%d",a);
}
```

程序运行结果如图 4-3 所示。本例程序中,输入一个数 a,用 if 语句判断 a 是否为正数,如为正数,则输出 a 的值;如为负数,则不输出。

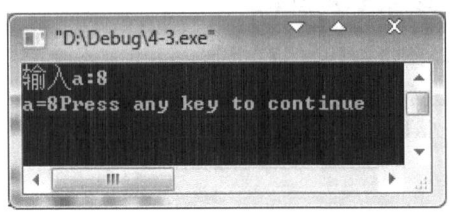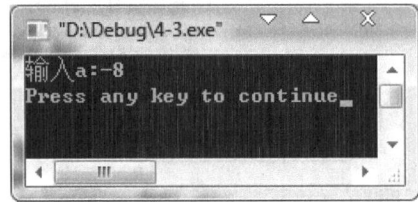

图 4-3 【例 4-3】程序运行结果

【例 4-4】 比较 3 个数的大小,输出最大者。

程序代码如下:

```c
#include"stdio.h"
void main()
{
    int x,y,z,max;
    printf("input x,y,z: ");
    scanf("%d,%d,%d",&x,&y,&z);
    max=x;
    if(y>max) max=y;
    if(z>max) max=z;
    printf("max=%d\n",max);
}
```

程序运行结果如图 4-4 所示。

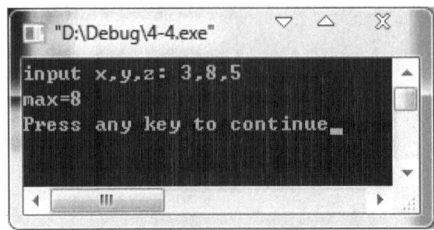

图 4-4 【例 4-4】程序运行结果

2. 第 2 种形式：if-else

1) 第 2 种 if 语句格式

```
if(表达式)
    语句1;
else
    语句2;
```

或写成：

```
if(表达式) 语句1;
else 语句2;
```

或写成：

```
if(表达式) 语句1; else 语句2;
```

2) 第 2 种 if 语句功能

如果表达式的值为真，则执行语句 1，否则执行语句 2。

【**例 4-5**】 判断一个正整数的奇偶性。

程序代码如下：

```c
#include<stdio.h>
void main()
{
    int a;
    printf("输入 a:");
    scanf("%d",&a);
    if(a%2==0)
        printf("%d 是偶数\n",a);
    else
        printf("%d 是奇数\n",a);
}
```

程序运行结果如图 4-5 所示。

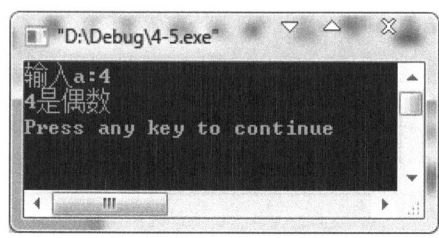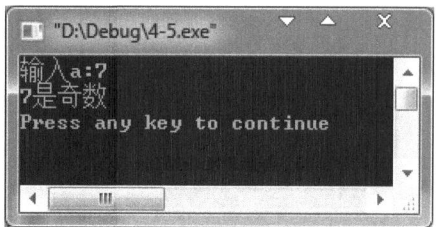

图 4-5 【例 4-5】程序运行结果

3. 第 3 种形式：if-else-if

1) 第 3 种 if 语句格式

```
if(表达式1)
    语句1;
else if(表达式2)
```

```
        语句 2;
    else if(表达式 3)
        语句 3;
    …
    else if(表达式 n)
        语句 n;
    else
        语句 n+1;
```

或写成:

```
if(表达式 1) 语句 1;
else if(表达式 2)  语句 2;
else if(表达式 3)  语句 3;
…
else if(表达式 n)  语句 n;
else 语句 n+1;
```

2) 第 3 种 if 语句功能

依次判断表达式的值,当出现某个值为真时,则执行其对应的语句。然后跳到整个 if 语句之外继续执行程序。如果所有的表达式均为假,则执行语句 n+1。然后继续执行该 if 语句的后续程序。

【例 4-6】 从键盘输入成绩,判断成绩等级。

程序代码如下:

```c
#include<stdio.h>
void main()
{
    int s;
    printf("please input score:");
    scanf("%d",&s);
    if (s>=0 && s<60)
    {
        printf("不及格");
    }
    else if (s>=60 && s<70)
    {
        printf("及格");
    }
    else if (s>=70 && s<80)
    {
        printf("中等");
    }
    else if (s>=80 && s<90)
    {
        printf("良好");
    }
    else if (s>=90 && s<=100)
    {
```

```
            printf("优秀");
        }
        else
        {
            printf("不可能的成绩");
        }
    }
```

程序运行结果如图 4-6 所示。

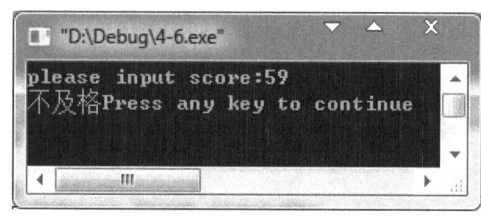 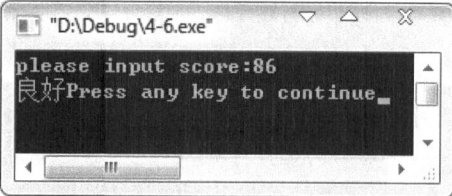

图 4-6 【例 4-6】程序运行结果

4. 使用 if 语句注意事项

(1)在 3 种形式的 if 语句中，在 if 关键字之后均为表达式。该表达式通常是逻辑表达式或关系表达式，但也可以是其他表达式，如赋值表达式等，甚至也可以是一个变量或一个常量，其中表达式的值非 0 即为真；为 0 即为假。例如：

```
if(a=5) b=a+3;
```

其中，表达式 a=5 是赋值表达式，即将 5 赋给变量 a，所以 a 的值为 5(非 0)，永远为真，所以其后的语句总是要执行的。

(2)在 if 语句中，条件判断表达式必须用括号括起来，在语句之后必须加分号。

(3)在 if 语句的 3 种形式中，所有的语句应为单个语句，如果想要在满足条件时执行多个语句，则必须把这些语句用{}括起来组成一个复合语句。例如：

```
if(a>b)
{
    a++;
    b++;
}
else
    a=0;
```

4.4.2 if 语句的嵌套

1. if 语句嵌套的定义

if 语句中的执行语句又是 if 语句。

2. if 语句嵌套的格式

```
if(表达式)
    if 语句;
```

或者为:

```
if(表达式)
    if 语句;
else
    if 语句;
```

3. if 语句嵌套的配对原则

为了避免二义性,else 总是与它前面离它最近的未配对的 if 配对;也可以将内层 if 语句用{}括起来,使得层次清晰,避免二义性。例如:

```
if(表达式 1)
{
    if(表达式 2)
        语句 1;
    else
        语句 2;
}
```

【例 4-7】 if 语句嵌套举例。

程序代码如下:

```
#include<stdio.h>
void main()
{
    int a,b;
    printf("please input a,b: ");
    scanf("%d,%d",&a,&b);
    if(a!=b)
        if(a>b)  printf("a>b\n");
        else printf("a<b\n");
    else printf("a=b\n");
}
```

程序运行结果如图 4-7 所示。

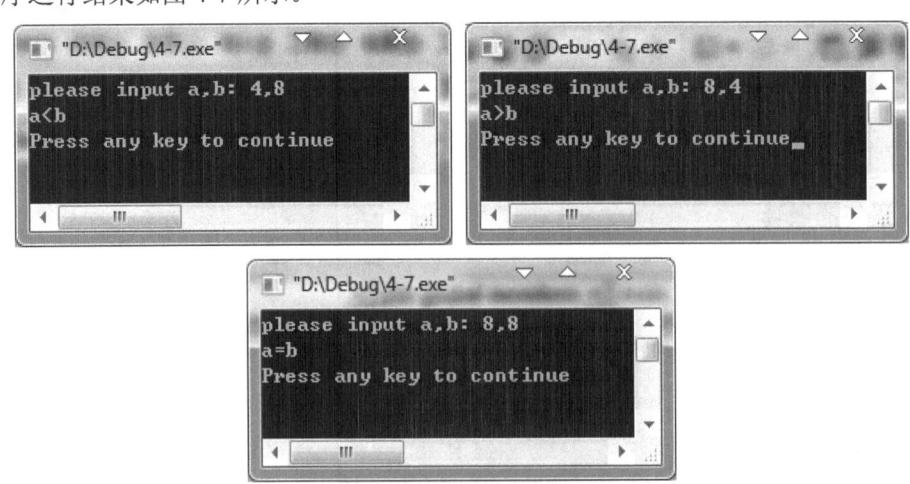

图 4-7 【例 4-7】程序运行结果

程序的功能是比较两个数的大小关系。本例中用了 if 语句的嵌套结构。采用嵌套结构是为了进行多分支选择，实际上有 3 种选择，即 a>b、a<b 或 a=b。

4. if 语句嵌套的使用原则

if 语句嵌套也可以用 if-else-if 语句完成，而且程序结构更加清晰。因此，在一般情况下，较少使用 if 语句的嵌套结构，而是使用 if-else-if 语句完成多分支选择，令程序更便于阅读和理解。

【例 4-8】 用 if-else-if 语句代替 if 语句嵌套。

程序代码如下：

```c
#include<stdio.h>
void main()
{
    int a,b;
    printf("please input a,b: ");
    scanf("%d,%d",&a,&b);
    if(a==b) printf("a=b\n");
    else if(a>b) printf("a>b\n");
    else printf("a<b\n");
}
```

4.4.3 条件运算符和条件表达式

如果在条件语句中，只执行单个的赋值语句，常可使用条件表达式来实现。不但使程序简洁，也提高了运行效率。

1. 条件运算符

条件运算符为 "?:"，它是一个三目运算符，即有 3 个参与运算的量。

2. 条件表达式

> 表达式 1?表达式 2:表达式 3

3. 条件表达式求值规则

如果表达式 1 的值为真，则以表达式 2 的值作为条件表达式的值，否则以表达式 3 的值作为条件表达式值。

4. 条件表达式应用场合

条件表达式通常用于赋值语句之中，有一种 if 语句，当被判别的表达式的值为"真"或"假"时，都执行一个赋值语句且向同一个变量赋值。例如：

> max=(a>b)?a:b;

执行该语句的语义是：如 a>b 为真，则把 a 赋给 max，否则把 b 赋给 max。

5. 使用条件表达式注意事项

(1)条件运算符的运算优先级低于关系运算符和算术运算符，但高于赋值运算符。如：

```
max=(a>b)?a:b
```

可以去掉括号而写为:

```
max=a>b?a:b
```

(2) 条件运算符?和:是一对运算符,不能单独使用。
(3) 条件运算符的结合方向是自右至左。例如:

```
a>b?a:c>d?c:d
```

应理解为

```
a>b?a:(c>d?c:d)
```

这也就是条件表达式嵌套的情形,即其中的表达式 3 又是一个条件表达式。

【例 4-9】 输入一个字符,判别它是否为大写字母,如果是,将它转换成小写字母;如果不是,不转换。然后输出最后得到的字符。

程序代码如下:

```
#include <stdio.h>
void main()
{   char ch;
    scanf("%c",&ch);
    ch=(ch>='A' &&ch<='Z')?(ch+32):ch;
    printf("%c\n",ch);
    return 0;
}
```

程序运行结果如图 4-8 所示。

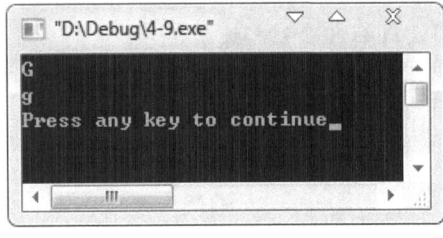 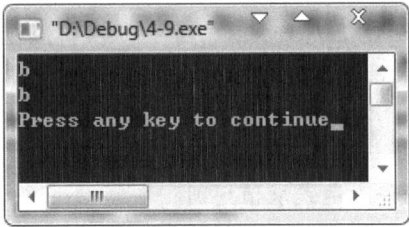

图 4-8 【例 4-9】程序运行结果

4.5 用 switch 语句实现多分支选择结构程序设计

C 语言还提供了另一种用于多分支选择结构的 switch 语句。

1. switch 语句格式

```
switch(表达式)
{   case 常量表达式 1:语句 1;
    case 常量表达式 2:语句 2;
    …
    case 常量表达式 n:语句 n;
```

```
        default        :语句n+1;
    }
```

2. switch 语句功能

计算表达式的值，并逐个与其后的常量表达式值相比较，当表达式的值与某个常量表达式的值匹配时，即执行其后的语句，然后不再进行判断，继续执行后面所有 case 后的语句。如表达式的值与所有 case 后的常量表达式均不匹配时，则执行 default 后的语句。

【例 4-10】 输入一个 1~7 的数字，输出一个与之对应的星期几单词。

程序代码如下：

```
#include<stdio.h>
void main()
{   int a;
    printf("input integer number: ");
    scanf("%d",&a);
    switch (a)
    {   case 1:printf("monday\n");
        case 2:printf("tuesday\n");
        case 3:printf("wednesday\n");
        case 4:printf("thursday\n");
        case 5:printf("friday\n");
        case 6:printf("saturday\n");
        case 7:printf("sunday\n");
        default:printf("error\n");
    }
}
```

程序运行结果如图 4-9 所示。本程序是要求输入一个数字，输出一个单词。但是当输入 3 之后，却执行了 case 3 及以后的所有语句，输出了 Wednesday 及以后的所有单词。这当然是不希望的。在 switch 语句中，case 常量表达式只相当于一个语句标号，表达式的值和某标号相等则转向该标号执行，但却没有在执行完该标号的语句后自动跳出整个 switch 语句，所以出现了继续执行所有后面 case 语句的情况。这是与前面介绍的 if 语句完全不同的，应特别注意。

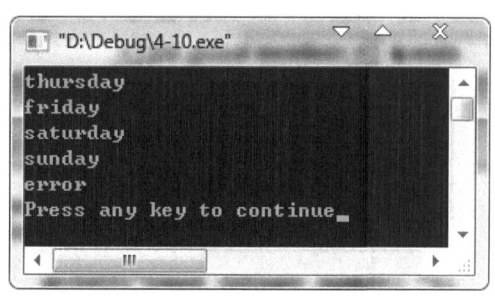

图 4-9 【例 4-10】程序运行结果

3. 使用 break 语句跳出 switch 语句

C 语言提供了一种 break 语句，可用于跳出 switch 语句。break 语句只有关键字 break，没有参数,在循环结构中还将详细介绍。在每一个 case 语句之后增加 break 语句,可使每一次执行之后均可跳出 switch 语句,从而避免输出不应有的结果。

【例4-11】 对例 4-10 的改正程序。

程序代码如下:

```c
#include<stdio.h>
void main()
{   int a;
    printf("input integer number:");
    scanf("%d",&a);
    switch (a)
    {   case 1:printf("monday\n");break;
        case 2:printf("tuesday\n"); break;
        case 3:printf("wednesday\n");break;
        case 4:printf("thursday\n");break;
        case 5:printf("friday\n");break;
        case 6:printf("saturday\n");break;
        case 7:printf("sunday\n");break;
        default:printf("error\n");
    }
}
```

程序运行结果如图 4-10 所示。

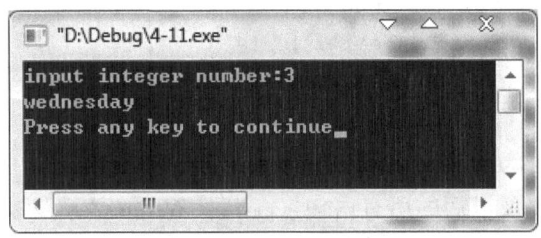

图 4-10 【例4-11】程序运行结果

【例4-12】 商店售货,按购买货物的金额多少分别给予不同优惠折扣如下:购货不足 250 元的,没有折扣;购货满 250 元(含 250 元,下同)不足 500 元的,减价 5%;购货满 500 元不足 1000 元的,减价 7.5%;购货满 1000 元不足 2000 元的,减价 10%;购货满 2000 元的,减价 15%。设购货款为 m,折扣为 d,可表示如下:

$$d = \begin{cases} 0 & (m < 250) \\ 5\% & (250 \leq m < 500) \\ 7.5\% & (500 \leq m < 1000) \\ 10\% & (1000 \leq m < 2000) \\ 15\% & (2000 \leq m) \end{cases}$$

程序代码如下:

```c
#include<stdio.h>
void main()
```

```
    {  float m,d,s;
       printf("输入购买金额: ");
       scanf("%f",&m);
       switch((int)(m/250))
       {  case 0:d=0; break;
          case 1:d=5; break;
          case 2:
          case 3:d=7.5; break;
          case 4:
          case 5:
          case 6:
          case 7:d=10; break;
          default:d=15;
       }
       s=m*(100-d)/100;
       printf("m=%f,s=%f\n",m,s);
    }
```

程序运行结果如图 4-11 所示。

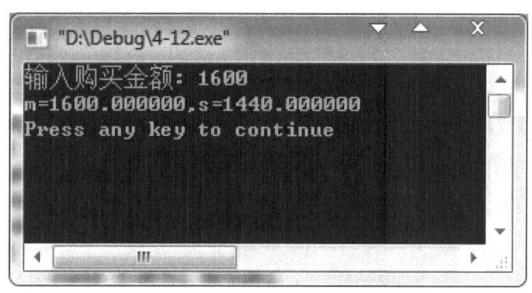

图 4-11 【例 4-12】程序运行结果

4. 使用 switch 语句的注意事项

(1) switch 后面括号内的"表达式",其值的类型应为整数类型(包括字符型)。

(2) switch 后面的花括号内是一个复合语句。case 后面跟一个常量(或常量表达式),只起标号的作用,用来标志一个位置。

(3) 可以没有 default 语句。

(4) 各个 case 标号出现次序不影响执行结果。

(5) 每一个 case 常量必须互不相同;否则就会出现互相矛盾的现象。

(6) 在 case 子句中虽然包含了一个以上的执行语句,但可以不必用花括号括起来,会自动顺序执行本 case 标号后面的所有语句。

(7) 多个 case 标号可以共用一组执行体。

4.6 程 序 举 例

【例 4-13】 求一元二次方程 $ax^2+bx+c=0$ 的根。

程序代码如下:

```
#include<math.h>
#include<stdio.h>
void main()
{   int a,b,c;
    double d,s1,s2,x1,x2;
    printf("请输入a,b,c:");
    scanf("%d,%d,%d",&a,&b,&c);
    if(fabs(a)<=1e-6) printf("输入有误，a不应该为0");
    d=b*b-4*a*c;
    s1=-b/(2*a);
    s2=sqrt(fabs(d))/(2*a);
    if(d>=1e-6)                    //两个实根
    {   x1=s1+s2;        x2=s1-s2;
        printf("两个实根:x1=%f,x2=%f",x1,x2);
    }
    else                           //两个虚根
    {   printf("一个虚根:x1=%f+%fi\n",s1,s2);
        printf("另一个虚根:x2=%f-%fi\n",s1,s2);
    }
}
```

程序运行结果如图4-12所示。

【例4-14】 输入一个年份，要求判定它是否闰年。判别条件：能被4整除但不能被100整除的是闰年(如1992)；能被400整除的是闰年(如2000)；其他为非闰年(如3000)。

程序代码如下：

```
#include<stdio.h>
void main()
{
    int y;
    printf( "请输入年份:");
    scanf("%d",&y);
    if(y%4==0&&y%100!=0||y%400==0)
            printf( "%d is a leap year!\n",y);
    else
            printf( "%d is not a leap year!\n",y);
}
```

程序运行结果如图4-13所示。

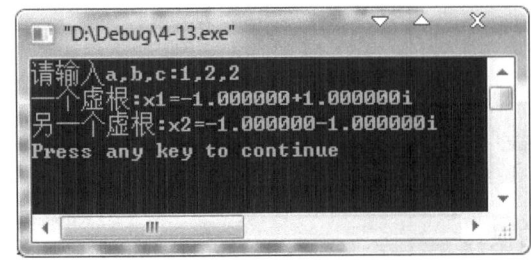 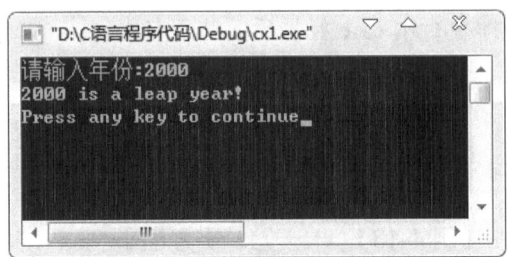

图4-12 【例4-13】程序运行结果　　　　图4-13 【例4-14】程序运行结果

【例 4-15】 简单算术运算程序。用户输入运算数和四则运算符，输出计算结果。
程序代码如下：

```c
#include<stdio.h>
void main()
{   float a,b;
    char c;
    printf("input expression: a(+,-,*,/)b \n");
    scanf("%f%c%f",&a,&c,&b);
    switch(c)
    {   case '+': printf("%f\n",a+b);break;
        case '-': printf("%f\n",a-b);break;
        case '*': printf("%f\n",a*b);break;
        case '/': printf("%f\n",a/b);break;
        default: printf("input error\n");
    }
}
```

程序运行结果如图 4-14 所示。

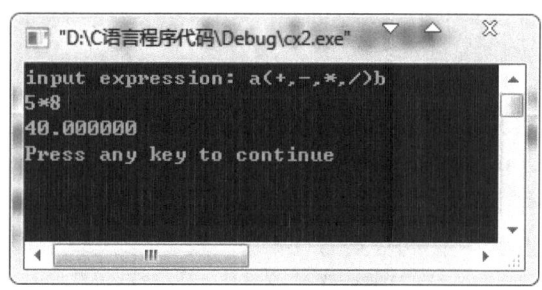

图 4-14 【例 4-15】程序运行结果

4.7 本章易出错问题

1. 执行以下程序段后，w 的值为（　　）。（全国计算机二级考试题 2008 年 9 月）

```
int w='A',x=14,y=15;
w=((x||y)&&(w<'a'));
```

(A) –1　　　　　(B) NULL　　　　　(C) 1　　　　　(D) 0

解析：本题考查的是逻辑表达式的问题。&&运算符两边都为真，表达式才为真；||运算符两边有一个为真，表达式就为真。C 语言中任何非 0 数都表示真，0 表示假，因此(x||y)值为真，w<'a'成立，也为真，整个表达式((x||y)&&(w<'a'))的值为 1 赋值给 w。因此，正确答案为[C]。

2. 已知：a=b=c=1 且均为 int 型变量，则执行以下语句：

```
++a||++b&&++c;
```

变量 a 的值为①中的（　　），b 值为②中的（　　）。

①(A)不正确 (B)0 (C)2 (D)1
②(A)1 (B)2 (C)不正确 (D)0

解析：本题考查的是逻辑表达式的问题。||运算符两边有一个为真，则结果就为真。由于++运算符的优先级高于||运算符，因此，先算++a，a的值为2，C语言中任何非0数都表示真，0表示假。因此，||运算符左侧结果为真，整个表达式的结果就为真，||运算符右侧的表达式就不再进行运算了，因此，正确答案为(C)和(A)。

3. 已知：int w=1, x=2, y=3, z=4, a=5, b=6；则执行以下语句：(a=w>x)&&(b=y>z)；变量a的值为①中的( )，b值为②中的( )。

①(A)5 (B)0 (C)1 (D)2
②(A)6 (B)0 (C)1 (D)4

解析：本题考查的是逻辑表达式的问题。&&运算符两边都为真，表达式结果才为真。由于()的优先级最高，因此，先算a=w>x，a的值为假用0表示，因此，&&运算符左侧结果为假。对于&&运算符来说一旦计算出左侧运算量为假，整个表达式的结果就为假，&&运算符右侧的表达式就不再进行运算了，因此，正确答案为(B)和(A)。

4. 以下错误的 if 语句是( )。

(A) if (x>y);
(B) if (x==y) x+=y;
(C) if (x!=y) scanf("%d", &x) else scanf("%d", &y);
(D) if (x<y) {x++; y++;}

解析：本题考查的是 if 语句的结构问题。if 语句要求条件表达式后面跟着一条语句，若有多条语句，则用花括号括起来构成一条复合语句，选项 A、B、D 均正确，选项 C 中第一个 scanf 语句后少分号。因此，正确答案为(C)。

5. 若变量已正确定义，有以下程序段

```
int a=3,b=5,c=7;
if(a>b) a=b; c=a;
if(c!=a) c=b;
printf("%d,%d,%d\n",a,b,c);
```

其输出结果是( )。(全国计算机二级考试题，2008年4月)

(A)程序段有语法错误 (B)3，5，3
(C)3，5，5 (D)3，5，7

解析：本题考查的是 if 语句的结构问题。属于 if(a>b) 的只有一条语句 a=b；如果含有多条语句，必须用大括号{}括起来构成一条复合语句，本题 3>5 不成立，所以 a=b;不执行；执行后面的语句 c=a;c 的值变为3，if(c!=a)条件不成立，所以不执行 c=b;。因此，正确答案为(B)。

6. C 语言对嵌套 if 语句的规定是：else 总是与( )配对。

(A)其之前最近的 if (B)第一个 if
(C)缩进位置相同的 if (D)其之前最近的且尚未配对的 if

解析：本题考查的是 if 语句的嵌套问题。C 语言规定 else 总是与其之前最近的且尚未配对 if 配对。因此，正确答案为(D)。

7. 变量 a 和 b 均已正确定义并赋值，以下 if 语句中，在编译时将产生错误信息的是( )。

(A) if(a++); (B) if(a>b&&b!=0);
(C) if(a>b) a--- (D) if(b<0) {;} else b++;

解析：本题考查的是 if 语句的结构问题。if 语句要求表达式后面跟着一条语句，若有多条则用花括号括起来构成一条复合语句，而单独的分号表示一条空语句，符合 if 语句的语法，因此，选项 A、B、D 均正确。选项 C 中 a---后没有分号，不构成一条语句，所以编译时会产生错误信息。因此，正确答案为(C)。

8．有以下程序

```
#include "stdio.h"
void main()
{
    int x=1,y=2, z=3;
    if(x>y)
        if (y<z) printf("%d",++z);
        else printf("%d",++y);
    printf("%d\n",x++);
}
```

程序运行结果是( )。(全国计算机二级考试题，2008 年 9 月)
(A) 331 (B) 41 (C) 2 (D) 1

解析：本题考查的是 if、if-else 结构及 if 的嵌套问题。本题含有一个 if 结构，属于 if 的语句，是一个 if-else 结构，即：

```
if(y<z) printf("%d",++z);
else printf("%d",++y);
```

首先判断 x>y 不成立，那么属于 if(x>y) 的语句不执行，直接执行后面的语句 printf("%d\n",x++);输出 1(本题还有一个考查点就是++前置后置问题，如果题目改为++x，则输出 2)。因此，正确答案为(D)。

9．在下面的 4 个选项中(其中 s1 和 s2 为 C 语言的语句)，只有一个在功能上与其他 3 个语句不等价，它是( )。
(A) if(a)   s1; else s2; (B) if(a==0) s2; else s1;
(C) if(a!=0) s1; else s2; (D) if(a==0) s1; else s2;

解析：本题考查的是 if 语句和关系运算符问题。C 语言中规定任何非 0 数都表示真，0 表示假，选项 A、B、C 均表示 a 不等于 0 执行语句 s1，否则执行语句 s2，而选项 D 则与之相反，因此，正确答案为(D)。

10．下列关于 switch 语句和 break 语句的结论中，正确的是( )。
(A) break 语句是 switch 语句中的一部分
(B) 在 switch 语句中可以根据需要使用或不使用 break 语句
(C) 在 switch 语句中必须使用 break 语句
(D) break 语句是 switch 语句的一部分

解析：本题考查的是 switch 语句和 break 语句问题。break 语句的功能是跳出 switch 结构和循环结构，break 语句本身不是 switch 语句的一部分，在 switch 语句中可以根据需要使用或不使用 break 语句，因此，正确答案为(B)。

11. 有以下程序

```c
#include "stdio.h"
void main()
{
    int x=1,y=0,a=0,b=0;
    switch(x)
    {
    case 1: switch(y)
        {
            case 0: a++; break;
            case 1: b++; break;
        }
    case 2: a++; b++; break;
    case 3: a++; b++;
    }
    printf("a=%d,b=%d\n",a,b);
}
```

程序的运行结果是(　　)。(全国计算机二级考试题,2008 年 4 月)

  (A) a=1,b=0 (B) a=2,b=2 (C) a=1,b=1 (D) a=2,b=1

解析：本题考查的是 switch 语句结构问题。x 的值为 1,首先匹配到 case 1,执行其后的语句 switch(y){ case 0: a++; break; case 1: b++; break; }。由于 y 的值为 0,所以执行 case 0 后面的 a++; break;a 的值为 1,由于执行 break 语句,则跳出第二个 switch 结构,接着执行 case 2 后面的语句 a++; b++; break;所以 a 的值为 2,b 的值为 1,执行 break 语句,则跳出第一个 switch 结构,然后输出结果。因此,正确答案为(D)。

4.8　本章小结

  本章重点介绍了关系运算符和关系表达式；逻辑运算符和逻辑表达式；条件运算符和条件表达式；用 if 语句实现选择结构以及选择结构的嵌套；用 switch 语句实现多分支选择结构。重点和难点总结如下：

  (1) 各种运算符的优先级为：算术运算→关系运算→&&→ || →赋值运算。

  (2) if 语句中的"表达式"必须用( )括起来；else 子句(可选)是 if 语句的一部分,必须与 if 配对使用,不能单独使用；当 if 和 else 下面的语句组,仅由一条语句构成时,也可不使用复合语句形式(即去掉花括号)。

  (3) 条件运算符是 C 语言中唯一的三目运算符,条件运算符的优先级高于赋值运算符,但低于关系运算符和算术运算符。

  (4) switch 语句以及用 switch 语句和 break 语句构成的选择语句。

- 当 switch 后面"表达式"的值与某个 case 后面的"常量表达式"的值匹配时,就执行该 case 后面的语句串；当执行到 break 语句时,跳出 switch 语句,转向执行 switch 后的下一条语句。
- 如果没有任何一个 case 后面的"常量表达式"的值与"表达式"的值匹配,则执行 default 后面的语句串。然后,再执行 switch 后的下一条语句。

- 缺省 break 语句，顺序执行下一个 case。
- 每个 case 后面"常量表达式"的值，必须各不相同。

练习题

一、填空

1. 在 C 语言中，表示逻辑"真"值用_____。
2. 得到整型变量 a 的十位数字的表达式为_____。
3. 表达式 (6>5>4)+(float)(3/2) 的值是_____。
4. 表达式 a=3,a−1||−−a,2*a 的值是_____。（a 是整型变量）
5. 表达式 (a=2.5−2.0)+(int)2.0/3 的值是_____。（a 是整型变量）
6. C 语言编译系统在给出逻辑运算结果时，以数值_____代表"真"，以_____代表"假"；但在判断一个量是否为"真"时，以_____代表"假"，以_____代表"真"。
7. 当 m=2,n=1,a=1,b=2,c=3 时，执行完 d=(m=a!=b)&&(n=b>c) 后，n 的值为_____，m 的值为_____。
8. 若有 int x, y, z; 且 x=3, y=−4, z=5, 则表达式 :!(x>y)+(y!=z)||(x+y)&&(y-z) 的值为_____。

二、编程

1. 企业发放的奖金根据利润提成。利润(i)低于或等于 10 万元时，奖金可提 10%；利润高于 10 万元，低于 20 万元时，低于 10 万元的部分按 10% 提成，高于 10 万元的部分，可提成 7.5%；20 万到 40 万之间时，高于 20 万元的部分，可提成 5%；40 万到 60 万之间时，高于 40 万元的部分，可提成 3%；60 万到 100 万之间时，高于 60 万元的部分，可提成 1.5%；高于 100 万元时，超过 100 万元的部分按 1% 提成。从键盘输入当月利润 i，求应发放奖金总数。
2. 输入 3 个整数 x, y, z，请把这 3 个数由小到大输出。
3. 输入某年某月某日，判断这一天是这一年的第几天？
4. 从键盘输入 x 的值，计算并打印下列分段函数的值。

```
y=0 (x<60)
y=1 (60<=x<70)
y=2 (70<=x<80)
y=3 (80<=x<90)
y=4 (x>=90)
```

5. 在显示器上显示一个菜单程序的模型。
6. 输入一个字符，请判断它是字母、数字还是特殊字符？

第 5 章　循环结构程序设计

内容导读：

前面介绍了程序中常用到的顺序结构和选择结构，但是只有这两种结构是不够的，人们在使用计算机处理问题时，有时需要对相同的操作多次重复地执行。这种对相同操作可能重复执行多次的问题就需要用到循环结构。

- while 语句和 do-while 语句
- for 语句
- 循环的嵌套
- break 语句和 continue 语句

5.1　循环结构程序设计概述

循环结构是程序中一种很重要的结构。其特点是，在给定的条件满足时，反复执行某程序段，直到条件不满足为止。给定的条件为循环条件，反复执行的程序段称为循环体。例如：

(1) 要向计算机输入全班 50 个学生的成绩。(重复 50 次相同的输入操作)

(2) 求 s=1+2+3+…+100。(要把 1 到 100 共 100 个整数逐个地累加到变量 s 中，共执行 100 次循环，每次加一个数 i，i 由 1 增加到 100)

(3) 分别统计全班 50 个学生的平均成绩。(重复 50 次相同的计算操作)

1. 实现循环的 3 种语句

C 语言提供了多种循环语句，可以组成各种不同形式的循环结构。

(1) for 语句：属于先判断后执行的当型循环结构；

(2) while 语句：属于先判断后执行的当型循环结构；可以解决任何循环结构的问题，但代码比用 for 语句多；

(3) do-while 语句：先执行后判断的直到型循环结构，循环体至少被执行一次，比使用 while 语句先判断后执行结构少判断一次，执行效率提高。

2. 循环结构程序的 4 个组成部分

(1) 循环初始化：为循环做准备；

(2) 循环控制部分：控制循环是否进行；

(3) 循环体：重复循环执行的主体；

(4) 循环修改部分：为下次循环做准备。

5.2 用于实现循环结构程序设计的语句

5.2.1 用 while 语句实现循环结构程序设计

while 语句可以实现所有循环结构的问题。

1. while 语句的格式

```
while(表达式)
    语句;
```

或写成：

```
while(表达式)语句;
```

其中表达式是循环条件，语句为循环体。

2. while 语句的功能

计算表达式的值，当值为真(非0)时，则重复执行循环体语句，直到表达式值为假时结束循环。当第一次判断表达式的值就为假时，则循环体语句一次也不被执行。其执行过程如图 5-1 所示。

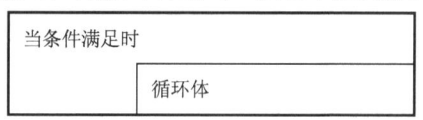

图 5-1 while 语句执行过程

【例 5-1】 用 while 语句求 s=1 + 2 + 3 + … + 100，即求 $\sum_{n=1}^{100} n$。

在处理这个问题时，先分析此题的特点：

(1)这是一个累加问题，需要先后将 100 个数相加。要重复进行 100 次加法运算，显然可以用循环结构来实现。重复执行循环体 100 次，每次加一个数。

(2)每次所加的数有无规律呢？每次累加的数是有规律的，后一个是前一个数加 1。因此不需要每次用 scanf 语句从键盘输入数据，只需在加完上一个数 i 后，使其加 1 就可以得到下一个数。

程序代码如下：

```c
#include<stdio.h>
void main()
{
    int i,s;
    s=0;
    i=1;
    while (i<=100)
    {
        s=s+i;
        i=i+1;
    }
    printf("s=%d",s);
}
```

s 用来存放各个瞬时的累加和。i 的原值为 1，每执行一次循环，i 的值加 1。直到 i>100 为止，此时不再执行循环。程序的运行结果如图 5-2 所示。

【例 5-2】 用 while 语句求 p=5!。

程序代码如下：

```c
#include<stdio.h>
void main()
{
    int i=1,p=1;
    while(i<=5)
    {
        p=p*i;
        i++;
    }
    printf("5!=%d\n",p);
}
```

p 用来存放各个瞬时的累乘积。i 的原值为 1，每执行一次循环，i 的值加 1，直到 i>5 为止，此时不再执行循环。程序运行结果如图 5-3 所示。

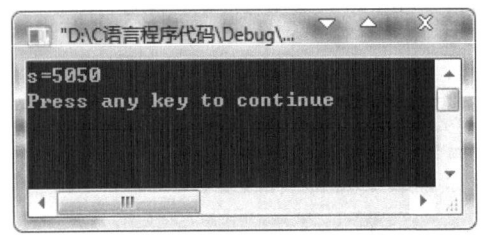

图 5-2 【例 5-1】程序运行结果　　　图 5-3 【例 5-2】程序运行结果

【例 5-3】 统计从键盘输入一行字符的字符个数。

程序代码如下：

```c
#include <stdio.h>
void main()
{
    int n=0;
    printf("input a string:\n");
    while(getchar()!='\n')
        n++;
    printf("%d\n",n);
}
```

程序运行结果如图 5-4 所示。本例程序中的循环条件为 getchar()!='\n'，其意义是，只要从键盘输入的字符不是回车符就继续循环。循环体 n++完成对输入字符个数计数，从而程序实现了对输入一行字符的字符个数进行统计。

3. 使用 while 语句注意事项

(1)while 语句中的表达式通常是逻辑表达式或关系表达式，但也可以是其他表达式，甚至也可以是一个变量或一个常量，只要表达式的值为真，即可继续循环。

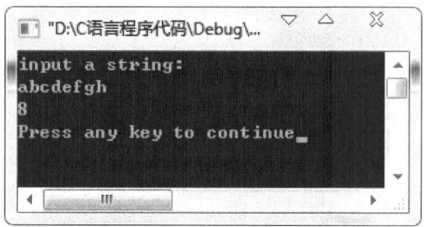

图 5-4　【例 5-3】程序运行结果

【例 5-4】　while 语句中的表达式是算术表达式的情况。

程序代码如下:

```
#include<stdio.h>
void main()
{
    int a=0,n;
    printf("\n input n:");
    scanf("%d",&n);
    while (n--)
        printf("%d ",a++*2);
    printf("\n");
}
```

程序运行结果如图 5-5 所示。本例程序将执行 n 次循环,每执行一次,n 值减 1,循环体输出表达式 a++*2 的值。该表达式等效于(a*2;a++;)。

(2)循环体如包括一个以上的语句,则必须用{}括起来,组成复合语句,否则只执行第 1 句。

(3)循环体中应有使循环趋于结束的语句,否则可能是死循环。

【例 5-5】　用 while 循环结构实现求 1~100 平方和大于 100 的最小数。

程序代码如下:

```
#include<stdio.h>
void main()
{    int i=1,sum=0;
    while(i<=100 && sum <= 100)
    {   sum = sum + i *i;
        i=i+1;
    }
    printf("sum=%d\n",sum);
}
```

程序运行结果如图 5-6 所示。

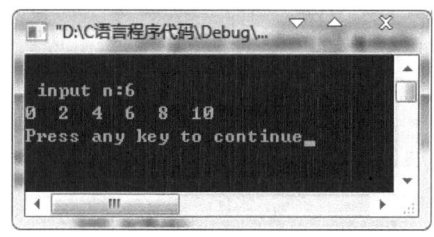

图 5-5　【例 5-4】程序运行结果

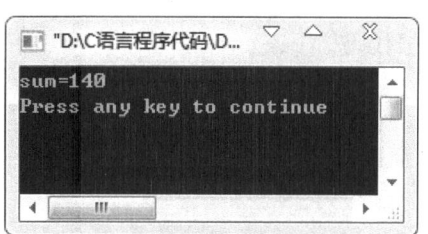

图 5-6　【例 5-5】程序运行结果

【例 5-6】 给一个正整数 n(n≥2)，用 while 循环结构判断它是否素数。

分析：循环进行的条件是，i≤k 和 flag=0。因为在 i>k 时，显然不必再去检查 n 是否能被整除，此外如果 flag=1，就表示 n 已被某一个数整除过，肯定是非素数无疑，也不必再检查了。只有 i≤k 和 flag=0 两者同时满足才需要继续检查。循环体只有一个判断操作：判断 n 能否被 i 整除，如不能，则执行 i=i+1，即 i 的值加 1，以便为下一次判断做准备。如果在本次循环中 n 能被 i 整除，则令 flag=1，表示 n 已被确定为非素数了，这样就不再进行下一次的循环了。如果 n 不能被任何一个 i 整除，则 flag 始终保持为 0。因此，在结束循环后，根据 flag 的值为 0 或 1，分别输出 n 是素数或非素数的信息。

程序代码如下：

```c
#include<math.h>
#include<stdio.h>
void main()
{   int n,k,i,flag;
    printf("请输入n:");   scanf("%d",&n);
    k=sqrt(n);   i=2;   flag=0;
    while(i<=k && !flag)
        if(n % i==0) flag=1;
        else i=i+1;
    if(!flag)       printf("%d is a prime number.\n",n);
    else printf("%d is not a prime number.\n",n);
}
```

当分别输入 19 和 28 时，运行结果如图 5-7 所示。

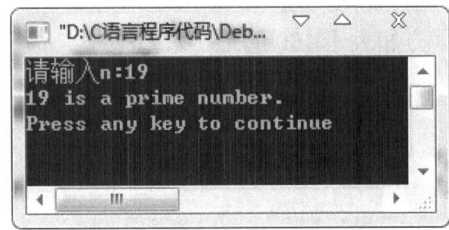 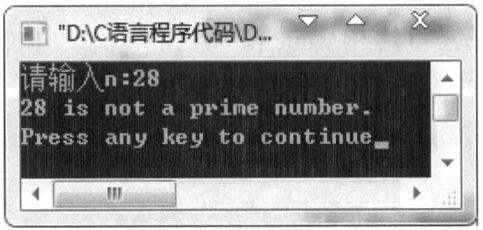

图 5-7 【例 5-6】程序运行结果

【例 5-7】 给出两个正整数，求它们的最大公约数。

求最大公约数可以用辗转相除法，也称欧几里得法。

分析：以两数中的大数 a 作为被除数，小数 b 作为除数，相除后余数为 r。如果 r≠0，则将 b=>a, r=>b，再进行一次相除，得到新的 r。如果 r 仍不等于 0，则重复上面过程，直到 r=0 为止。此时的 b 就是最大公约数。

程序代码如下：

```c
#include<stdio.h>
void main()
{
    int a,b,t,r;
    printf("请输入a:");
    scanf("%d",&a);
```

```
            printf("请输入b:");
            scanf("%d",&b);
            if(a<b) { t=a;a=b;b=t;}   //保证a大于b
            r=a % b;
            while(r)
            {  a=b;     b=r;     r=a % b;     }
            printf("h.c.f.=%d\n",b);
        }
```

运行时输入12和18,将18作为被除数,12作为除数,相除后余数为6;再将原来的除数12作为被除数,原来的余数6作为除数,相除后得到余数为0;最后一次的除数6就是最大公约数。运行结果如图5-8所示。

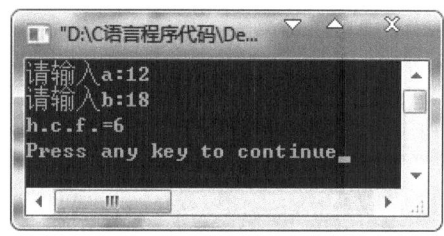

图5-8 【例5-8】程序运行结果

5.2.2 用do-while语句实现循环结构程序设计

do-while语句可以实现循环体至少被执行一次的循环。

1. do-while语句格式

```
    do
        语句;
    while(表达式);
```

或写成:

```
    do 语句;
    while(表达式);
```

2. do-while语句功能

先执行循环体语句,然后再判断表达式是否为真,如果为真,则继续循环;如果为假,终止循环。因此,do-while循环至少要执行一次循环语句。

【例5-8】 求 $1+\frac{1}{2}+\frac{1}{3}+\frac{1}{4}+\cdots+\frac{1}{n}$,直到前后两项之差小于 10^{-3} 为止(后一项不累加)。

分析:n是某一项的分母,例如第3项的n是3。term在开始时是多项式第1项的值,先把它加到s中。然后n的值加1,term的值变成1/2,此时它代表第二项。如果此两项之差大于或等于 10^{-3},则再执行循环体,把term值赋给term1,然后再累加到s中去。可以看出:程序中term1代表当前要累加的项,term代表下一项,如果这两项之差未超过 10^{-3},就将下一项加到s中。

程序代码如下:

```c
#include <stdio.h>
void main()
{   float s=0,term,term1;
    int n=1;
    term = 1 / n;
    do
    {   term1 = term;
        s = s + term1;
        n = n + 1;
        term = 1.0 / n;
    }while(term1-term >= 1e-3);
    printf("%f",s);
}
```

程序运行结果如图 5-9 所示。

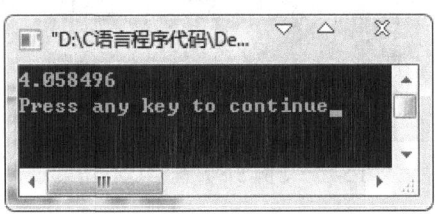

图 5-9　【例 5-8】程序运行结果

3. while 和 do-while 循环比较

while 和 do-while 结构都为当型循环结构，都是当条件成立时执行循环体；不同的是，前者为先判断，循环体执行次数大于或等于 0；后者为后判断，循环体执行次数大于或等于 1。

【例 5-9】　while 和 do-while 循环比较。

1) while 循环

程序代码如下：

```c
#include<stdio.h>
void main()
{   int sum=0,i;
    printf("输入 i: ");
    scanf("%d",&i);
    while(i<=10)
    {
        sum=sum+i;
        i++;
    }
    printf("sum=%d\n",sum);
}
```

2) do-while 循环

程序代码如下：

```c
#include<stdio.h>
```

```
void main()
{
    int sum=0,i;
    printf("输入i: ");
    scanf("%d",&i);
    do
    {
        sum=sum+i;
        i++;
    }while(i<=10);
    printf("sum=%d\n",sum);
}
```

当键盘输入的 i 值不超过 10 时，两者运行结果一样，如图 5-10 所示。

当键盘输入的 i 值超过 10 时，两者运行结果不一样，如图 5-11 所示。

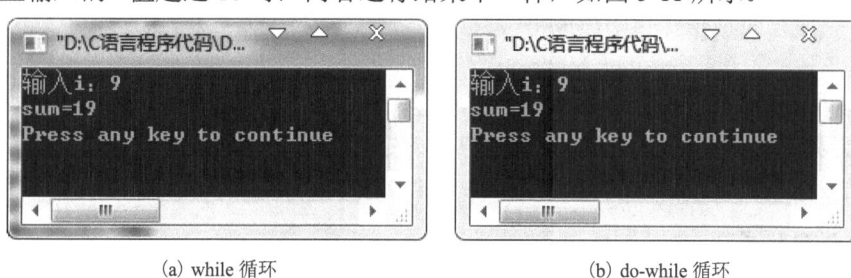

(a) while 循环　　　　　　　　　　(b) do-while 循环

图 5-10　【例 5-9】程序运行结果(i 的初值不大于 10)

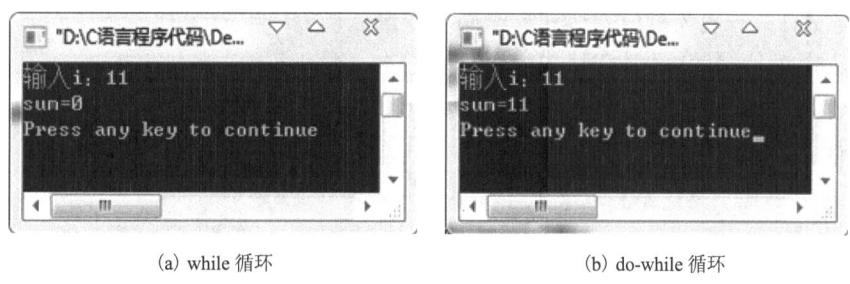

(a) while 循环　　　　　　　　　　(b) do-while 循环

图 5-11　【例 5-9】程序运行结果(i 的初值大于 10)

【例 5-10】 将 1～100 间各奇数(1、3、5、7、…)顺序累加，直到其和等于或大于 100 为止。要求输出已实行累加的奇数、共加了多少个数，以及累加和。

程序代码如下：

```
#include<stdio.h>
void main()
{   int i=3,n=1,sum=1;
    printf("%d",1);
    do
    {       sum=sum+i;
            printf("+%d",i);
            i=i+2;
```

```
                    n=n+1;
            }while(sum<100);
            printf("\nsum=%d,n=%d\n",sum,n);
    }
```

程序运行结果如图 5-12 所示。

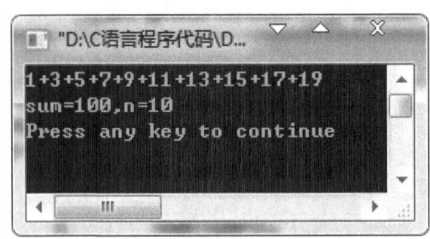

图 5-12 【例 5-10】程序运行结果

5.2.3 用 for 语句实现循环结构程序设计

除了可以用 while 和 do-while 语句实现循环外，C 语言还提供 for 语句实现循环。而且 for 语句更为灵活，不仅可以用于循环次数已经确定的情况，还可以用于循环次数不确定而只给出循环结束条件的情况，它完全可以代替 while 语句。

1. for 语句格式

```
for(表达式 1;表达式 2;表达式 3)语句;
```

- 表达式 1：一般为赋值表达式，给循环变量赋初值；
- 表达式 2：一般为关系表达式或逻辑表达式，循环条件；
- 表达式 3：一般为赋值表达式，给循环变量增量或减量。

或写成：

```
for(表达式 1;表达式 2;表达式 3)
    语句;
```

例如：

```
for(i=1;i<=100;i++)
    sum=sum+i;
```

2. for 语句功能

它的执行过程如下：
(1)先求解表达式 1。
(2)求解表达式 2，若其值为真(非 0)，则执行 for 语句中指定的内嵌语句，然后执行下面第 3 步；若其值为假(0)，则结束循环，转到第 5 步。
(3)求解表达式 3。
(4)转回上面第 2 步继续执行。
(5)循环结束，执行 for 语句下面的一个语句。

3. for 语句应用形式

for 语句最简单的应用形式(也是最容易理解的形式)如下：

```
for(循环变量赋初值;循环控制条件;循环变量增量)语句;
```

循环变量赋初值是一个赋值语句，它用来给循环控制变量赋初值；循环控制条件是一个关系表达式，它决定什么时候退出循环；循环变量增量，定义循环控制变量每循环一次后按什么方式变化。这3个部分之间用分号隔开。

例如：

```
for(i=a;i<=b;i=i+c)循环语句;
```

先给 i 赋初值 a，然后判断 i 是否小于等于终值 b，若是，则执行循环体语句，之后 i 值增加 c；再重新判断条件，直到条件为假，即 i>b 时，结束循环。

4. for 语句转换为 while 语句

在 C 语言中，for 语句使用最为灵活，它完全可以取代 while 语句。对于 for 循环中语句的一般形式，可以用如下的 while 循环形式替代：

```
表达式1;
while(表达式2)
{
    语句;
    表达式3;
}
```

5. for 语句使用注意事项

(1) for 循环中的表达式1(循环变量赋初值)、表达式2(循环条件)和表达式3(循环变量增量)都是可选项，即可以缺省，但分号不能缺省。

(2) 表达式1可以是设置循环变量初值的赋值表达式，也可以是其他表达式。

(3) 表达式1和表达式3可以是简单表达式，也可以是逗号表达式。

(4) 表达式2一般是关系表达式或逻辑表达式，但也可是数值表达式或常量、变量，只要其值非零，就执行循环体。例如：

```
for(i=0;(c=getchar())!='\n';i++);
```

6. for 语句使用举例

【例 5-11】 顺序将10个学生的成绩输入并输出。

程序代码如下：

```
#include<stdio.h>
void main()
{   int s,i;
    for(i=1;i<=10;i++)
    {   printf("请输入学生成绩:");
        scanf("%d",&s);
```

```
        printf("第%d个学生成绩是:%d\n",i,s);
    }
}
```

程序共执行 10 次,每次先输入一个数给 s,然后输出该值。用 for 语句指定循环次数。运行结果如图 5-13 所示。

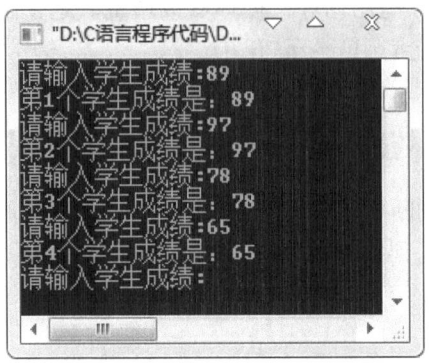

图 5-13 【例 5-11】程序运行结果

【例 5-12】 用 for 语句求 s=1+2+3+…+100。

程序代码如下:

```
#include<stdio.h>
void main()
{
    int s=0,i;
    for(i=1;i<=100;i++)
        s=s+i;
    printf("s=%d\n",s);
}
```

程序要把 1 到 100 各数逐个地加到变量 s 中,共执行 100 次循环,每次加一个数 i,i 由 1 增加到 100。用 for 语句指定循环次数。运行结果如图 5-14 所示。

【例 5-13】 用 for 语句求 n 的阶乘。

程序代码如下:

```
#include<stdio.h>
void main()
{   int i,n,p=1;
    printf("输入 n:");
    scanf("%d",&n);
    for(i=1;i<=n;i++)
        p=p*i;
    printf("%d 的阶乘=%d\n",n,p);
}
```

把 1 到 n 逐个地乘到变量 p 中,共执行 n 次循环,每次乘一个数 i,i 由 1 增加到 n。运行结果如图 5-15 所示。

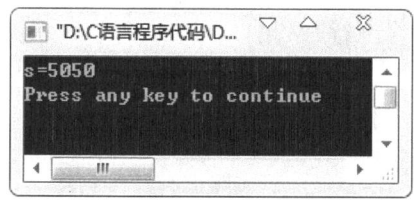
图 5-14 【例 5-12】程序运行结果

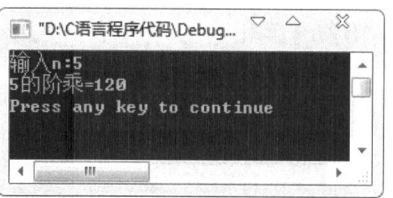
图 5-15 【例 5-13】程序运行结果

【例 5-14】 给一个正整数 n(n≥2)，用 for 语句实现判断它是否是素数(即质数)。

判断 n 是否为素数，要把 n 被 2 到 n 的平方根之间的每一个整数除，如果都除不尽，n 就是素数，否则 n 是非素数。使用 flag 作为一个标志变量，flag=0 表示 n 未被任何一个整数整除过。如果在某一次，n 能被一个整数 i 整除，则 flag 就变为 1。

程序代码如下：

```c
#include<stdio.h>
#include<math.h>
void main()
{   int n,i,k,flag=0;
    printf("请输入正整数n");
    scanf("%d",&n);
    k=int(sqrt(n))
    for(i=2;i<=k;i++)
    {
        if(n%i==0)    flag=1;
    }
    if(!flag)
        printf("%d is a prime number.\n",n);
    else
        printf("%d is not a prime number.\n",n);
}
```

当分别输入 13 和 34 时，运行结果如图 5-16 所示。

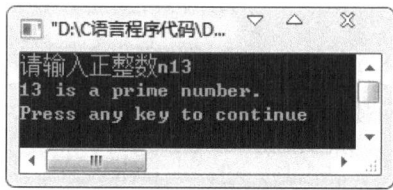
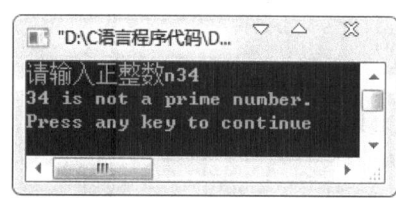

图 5-16 【例 5-14】程序运行结果

5.2.4 循环的嵌套

在一个循环体内又完整地包含另一个循环，称为循环的嵌套。几种类型的循环可以互相嵌套。例如，可以在一个 for 循环中包含一个 do 循环，也可以在一个 while 循环中包含一个 for 循环。内外循环之间不得交叉。

当程序中有控制结构的互相嵌套时，其执行流程仍严格按照每个控制结构既定的流程进行。下面通过几个例子来说明循环嵌套的概念和使用。

【例5-15】 打印出乘法九九表。九九表是一个9行9列的二维表，行和列都要变化，而且在变化中互相约束。

程序代码如下：

```c
#include<stdio.h>
void main()
{   int i,j;
    for(i=1;i<=9;i++)
    {
        for(j=1;j<=i;j++)
            printf("%d*%d=%d  ",i,j,i*j);
        printf("\n");
    }
}
```

程序运行结果如图5-17所示。

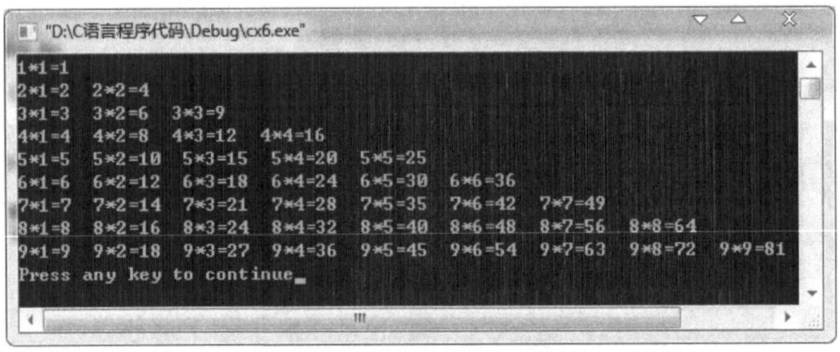

图5-17 【例5-15】程序运行结果

【例5-16】 求100～200之间的全部素数。

解题思路：有了例5-14的基础，解本题就不困难了。只要再增加一个外循环，先后对100～200之间的全部整数一一进行判定即可。也就是用一个嵌套的for循环即可处理。

程序代码如下：

```c
#include <stdio.h>
#include <math.h>
void main()
{   int n,i,k,flag,m;
    for(n=101;n<=200;n=n+2)
    {   k=sqrt(n); flag=0;
        for(i=2;i<=k;i++)
            if(n%i==0)   flag=1;
        if(!flag)
        {   printf("%d\t",n); m=m+1;
            if(m%5==0) printf("\n");
        }
    }
    printf("\n");
}
```

程序运行结果如图5-18所示。

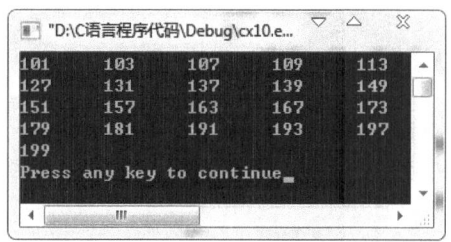

图 5-18　【例 5-16】程序运行结果

5.2.5　几种循环语句的比较

(1) 3 种循环都可以用来处理同一个问题,在一般情况下可以互相替代。

(2) 凡是用 while 循环能完成的,用 for 循环都能实现。

(3) 用 while 和 do-while 循环时,循环变量初始化的操作应在 while 和 do-while 语句之前完成,而 for 语句可以在表达式 1 中实现。

(4) 对于 while 和 do-while 循环,循环体中应包括使循环趋于结束的语句。for 语句功能最强,所以在实际中应用最广。

(5) 3 种循环都可以用 break 语句跳出循环,用 continue 语句结束本次循环。

5.3　用 break 语句和 continue 语句提前结束循环

以上介绍的都是根据事先指定的循环条件正常执行和终止的循环。但有时出现某种情况,需要提早结束正在执行的循环操作。例如,征集慈善募捐,收到 10 万元就结束。可以用循环来处理此问题,每次输入一个捐款人的捐款数,不断累加。但是,事先并不能确定循环的次数,需要每次输入捐款数后进行累加,并检查总数是否达到 10 万,如果未达到,就继续执行循环,输入下一个捐款数;如果达到 10 万元,就终止循环。可以用 break 语句和 continue 语句来实现提前结束循环。

5.3.1　break 语句

1. break 语句终止本层循环

break 语句用于 do-while、for、while 循环语句中时,可使程序终止循环而执行循环后面的语句,即终止本层循环。

【例 5-17】　使用 break 语句终止循环:从键盘输入一个整数,判断它是否为质数。

程序代码如下:

```
#include <stdio.h>
main()
{
    int i,x;
    printf("please input x: ");
    scanf("%d", &x);
```

```
    for (i=2; i<=x-1; i++)
        if (x%i==0) break;
    if (i==x)    printf("YES\n");
    else printf("NO\n");
}
```

程序运行结果如图 5-19 所示。

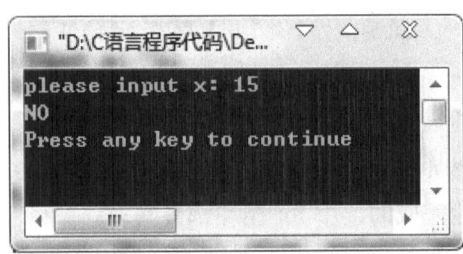

图 5-19 【例 5-17】程序运行结果

2. break 语句通常用在循环语句和开关语句中

当 break 用于开关语句 switch 中时，可使程序跳出 switch 而执行 switch 以后的语句；当 break 用于循环语句中时，可使程序跳出循环语句而执行循环语句以后的语句。

3. break 语句在循环语句中的应用

通常 break 语句总是与 if 语句配合使用，满足条件时便跳出循环。

4. 使用 break 语句注意事项

（1）break 语句对 if-else 的条件语句不起作用。
（2）在多层循环中，一个 break 语句只向外跳一层。

5.3.2 continue 语句

1. continue 语句结束当次循环

continue 语句的作用是跳过循环体中剩余的语句而强行执行下一次循环，即结束当次循环。continue 语句只用在 for、while、do-while 等循环体中，常与 if 条件语句配合使用，用来加速循环。

【例 5-18】 输出 100～200 之间不能被 3 整除的数。

程序代码如下：

```
#include <stdio.h>
void main()
{
    int x;
    for (x=100; x<=200; x++)
    {
        if (x%3==0)
        {
            continue ;
        }
        printf("%d\n", x);
```

```
        }
    }
```

程序运行结果如图 5-20 所示。

```
100  101  103  104  106  107  109  110  112  113  115  116  118  119  121  122
124  125  127  128  130  131  133  134  136  137  139  140  142  143  145  146
148  149  151  152  154  155  157  158  160  161  163  164  166  167  169  170
172  173  175  176  178  179  181  182  184  185  187  188  190  191  193  194
196  197  199  200  Press any key to continue
```

图 5-20 【例 5-18】程序运行结果

2. break 语句和 continue 语句的区别

continue 语句只结束本次循环，而不是终止整个循环的执行；break 语句则结束整个循环过程，不再判断执行循环的条件是否成立。

5.4 程 序 举 例

有关循环的算法很多，有许多问题都要用循环来处理。前面仔细分析了循环结构的特点和实现方法，有了初步编写循环程序的能力，下面的例子可有助于进一步掌握循环结构程序的编写和应用。

【例 5-19】 求水仙花数。

程序代码如下：

```c
#include<stdio.h>
void main()
{   int i,n=0,a,b,c;
    for(i=100;i<=999;i++)
    {   a=i/100;                          //得到百位上的数字
        b=(i/10)%10;                      //得到十位上的数字
        c=i%10;                           //得到个位上的数字
        if(i==a*a*a+b*b*b+c*c*c)          //判断是否为水仙花数
        {   n=n+1;                        //记录个数
            printf("%d\t",i);             //显示水仙花数
        }
    }
    printf("\n 个数=%d\n",n);              //显示个数
}
```

程序运行结果如图 5-21 所示。

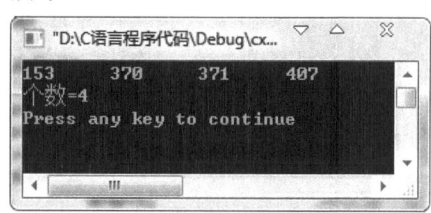

图 5-21 【例 5-19】程序运行结果

【例 5-20】 百钱买百鸡问题：每只公鸡值 5 元，母鸡值 3 元，鸡雏 3 只值 1 元。用 100 元买 100 只鸡，问公鸡、母鸡、鸡雏各可买多少只？

程序代码如下：

```c
#include<stdio.h>
void main()
{   float x,y,z;
    printf("公鸡\t母鸡\t鸡雏\n");
    for(x=0;x<=100;x++)
        for(y=0;y<=100;y++)
        {   z=100-x-y;
            if((5*x+3*y+z/3.0)==100)
                printf("%d\t%d\t%d\n",(int)x,(int)y,(int)z);
        }
}
```

程序运行结果如图 5-22 所示。

【例 5-21】 使用级数公式求 π 的值。

根据下式，计算圆周率 π 的近似值，当计算到绝对值小于 0.0001 的通项时，认为满足精度要求，停止计算。

程序代码如下：

```c
#include<math.h>
#include<stdio.h>
void main()
{   int s=1;
    float n=1.0,t=1,pi=0;
    while(fabs(t)>1e-6)        //测试是否满足精度要求
    {   pi=pi+t;               //总和加上一个通项
        n=n+2;                 //产生下一个通项分母
        s=-s;                  //轮流转换通项的正负号
        t=s/n;                 //计算通项
    }
    pi=pi*4;
    printf("pi=%10.6f\n",pi);  //输出计算结果
}
```

程序运行结果如图 5-23 所示。

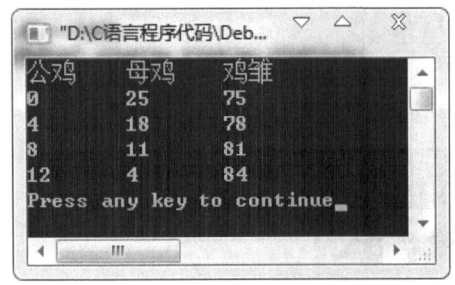

图 5-22 【例 5-20】程序运行结果

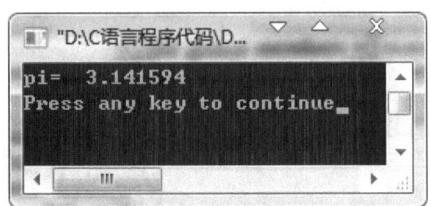

图 5-23 【例 5-21】程序运行结果

【例 5-22】 求 Fibonacci 数列的前 40 个数。

这个数列有如下特点：第 1、第 2 两个数分别为 1、1。从第 3 个数开始，该数是其前两个数之和。即：

$$F_n = \begin{cases} F_1 = 1 & (n=1) \\ F_2 = 1 & (n=2) \\ F_{n-1} + F_{n-2} & (n \geq 3) \end{cases}$$

程序代码如下：

```
#include <stdio.h>
voidmain()
{   long f1=1,f2=1;
    int i;
    for(i=1;i<=20;i++)
    {   printf("%12ld %12ld",f1,f2);
        if(i%2==0) printf("\n");
        f1=f1+f2;
        f2=f2+f1;
    }
    return 0;
}
```

程序运行结果如图 5-24 所示。

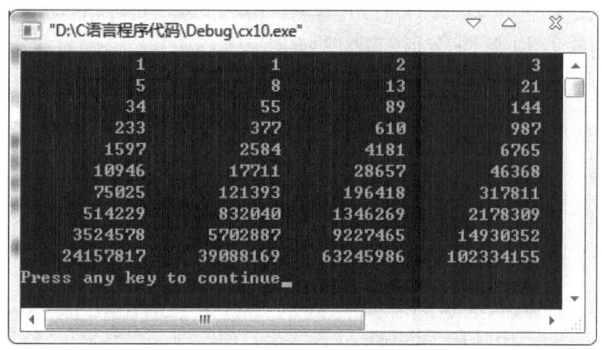

图 5-24　【例 5-22】程序运行结果

5.5　本章易出错问题

一、选择题

1. 以下 4 个关于 C 语言的结论中，只有一个是错误的，它是（　　）。
   （A）可以用 while 语句实现的循环，一定可以用 for 语句实现
   （B）可以用 for 语句实现的循环，一定可以用 while 语句实现
   （C）可以用 do-while 语句实现的循环，一定可以用 while 语句实现
   （D）do-while 语句与 while 语句的区别仅是关键字"while"出现的位置不同

解析：本题考查的是循环问题。C 语言中 3 种循环结构可以互相转换，因此前 3 个选项

均正确。do-while 语句与 while 语句的区别在于 do-while 语句至少执行一次循环体，而 while 语句可能一次也不执行循环体。因此，正确答案为(D)。

2．在 while(x)中的 x 与下面条件表达式等价的是(　　)。
(A)x==0　　　　(B)x==1　　　　(C)x!=1　　　　(D)x!=0

解析：本题考查的是 while 循环问题。while(x)中的条件 x 表示 x 的值为 0 时，条件不成立，x 的值为非 0 时，条件成立。因此，正确答案为(D)。

3．执行语句 for (i=10; i-->3;);后，变量 i 的值为(　　)。
(A)2　　　　(B)3　　　　(C)4　　　　(D)5

解析：本题考查的是 for 循环问题。注意 for 语句的执行过程，本题循环条件为 i-->3，i 的值不断减小，当 i=4 时，i--的值为 4，条件成立执行循环体，i=3，i--的值为 3，i 的值为 2，条件不成立不执行循环体。因此，正确答案为(A)。

4．以下不构成无限循环的语句或者语句组是(　　)。(全国计算机二级考试题，2008 年 4 月)

(A)n=0;
do{++n;}while(n<=0);
(B)n=0;
while(1){n++;}
(C)n=10;
while(n);
(D)for(n=0,i=1; ;i++) n+=i;
{n--;}

解析：本题考查的是循环结构问题。选项 B 中循环条件为 1(真)，是死循环。选项 C 中循环条件为 n，n 的值为 10(真)，是死循环。选项 D 中无循环条件，是死循环。选项 A 中 n 的值为 0，执行 do 循环后 n 的值为 1，不满足循环条件 n<=0。因此，正确答案为(A)。

5．若 int a=5，则执行以下语句后打印的结果为(　　)。

```
do{
    printf("%2d\n", a--);
} while (!a);
```

(A)5　　　　　　　　　　　　　　(B)不打印任何内容
(C)4　　　　　　　　　　　　　　(D)陷入死循环

解析：本题考查的是 do-while 循环结构问题。对于 do-while 循环来说，无论循环条件成立与否，至少执行一次循环体，因此先输出 a--的值，即 5；然后 a 的值变为 4，判断条件!a 结果为假，条件不成立，结束循环。因此，正确答案为(A)。

6．有以下程序：

```
#include <stdio.h>
void main()
{
    int y=10;
    while(y--); printf("y=%d\n",y);
}
```

程序执行后的输出结果是(　　)。(全国计算机二级考试题，2006 年 4 月)
(A)y=0　　　　　　　　　　　　(B)y=-1
(C)y=1　　　　　　　　　　　　(D)while 构成无限循环

解析：本题考查的是 while 循环问题。本题关键在于搞清楚 while 循环的循环体是一条空语句;,因此不断执行 y--,最终 y 的值变为 0 时,执行条件 y--,循环条件不成立,结束循环,y 的值为-1。因此,正确答案为(B)。

7. 有以下程序:

```
#include <stdio.h>
void main()
{
    int i,j;
    for(i=1;i<4;i++)
    {
        for(j=i;j<4;j++)
            printf("%d*%d=%d ",i,j,i*j);
        printf("\n");
    }
}
```

程序运行后的输出结果是(   )。(全国计算机二级考试题,2007 年 4 月)

(A) 1*1=1　1*2=2　1*3=3　　　　(B) 1*1=1　1*2=2　1*3=3
　　2*1=2　2*2=4　　　　　　　　　　2*2=4　2*3=6
　　3*1=3　　　　　　　　　　　　　　3*3=9
(C) 1*1=1　　　　　　　　　　　(D) 1*1=1
　　1*2=2　2*2=4　　　　　　　　　　2*1=2　2*2=4
　　1*3=3　2*3=6　3*3=9　　　　　　3*1=3　3*2=6　3*3=9

解析:本题考查的是 for 循环的嵌套问题。对于此类图形题,外层循环用来控制行,内层循环用来控制列。本题外层循环循环变量 i 由 1 变到 3 共执行 3 次循环,即输出 3 行,内层循环循环变量 j 由 i 变到 3,即第 1 行输出 3 列,第 2 行输出 2 列,第 3 行输出 1 列,每次输出 i*j 的值。因此,正确答案为(B)。

5.6　本 章 小 结

C 语言中有 3 种可以构成循环结构的循环语句:while、do-while 和 for。

循环体的结构要素:循环的初始条件;循环的控制条件;循环的终止条件;循环体。

1. while 循环的执行过程

先计算表达式的值,当表达式为非 0 值时,执行循环体,否则执行循环语句的下一语句。即"先判断,后执行"。

例,编程求 $1^2+2^2+3^2+\cdots+n^2$,直到累加和大于等于 10000 为止。

```
#include <stdio.h>
voidmain()
{   int i,sum=0;
    i=1;
    while (sum<10000)
    {   sum+=i*i;
        i++;
```

```
        }
        printf("n=%d,sum=%d\n",i-1,sum);
    }
```

运行结果为：

```
n=31,sum=10416
```

2. do-while 循环的一般形式

```
Do 循环体 while (表达式);
```

其特点是：先执行循环体，后判断表达式。

说明：

(1) 表达式可以是 C 语言中任意合法的表达式，但不能为空；

(2) 循环体可以是一个语句，也可以是复合语句。

例，用 do-while 循环求累加和。

```
#include <stdio.h>
void main()
{   int i,sum=0;
    i=1;
    do
    {
        sum=sum+i;
        i++;
    }
    while (i<=100);
    printf("%d\n",sum);
}
```

for 循环的一般形式

```
for(表达式1；表达式2；表达式3)语句
```

它的执行过程为：

(1) 先求解表达式 1；

(2) 求解表达式 2，若其值为真，则执行 for 语句中指定的内嵌语句(循环体)，然后执行第 3 步。若为假，则结束循环，转到第 5 步。

(3) 若表达式为真，在执行指定语句后，求解表达式 3。

(4) 转回到上面第 2 步继续执行。

(5) 退出循环，执行 for 语句的下一语句。

练习题

一、选择题

1. 以下程序的运行结果是(   )。

```
void main()
{
    int a=5,b=4,c=6,d;
```

```
        printf("%d\n",d=a>b?(a>c?a:c):(b));
    }
```
  (A) 5   (B) 4   (C) 6   (D) 不确定

2. 以下程序的运行结果是( )。
```
void main()
{
    int a=4,b=5,c=0,d;
    d=!a&&!b||!c;
    printf("%d\n",d);
}
```
  (A) 1   (B) 0   (C) 非 0 的数   (D) –1

3. 如下程序的运行结果是( )。
```
void main()
{
    int x=1,a=0,b=0;
    switch(x){
        case 0:b++;
        case 1:a++;
        case 2:a++;b++;
    }
    printf("a=%d,b=%d\n",a,b);
}
```
  (A) a=2,b=1   (B) a=1,b=1   (C) a=1,b=0   (D) a=2,b=2

4. 对于如下程序段，何时执行后的结果为 true？( )
```
if(i=0)printf("true");
else printf("false");
```
  (A) 总是   (B) 绝不会   (C) 当 i 为 0 时   (D) 当 i 不为 0 时

5. 下列程序段执行后，变量 x 的值是( )。
```
for(x=2;x<10;x+=3);
```
  (A) 2   (B) 9   (C) 10   (D) 11

6. 设 int a=0,b=5；执行表达式 "++a||++b, a+b" 后，a、b 和表达式的值分别是( )。
  (A) 1, 5, 7   (B) 1, 6, 7   (C) 1, 5, 6   (D) 0, 5, 7

7. 使用 C 语言描述关系表达式 a<=x<b，正确描述是( )。
  (A) a<=x<b   (B) x>=a&x<b   (C) x>=a&&x<b   (D) a<=x&&<b

8. 设 i、j 均为 int 类型的变量，则以下程序段执行完成后，打印出的"OK"个数是多少？
( )
```
for (i=5;i>0;--i)
{   for(j=0;j<4;j++){ printf("%s","OK");}
}
```
  (A) 20   (B) 24   (C) 25   (D) 30

9. 表达式 –1<=3<=–5 的值是( )。

(A) 0　　　　(B) 1　　　　(C) 3　　　　(D) 表达式语法有错

10. 若有以下说明和语句，则输出结果是哪一项？（　　）

```
char str[30]="nanjing Normal University!";
str[7]='\0';
printf("%d",strlen(str));
```

(A) 6　　　　(B) 7　　　　(C) 8　　　　(D) 26

11. 设 x，y，z，t 均为 int 型变量，则执行以下语句后，t 的值是什么？（　　）

```
x=y=z=1;
t= x || y && z ;
```

(A) 不定值　　(B) 2　　　　(C) 1　　　　(D) 0

12. 若有"int i;"，下列与"for(i=0;i<10;i++) printf("%d",i);"的输出结果相同的循环语句是（　　）。（不定项选择）

(A) for(i=0;i<10;i++,printf("%d",i));
(B) for(i=0;i<10;printf("%d",i++));
(C) for(i=0;i<10; printf("%d",i) ,i++);
(D) for(i=0;i<10; printf("%d",++i));
(E) for(i=0;i<10; ++i) printf("%d",i);

二、填空

1. 与语句"if (x>y) m=y; else m=x;"等效的表达式语句是：_____。
2. 设有定义 int n=1, s=0;则执行语句"while(s=s+n,n++,n<=10);"后，变量 s 的值为_____。
3. 表达式 4 && 3 && 2 && 1 的值为_____。
4. 为表示关系 x<y<z，应使用 C 语言表达式_____。
5. 若有 int i=5，j=0；则执行完语句"if(j=0) i++;else i--;"后，i 的值为_____。
6. 下列程序的执行结果为 a=_____，z=_____。

```
void main ()
{   int a=-1,b=-1,z=0;
    if(a>0)if(b>0)  z=1;
    else z=-1;
    if(b) -a;
    else ++a;
    printf("a=%d,z=%d",a,z);
}
```

7. 若有 int i=5，j=10；则执行下列语句后 j 的值为_____。

```
switch (i){
    case 4:  j++;
    case 5:  j--;
    case 6:
    case 7:  j++;
             j-=2;
    default: ;
}
```

8. 下列 C 语言程序运行后，II 的值应为_____。

```
        int Ⅱ=11;
        switch(Ⅱ){
            case 9:   Ⅱ+=1;
            case 10:  Ⅱ+=2;
            case 11:  Ⅱ+=3;
            default:  Ⅱ+=4;}
```

9. 下面两个文件包含预处理语句：#include<stdio.h>与 #include "stdio.h"，二者的主要区别是_____。

三、写出下列程序的执行结果

1.
```
void main()
{   int n,i,j;
    n=6;
    for(i=1;i<=n;i++)
    {   for(j=1;j<=20-j;j++) printf(" ");
        for(j=1;j<=2*i-1;j++)
            if((j==1)||(j==2*j-1)||(i==4)) printf("*");
            else printf(" ");
        printf("\n");   }
}
```

2.
```
void main()
{
    Unsigned a,b,c;
    int n=3;
    a=0x000f;
    b=a<<(16-n);
    c=a>>n;
    c=c|b;
    printf("%d\n%x",a,c);
}
```

3.
```
void main()
{   unsigned char a,b;
    a=0x9d; b=0xa5;
    printf("a AND b: %x\n",a&b);
    printf("a OR b: %x\n",a|b);
}
```

4.
```
void main()
{   unsigned a=0112,x,y;
    x=a>>3; printf("x=%o,",x);
```

```
        y=~(~0<<4); printf("y=%o,",y);
}
```

四、编程题

1. 输入一批非 0 数,直到输入 0 时为止,计算其中奇数的平均值和偶数的乘积。

2. 求一组整数中的正数之积与负数之和,直到遇到 0 时结束。

3. 输入一组实数,求前 10 个正数的平均值。

4. 编程求 1~200 中能被 2、3、5 除余 1 的前 10 个整数。

5. 输入 100 个整数,统计这些数中能被 3 或 5 整除的数所占的百分比。

6. 计算并输出 200~600 中能被 7 整除,且至少有一位数字是 3 的所有数的和。

7. 输出 1~999 中能被 5 整除,且百位数字是 5 的所有整数。

8. 设 N 是一个 4 位数,它的 9 倍恰好是其反序数(例如:1234 的反序数是 4321),求 N 值。

第6章 数　　组

内容导读：

至今为止，本书所使用的变量都是简单变量，即每一个变量用其名字来标识，与其他的变量没有内在的联系。如果所处理的数据个数较少，那么使用简单变量就可以了。但是，很多实际的应用程序，需要处理大批数据，而且这些数据之间是有某种内在联系的。例如，一个班有50名学生，要给这50名学生输入分数，并求全班平均分数。用简单变量来处理，需要设50个变量，要写出50个变量名，然后在求平均分数表达式中进行50项的加法运算，这显然是不合理的。这时可以把一批具有相同属性的数据用一个统一的名字来代表，并用下标来区分不同元素，这就是数组。

- 数组的概念和定义
- 数组的初始化和使用
- 数值数组元素的常用操作和应用举例
- 字符数组的使用和应用举例

6.1　数组的概念

数组是程序设计中最常用的数据结构。在C语言中，数组属于构造数据类型。数组中各个数称为数组元素，一个数组可以分解为多个数组元素，这些数组元素可以是基本数据类型或构造数据类型。因此按数组元素的类型不同，数组又可分为数值数组、字符数组、指针型数组、结构体类型数组等多种类别。本章介绍数值数组和字符数组，其余的在以后各章中介绍。

只有一个下标的数组，称为一维数组，其数组元素也称为单下标变量。在实际问题中有很多量是二维的或多维的，因此C语言允许构造多维数组。多维数组元素有多个下标，以标示它在数组中的位置，所以也称为多下标的变量。在C语言中，规定下标从0开始，用方括号括起来。数组是一组具有相同名字，不同下标的下标变量，用下标来标示顺序号。例如s[20]，其中，s是数组的名字，20是下标，表示数组元素的个数。

二维数组有二维，引用元素时要用两个下标，第1维的下标称为行下标，第2维的下标称为列下标，必须用两个下标才能唯一地确定一个数组元素在数组中的位置。如：

二维数组s表示4个学生、5门课的成绩。

$$s = \begin{pmatrix} 20 & 85 & 70 & 67 & 92 \\ 29 & 88 & 75 & 70 & 62 \\ 69 & 98 & 78 & 76 & 50 \\ 76 & 70 & 68 & 63 & 58 \end{pmatrix}$$

用第1维的下标代表学生号，用第2维的下标代表课程号。若要表示第2个学生第3门课的成绩，可写成s[1][2]，它代表s数组第1行第2列的元素，其值是75。

6.2 数组的定义

在 C 语言中，为了能在程序中使用数组，必须先定义，这点与前面讲过的变量一样，目的是通过计算机为该数组分配一块连续的内存空间，以便存储数组中的数据。数组名就是这个区域的名称，区域的每个单元都有自己的地址。

1. 数组定义的格式

1) 一维数组定义格式

  类型声明符 数组名 [常量表达式1]；

2) 二维数组定义格式

  类型声明符 数组名 [常量表达式1] [常量表达式2]；

3) 多维数组定义格式

  类型声明符 数组名 [常量表达式1] [常量表达式2]…；

2. 数组定义的说明

(1) 类型声明符是任一种基本数据类型、构造数据类型或者指针类型，声明数组元素的取值类型。对于同一个数组，其所有元素的数据类型都是相同的。

(2) 数组名是用户定义的数组标识符，遵守标识符的命名规则，同一作用域内不允许数组与其他标识符同名。如：

```
void main()
{
    int  a;
    float  a[10];    //数组不能与变量名同名，是错误的
    ……
}
```

(3) 方括号中的常量表达式 n 表示第 n 维下标的长度，即常量表达式 1 表示第 1 维下标的长度，常量表达式 2 表示第 2 维下标的长度。各维下标均从 0 开始。例如：

  int x[5];

声明一维数组 x，有 5 个元素(下标从 0 算起)x[0]~x[4]。例如：

  int a[2][3];

声明了一个 2 行 3 列的数组，数组名为 a，其元素类型为整型。该数组的元素共有 2×3 个，即：

  a[0][0] a[0][1] a[0][2]
  a[1][0] a[1][1] a[1][2]

3. 数组元素的存储

数组定义后就为数组中各元素在内存中分配了一片连续的存储单元，数组名就是这段连续存储单元的首地址。

一维整型数组 a[5]有 5 个元素，在数据在内存中的存放情况是连续的。假设数组从内存地址 2000 开始存放，则第 1 个元素 a[0]占据地址为 2000～2003 的 4 个字节，a[1]占据地址为 2004～2007 的 4 个字节，其他个元素依次顺序存放。整个数组占据地址为 2000～2019 共 20 个字节的连续空间。

一维字符数组 c[10]有 10 个元素，则数据在内存中占据 10 个字节的连续空间，例如内存地址从 2000～2009 的 10 个字节连续空间。

二维数组在概念上是二维的，就是说其下标在两个方向上变化，下标变量在数组中的位置也处于一个平面之中，而不是像一维数组只是一个向量。但是，实际的硬件存储器是连续编址的，也就是说存储单元是按一维线性排列的。在一维存储器上存放二维数组，有两种方式；一种是按行排列，即放完一行以后顺次放入下一行；另一种是按列排列，即放完一列以后顺次放入下一列。在 C 语言中。二维数组在内存中式是按行存储的，每行按序号由小到大顺序存储，然后各列再按序号由小到大顺序存储。可以把二维数组看作一种特殊的一维数组：它的元素又是一个一维数组。例如，对于 x[3][3]，可以把 x 看作一个一维数组，它有 3 个元素：x[0]、x[1]、x[2]，每个元素又是一个包含 3 个元素的一维数组。即把 x[0]、x[1]、x[2]看作 3 个一维数组的名字，如数组 x[0]又有 3 个元素：x[0][0]、x[0][1]、x[0][2]。

4．数值数组定义的注意事项

（1）在定义数组时，不能使用变量、函数或表达式，但可以使用直接常量、符号常量或常量表达式。如：

```
#define m 5
void main()
{
    int a[3+2],b[5+m];
    int n=5;
    int a[n];
    ……
}
```

（2）允许在同一个类型声明中，声明多个数组和变量。如：

```
int a,b[10],c[2][3];
```

（3）数组中的元素必须是同一个类型，不允许在同一数组中同时存放不同类型的数据。既然所有数组元素都属于某一类型，那么这个类型就是整个数组的类型。

6.3　数组的初始化

数组初始化赋值是指在数组定义时给数组元素赋初值。数组初始化是在编译阶段进行的，这样可减少运行时间，提高效率。

1．一维数值数组的初始化

初始化赋值的一般形式为：

类型声明符　数组名[常量表达式]={值,值……值};

其中在{ }中用逗号分隔的各数据值即为各元素的初值。例如:

```
int  a[10]={0,1,2,3,4,5,6,7,8,9};
```

相当于a[0]=0、a[1]=1、…、a[9]=9。

C 语言对数组的初始化赋值还有以下几点规定:

(1)可以只给部分元素赋初值。

当{ }中值的个数少于元素个数时,只给前面部分元素赋值,而后面剩余元素由系统自动赋 0 值。例如:

```
int  a[10]={1,2,3,4};
```

表示只给 4 个元素 a[0]~a[3]赋值,后面 6 个元素由系统自动赋 0 值。例如:

```
char c[10]={'c', '', 'p', 'r', 'o', 'g', 'r', 'a', 'm'};
```

表示只给数组 c 前 9 个元素 c[0]~c[8]赋值,而 c[9]未赋值,由系统自动赋值'\0'值。即 ASCII 码为 0 的字符。

(2)只能给元素逐个赋值,不能给数组整体赋值。

例如,给 10 个元素全部赋值为 1,只能写成:

```
int a[10]={1,1,1,,1,1,1,1,1,1,1};
```

不能写成:

```
int a[10]=1;
```

(3)如果给全部元素赋值,则在数组定义中,可以不给出数组元素的个数。例如:

```
int a[5]={1,2,3,4,5};
```

可写为:

```
int a[]={1,2,3,4,5};
```

例如:char str[] = {'a','b','c','d'},相当于 str[4],即 str 数组长度自动定为 4。

2. 二维数值数组的初始化

(1)二维数组可按行分段赋值,也可按行连续赋值。例如:

```
int a[3][3]={{1,2,3},{4,5,6}, {7,8,9}};       //按行分段赋值
int a[3][3]={1,2,3,4,5,6,7,8,9};              //按行连续赋值
```

(2)二维数组初始化赋值注意事项如下:

① 可以只对部分元素赋初值,未赋初值的元素自动取 0。

```
int a[3][3]={{1,2},{3}};
```

② 如对全部元素赋初值,则第 1 维的长度可以不给出。

```
int a[][3]={1,2,3,4,5,6,7,8,9};
```

(3)二维数组可以看作由一维数组嵌套而构成的,而一维数组的每个元素都又是一个数组,就组成了二维数组。当然,前提是各元素类型必须相同。根据这样的分析,一个二维数

组也可以分解为多个一维数组。C语言允许这种分解。如二维数组 a[3][4]，可分解为 3 个一维数组，其数组名分别为 a[0]、a[1]、a[2]。对这 3 个一维数组不需另行定义即可使用。这 3 个一维数组都有 4 个元素，例如，一维数组 a[0]的元素为 a[0][0]、a[0][1]、a[0][2]、a[0][3]。必须强调的是，a[0]、a[1]、a[2]不能当作下标变量使用，它们是数组名，不是一个单纯的下标变量。

6.4 数组元素的使用

数组定义以后，就可以使用数组元素了。数组元素是组成数组的基本单元，也是一种变量。数组元素的地位和作用与简单变量相当，两者都能用来存放一个数据。凡是简单变量出现的地方，均可使用数组元素(下标变量)。数组元素可以像普通变量一样被赋值、参与表达式计算、作为实参调用函数，也可以使用循环语句对多个元素进行批量操作。

1. 数组元素的表示形式

数组元素标识方法为数组名后跟下标，下标表示了元素在数组中的顺序。数组元素通常也称为下标变量。

1)数组元素的表示形式

(1)一维数组元素称为单下标变量，其表示形式为：

数组名[下标]

(2)二维数组元素也称为双下标变量，其表示形式为：

数组名[下标][下标]

其中下标只能为整型常量或整型表达式。如为小数时，C编译将自动对其取整。

2)使用数组元素注意事项

(1)下标变量和数组定义在形式上有些相似，但这两者具有完全不同的含义。数组定义的方括号中给出的是某一维的长度；而数组元素中的下标是该元素在数组中的位置标识。

例如：

```
int  x[5];          //定义含有5个整型数的一维数组x
x[5]=2;             //给x数组下标为5的元素赋值
```

再如：

```
int a[2][3];        //定义含有2行3列的二维整型数组a
t=a[2][3];          //将a数组第2行第3列的元素值赋给变量t
```

(2)定义时下标只能是常量，使用时下标可以是常量、变量或表达式。例如，a[5]、a[i]、a[j+1]都是合法的一维数组元素。

(3)使用数组元素时，数组名、类型和维数必须与定义数组时一致。如果定义的是二维数组，引用时必须给出两个下标。例如：

```
int  a[4][6];
x=a[2][3];          //正确
y=b[10];            //引用错误，应给出两个下标
```

(4) 使用数组元素时，下标值应该在建立数组时所指定的范围内。即下标不能小于0，也不能大于或等于数组定义时的下标。如：

```
int  s[20];
t=s[20];            //运行时将出现错误
```

2. 数组元素的赋值

对数值数组不能用赋值语句整体赋值、输入或输出，而必须对数组元素逐个操作。

1) 用赋值语句为单个元素赋值。

例如：

```
int a[5];
a[0]=1; a[1]=2; a[2]=3; a[3]=4; a[4]=5;      //分别对单个元素赋值
```

2) 通过循环语句为多个元素赋有规律的值

(1) 通过单重循环语句为一维数组的多个元素赋值。

例如：

```
int a[10];         //定义整型一维数组a
for(i=0;i<10;i++)
    a[i]=2*i+1;
```

(2) 通过双重循环语句为二维数组的多个元素赋值。

例如：

```
int b[2][3];       //定义整型二维数组b
for(i=0;i<2;i++)
    for(j=0;j<3;j++)
        b[i][j]=2*(i-1)+j;
```

3) 可以在程序执行过程中对数组作动态赋值

可用循环语句配合 scanf 函数逐个对数组元素赋值。

(1) 通过单重循环语句为一维数组的多个元素赋值。例如：

```
int i,a[6];
for (i=0; i<6; i++)
{
    printf("please input a[%d]: ",i);
    scanf("%d",&a[i]);
}
```

(2) 通过双重循环语句为二维数组的多个元素赋值。例如：

```
int a[3][3];
for (i=0; i<3; i++)
{
    for (j=0; j<3; j++)
    {
        printf("a[%d][%d]=",i,j);
        scanf("%d",&a[i][j]);
    }
}
```

3. 元素的输出

数组元素的输出可以用 printf 函数来实现。

【例 6-1】 程序代码如下:

```c
#include<stdio.h>
void main()
{
    int i,a[5];
    for(i=0;i<5;i++)
        a[i]=2*i+1;
    for(i=4;i>=0;i--)
        printf("%d",a[i]);
    printf("\n");
}
```

本例中用第 1 个循环语句给 a 数组元素送入奇数值,然后用第 2 个循环语句逆序输出各个奇数。程序运行结果如图 6-1 所示。

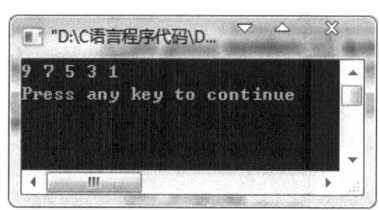

图 6-1 【例 6-1】程序运行结果

6.5 数值数组元素的常用操作

数组是具有相同类型的一组数据,在内存中连续存储。根据这一特点,分别讲解一维数值数组和二维数值数组的常用操作。

6.5.1 一维数组元素的常用操作

1. 计算数组元素的和与平均值

【例 6-2】 求数组元素的平均值。

程序代码如下:

```c
#include<stdio.h>
void main()
{
    int i,s=0,a[10];
    printf("input 10 numbers:\n");
    for(i=0;i<10;i++)
        scanf("%d",&a[i]);
```

```
        for(i=0;i<10;i++)
            s=s+a[i];
        printf("所有元素的平均值是：%5.1f\n",s/10.0);
}
```

程序运行结果如图 6-2 所示。

2. 求数组元素的最大值和最小值

【例 6-3】 求数组元素的最大值。

程序代码如下：

```
#include<stdio.h>
void main()
{   int i,max,a[10];
    printf("input 10 numbers:\n");
    for(i=0;i<10;i++) scanf("%d",&a[i]);
    max=a[0];
    for(i=1;i<10;i++)
        if(a[i]>max) max=a[i];
    printf("所有元素的最大值是：%d\n",max);
}
```

程序运行结果如图 6-3 所示。

图 6-2 【例 6-2】程序运行结果

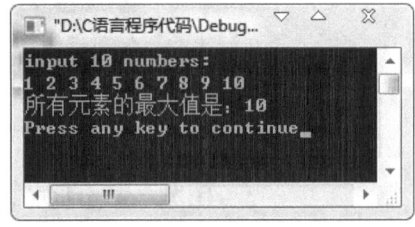

图 6-3 【例 6-3】程序运行结果

本例程序中第 1 个 for 语句逐个输入 10 个数到数组 a 中。然后把 a[0]送入 max 中。在第 2 个 for 语句中，从 a[1]到 a[9]逐个与 max 中的内容比较，若比 max 的值大，则把该下标变量送入 max 中，因此 max 总是在比较过的下标变量中为最大者。比较结束，输出 max 的值。

3. 数组元素的排序

【例 6-4】 用冒泡排序法将数组元素按照由小到大的顺序排序输出。

冒泡排序法的基本思想是：将相邻两个元素进行比较，第 1 轮：对给定的 n 个元素从头开始，两两比较，即将 a[0]与 a[1]比较，若 a[0]大于 a[1]，则将二者交换，保证 a[0]小于或等于 a[1]；再将 a[1]与 a[2]比较，若 a[1]大于 a[2]，则将二者交换，保证 a[1]小于或等于 a[2]；……；最后将 a[n−2]与 a[n−1]比较，若 a[n−2]大于 a[n−1]，则将二者交换，保证 a[n−2]小于或等于 a[n−1]。这样，就可以将最大的元素存入 a[n−1]中。第 2 轮：对剩余的 n−1 个元素从头开始，两两比较，将第 2 大的元素存入 a[n−2]。重复上述过程，第 i 轮：设 k=i，对剩余的 n−i+1 个元素从头开始，两两比较，将第 i 大的元素存入 a[n−i]。最后，第 n−1 轮：只需将 a[0]与 a[1] 比较即可，至此排序完成。

外循环用来控制比较的轮数，循环变量 i 由 0 变到 n–2，表示共进行 n–1 轮比较；内循环用来控制每轮比较的次数，循环变量 pi 由 0 变到 n–i–1，表示每轮进行 n–i 次比较。

程序代码如下：

```c
#include<stdio.h>
void main()
{   int i,pi,t,a[10];
    printf("input 10 numbers:\n");
    for(i=0;i<10;i++)
            scanf("%d",&a[i]);
        for(i=0;i<10-1;i++)
    for(pi=0;pi<10-i;pi++)
        if(a[pi]>a[pi+1])
            {t=a[pi];a[pi]=a[pi+1];a[pi+1]=t;  }
    printf("排序结果为:\n");
    for(i=0;i<10;i++)   printf("%d ",a[i]);
    printf("\n");
}
```

程序运行结果如图 6-4 所示。

【例 6-5】 用选择排序法将数组元素按由大到小的顺序打印出来。

选择排序法的基本思想是：先将指针 k 指向 0，将 a[k]依次与 a[1],…,a[n–1]比较，使 k 指向 n 个数中的最大者，然后将 a[k]与 a[0]互换；重复上述过程，第 i 次，设 k=i，将 a[k]与 a[i+1]～a[n–1]都比完后，将 a[k]与 a[i+1]～a[n–1]中值最大的那个元素互换。最后，第 n–1 次，k=n–2，只需与 a[n–1]比较即可，至此排序完成。

外循环用来控制比较的轮数，循环变量 i 由 0 变到 n–2，表示共进行 n–1 轮比较。k=i 的意思是：在第 1 轮中使 k 的初始值为 0，在第 2 轮中使 k 的值为 1……在比完每一轮后，都使 a[k]与 a[i]对换（当 k≠i 时交换，理由如前述）。

程序代码如下：

```c
#include<stdio.h>
void main()
{    int i,j,k,t,a[10];
    printf("input 10 numbers:\n");
    for(i=0;i<10;i++) scanf("%d",&a[i]);
    for(i=0;i<9;i++)
    {   k=i;
        for(j=i+1;j<10;j++) if(a[k]<a[j]) k=j;
        if(i!=k)
        { t=a[i];  a[i]=a[k];a[k]=t; }
    }
    for(i=0;i<10;i++)
        printf("%d ",a[i]);
    printf("\n");
}
```

程序运行结果如图 6-5 所示。

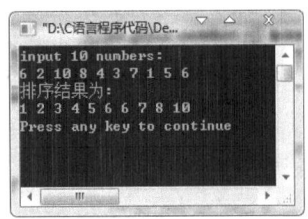
图 6-4 【例 6-4】程序运行结果

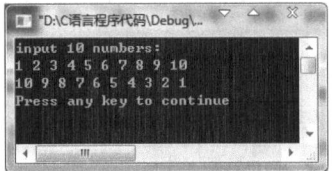
图 6-5 【例 6-5】程序运行结果

4. 数组元素的查找

【例 6-6】 查找数组元素的最大值及其所在位置。

程序代码如下：

```
#include<stdio.h>
void main()
{   int i,s,pi,a[10];
    printf("input 10 numbers:\n");
    for(i=0;i<10;i++)scanf("%d",&a[i]);
    s=a[0];pi=0;
    for(i=1;i<10;i++)  if(a[i]>s){s=a[i];pi=i;}
        printf("值最大的元素是：%d,位置是：第%d个数\n",s,pi+1);
}
```

程序运行结果如图 6-6 所示。

【例 6-7】 在数组中顺序查找值为 x 的元素，若找到则输出所在位置。

程序代码如下：

```
#include<stdio.h>
void main()
{   int i,x,a[10];
    printf("input 10 numbers:\n");
    for(i=0;i<10;i++)scanf("%d",&a[i]);
    printf("输入待查找的数:"); scanf("%d",&x);
    for(i=0;i<10;i++)
        if(x==a[i])
        {  printf("查找成功，%d在数组中的位置是：%d\n", x,i+1);
           break;
        }
    if(i>=10) printf("查找失败，%d不在数组中\n", x);
}
```

程序运行结果如图 6-7 所示。

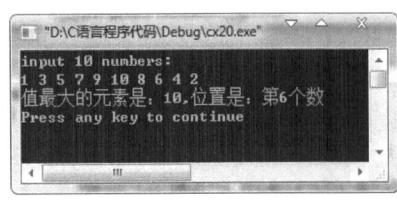
图 6-6 【例 6-6】程序运行结果

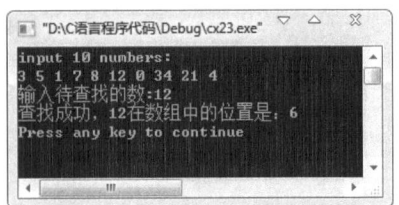
图 6-7 【例 6-7】程序运行结果

【例 6-8】 在升序数组中折半查找值为 x 的元素，若找到则输出所在位置。

折半查找的原理是：假设数组是递增的，并且被查找的数一定在数组中。先拿被查找数与数组中间的元素进行比较，如果被查找数大于元素值，则说明被查找数位于数组中的后面一半元素中。如果被查找数小于数组中间元素值，则说明被查找数位于数组中的前面一半元素中。

接下来，只考虑数组中包括被查找数的那一半元素。拿剩下这些元素的中间元素与被查找数进行比较，然后根据二者的大小，再去掉那些不可能包含被查找值的一半元素。这样，不断地减小查找范围，直到最后只剩下一个数组元素，那么这个元素就是被查找的元素。当然，也不排除某次比较时，中间的元素正好是被查找元素的情况。

程序代码如下：

```c
#include<stdio.h>
void main()
{   int i,x,l,h,m,a[10];
    printf("输入10个升序的数:\n");
    for(i=0;i<10;i++) scanf("%d",&a[i]);
    printf("输入待查找的数:"); scanf("%d",&x);
    l=0; h=9;
    do
    {   m=(l+h)/2;
        if(x==a[m])
        {printf("查找成功,%d 在数组中的位置是：%d\n",x,m+1);break;}
        else if(x>a[m])  l=m+1;
        else h=m-1;
    }while(l<=h);
    if(l>h) printf("查找失败,%d 不在数组中\n", x);
}
```

程序运行结果如图 6-8 所示。

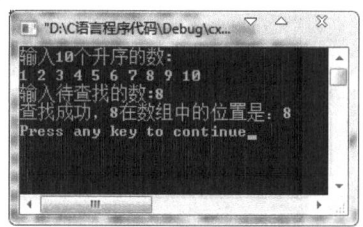

图 6-8 【例 6-8】程序运行结果

5. 数组元素的插入

【例 6-9】 将数据 s 插入升序数组中，保证插入后数组仍然是升序。

为了把一个数按大小插入已排好序的数组中，应首先确定排序是从大到小还是从小到大进行的。设排序是从小到大排序的，则可把欲插入的数与数组中各数逐个比较，当找到第 1 个比插入数大的元素 i 时，该元素之前即为插入位置。然后从数组最后一个元素开始到该元素为止，逐个后移一个单元(即从后开始向后移动)。最后把插入数赋给元素 i 即可。如果被插入数比所有的元素值都大则插入最后位置。

程序代码如下：

```
#include<stdio.h>
void main()
{   int i,j,x,a[11];
    printf("输入 10 个升序的数:\n");
    for(i=0;i<10;i++) scanf("%d",&a[i]);
    printf("输入待插入的数:");scanf("%d",&x);
    for(i=0;i<10;i++)
    if(x<a[i])
    {   for(j=9;j>=i;j--) a[j+1]=a[j];
        break;
    }
    a[i]=x;
    for(i=0;i<=10;i++) printf("%d ",a[i]);
    printf("\n");
}
```

程序运行结果如图 6-9 所示。

【例 6-10】 将数据 s 插入无序数组的第 pi 个位置上。

程序代码如下:

```
#include<stdio.h>
#include<stdlib.h>
void main()
{   int i,x,pi,a[11];
    printf("input 10 numbers:\n");
    for(i=0;i<10;i++) scanf("%d",&a[i]);
    printf("输入待插入的数,插入位置:");
    scanf("%d,%d",&x,&pi);
    if(pi<1||pi>11){printf("插入位置有误\n");exit(0);}
    for(i=9;i>=pi-1;i--) a[i+1]=a[i];
    a[pi-1]=x;
    for(i=0;i<=10;i++) printf("%d ", a[i]);
    printf("\n");
}
```

程序运行结果如图 6-10 所示。

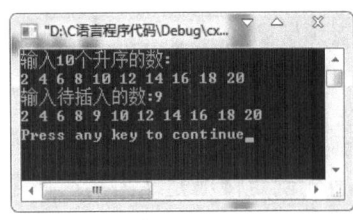 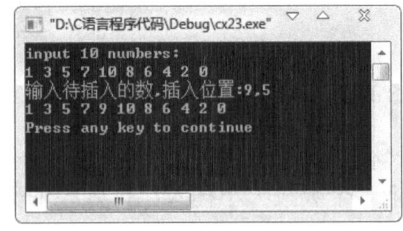

图 6-9 【例 6-9】程序运行结果　　图 6-10 【例 6-10】程序运行结果

6. 数组元素的删除

【例 6-11】 删除无序数组中第 pi 个位置上的数据元素。

方法是将从 pi+1 到最后位置上的所有元素依次向前移动一个位置。

程序代码如下：

```
#include<stdio.h>
#include<stdlib.h>
void main()
{   int i,pi,a[10];
    printf("input 10 numbers:\n");
    for(i=0;i<10;i++)scanf("%d",&a[i]);
    printf("输入待删除元素的位置:"); scanf("%d",&pi);
    if(pi<1||pi>10){printf("删除位置有误\n");exit(0);}
    for(i=pi;i<10;i++) a[i-1]=a[i];
    for(i=0;i<9;i++) printf("%d ", a[i]);
    printf("\n");
}
```

程序运行结果如图6-11所示。

【例6-12】 删除无序数组中值为x的数据元素。

程序代码如下：

```
#include<stdio.h>
#include<stdlib.h>
void main()
{   int i,pi,x,a[10];
    printf("input 10 numbers:\n");
    for(i=0;i<10;i++) scanf("%d",&a[i]);
    printf("输入待删除的数:"); scanf("%d",&x);
    for(i=0;i<10;i++)
        if(x==a[i])
    {  for(pi=i+1;pi<10;pi++) a[pi-1]=a[pi]; break;}
    if(i>=10) {printf("未找到待删除的元素%d\n",x);exit(0);}
    for(i=0;i<10;i++) printf("%d ",a[i]);
    printf("\n");
}
```

程序运行结果如图6-12所示。

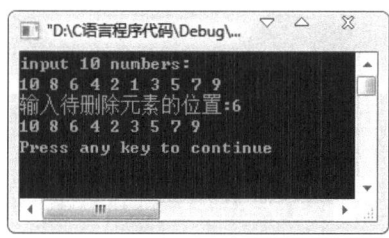 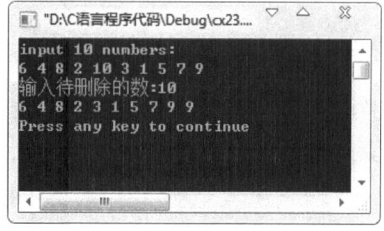

图6-11 【例6-11】程序运行结果　　图6-12 【例6-12】程序运行结果

7. 数组元素的逆序存储

【例6-13】 将无序数组按照相反的顺序存储(可以借助另外一个单元)。

程序代码如下：

```
#include<stdio.h>
```

```
void main()
{   int i,t,a[10];
    printf("input 10 numbers:\n");
    for(i=0;i<10;i++) scanf("%d",&a[i]);
    for(i=0;i<10/2;i++){t=a[9-i];a[9-i]= a[i];a[i]=t;}
    printf("output 10 numbers:\n");
    for(i=0;i<9;i++) printf("%d ",a[i]);
    printf("\n");
}
```

程序运行结果如图 6-13 所示。

【例 6-14】 将无序数组按照相反的顺序输出(可以借助另外一个数组)。

程序代码如下：

```
#include<stdio.h>
void main()
{   int i,t,a[10],b[10];
    printf("input 10 numbers:\n");
    for(i=0;i<10;i++) scanf("%d",&a[i]);
    printf("output 10 numbers:\n");
    for(i=0;i<10;i++){b[i]=a[9-i];printf("%d ",b[i]);}
    printf("\n");
}
```

程序运行结果如图 6-14 所示。

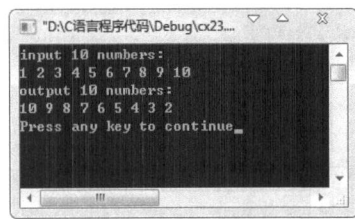 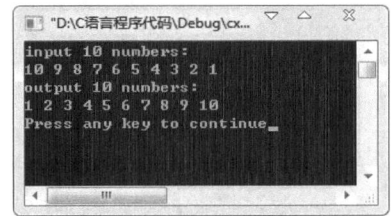

图 6-13 【例 6-13】程序运行结果　　　图 6-14 【例 6-14】程序运行结果

6.5.2 二维数组元素的常用操作

1. 查找

【例 6-15】 有一个 n×m 的矩阵，要求找出其中值最大的那个元素所在的行号和列号，以及该元素之值。设该矩阵为：

$$t = \begin{bmatrix} 8 & 10 & 25 & 8 \\ 0 & 19 & 70 & 31 \\ 18 & 5 & 3 & 65 \end{bmatrix}$$

解题思路：先思考一下在打擂台时怎样确定最后的优胜者。先找出任意一个人站在台上，第 2 个人上去与之比武，胜者留在台上。再上去第 3 个人，与台上的人(即刚才的得胜者)比武，胜者留在台上，败者下台。以后每一个人都是与当时留在台上的人比武。直到所有人都上台比过为止，最后在台上的就是冠军。这就是"打擂台算法"。

解本题也是用"打擂台算法"。先让 t[0][0]作"擂主",把它的值赋给变量 max,max 用来存放当前已知最大值,在开始时还未进行比较,把最前面的元素认为是当前最大的。然后让下一个元素 t[0][1]与 max 比较,如果 t[0][1]>max,则表示 t[0][1]是已经比过的数据中值最大的,把它的值赋给 max,取代了 max 的原值。以后依次处理,值最大的赋给 max。直到全部比完后,max 就是最大的值。

程序代码如下:

```c
#include<stdio.h>
void main()
{   int i,j,row=0,colum=0,max,t[3][4];
    printf("请输入3行4列数组元素:\n");
    for(i=0;i<3;i++)
        for(j=0;j<4;j++)
            scanf("%d",&t[i][j]);
    max=t[0][0];
    for(i=0;i<3;i++)
        for(j=0;j<4;j++)
            if(t[i][j]>max)
            {
                max=t[i][j];
                row=i;
                colum=j;
            }
    printf("The martrix is:\n");
    for(i=0;i<3;i++)
    {
        for(j=0;j<4;j++)
            printf("%d\t",t[i][j]);
        printf("\n");
    }
    printf("The largest number is:t[%d,%d]=%d\n",row,colum,max);
}
```

程序运行结果如图 6-15 所示。

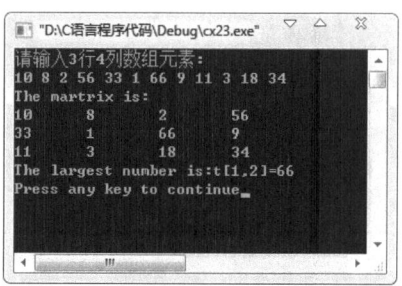

图 6-15 【例 6-15】程序运行结果

2. 计算

【例 6-16】 计算 n×m 的矩阵的所有元素的平均值。

程序代码如下：

```
#include<stdio.h>
void main()
{   int i,j,s=0,t[3][4];
    printf("请输入3行4列数组元素:\n");
    for(i=0;i<3;i++)
        for(j=0;j<4;j++)
        {
            scanf("%d",&t[i][j]);
            s=s+t[i][j];
        }
    printf("The martrix is:\n");
    for(i=0;i<3;i++)
    {
        for(j=0;j<4;j++)
            printf("%d\t",t[i][j]);
        printf("\n"); }
    printf("所有元素的平均值是：%5.1f\n",s/12.0);
}
```

程序运行结果如图6-16所示。

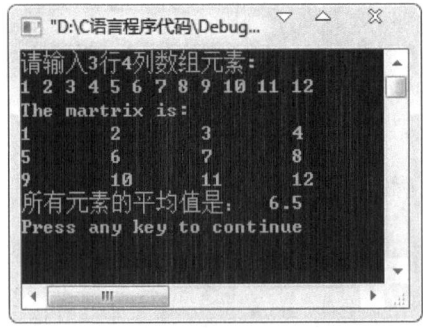

图6-16 【例6-16】程序运行结果

【例6-17】 计算m×m的方阵的对角线所有元素的和。

程序代码如下：

```
#include<stdio.h>
void main()
{   int i,j,s=0,t[3][3];
    printf("请输入3行3列数组元素:\n");
    for(i=0;i<3;i++)
        for(j=0;j<3;j++)
        {
            scanf("%d",&t[i][j]);
            if(i==j||i+j==2)
                s=s+t[i][j]; }
    printf("The martrix is:\n");
    for(i=0;i<3;i++)
```

```
        {
            for(j=0;j<3;j++)
                printf("%d\t",t[i][j]);
            printf("\n");}
        printf("对角线上元素之和是：%d\n",s);
}
```

程序运行结果如图 6-17 所示。

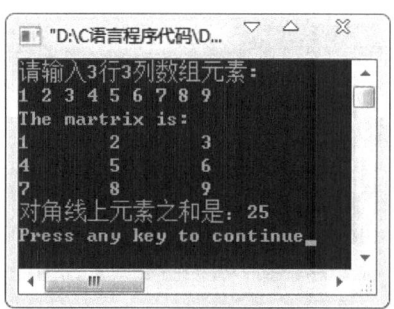

图 6-17　【例 6-17】程序运行结果

3. 转置

【例 6-18】 矩阵转置（借助另外一个数组）。矩阵是由 N 行 M 列数值组成的特殊数据形式，矩阵的转置是指行列数据交换(即沿对角线反转，即将一个矩阵的行和列互换)。例如：

解题思路：可以定义两个数组，数组 a 为 2 行 3 列，存放制定的 6 个数；数组 b 为 3 行 2 列，开始时未赋值。只要将 a 数组中的元素 a[i][j]存放到 b 数组中的 b[j][i]元素中即可。用嵌套 for 循环即可完成此操作。

程序代码如下：

```
#include<stdio.h>
void main()
{   int i,j,a[2][3],b[3][2];
    printf("请输入2行3列数组元素:\n");
    for(i=0;i<2;i++)
        for(j=0;j<3;j++)
        {
            scanf("%d",&a[i][j]);
            b[j][i]=a[i][j];}
    printf("The a matrix is:\n");
    for(i=0;i<2;i++)
    {
        for(j=0;j<3;j++)
            printf("%d\t",a[i][j]);
        printf("\n");
    }
    printf("The b matrix is:\n");
    for(i=0;i<3;i++)
    {
```

```
        for(j=0;j<2;j++)
            printf("%d\t",b[i][j]);
            printf("\n");
    }
}
```

程序运行结果如图 6-18 所示。

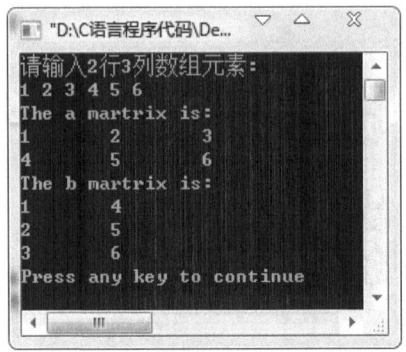

图 6-18 【例 6-18】程序运行结果

【例 6-19】 矩阵转置。将一个 n×m 的矩阵的行和列互换(借助另外一个单元)。
程序代码如下:

```
#include<stdio.h>
void main()
{   int i,j,t,a[3][3];
    printf("请输入2行3列数组元素:\n");
    for(i=0;i<2;i++)
        for(j=0;j<3;j++)
            scanf("%d",&a[i][j]);
    printf("源数组:\n");
    for(i=0;i<2;i++)
    {   for(j=0;j<3;j++)
            printf("%d\t",a[i][j]);
        printf("\n");
    }
    for(i=0;i<2;i++)
        for(j=i;j<=3-i;j++)
        {
            t=a[i][j];
            a[i][j]=a[j][i];
            a[j][i]=t;
        }
    printf("转置数组:\n");
    for(i=0;i<3;i++)
    {
        for(j=0;j<2;j++)
            printf("%d\t",a[i][j]);
```

```
        printf("\n");  }
}
```

注意，一对元素只能互换一次。

程序运行结果如图6-19所示。

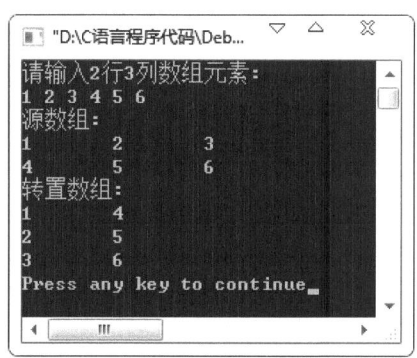

图6-19 【例6-19】程序运行结果

6.6 数值数组的应用举例

6.6.1 一维数组程序举例

【**例6-20**】 斐波那契(Fibonacci)数列(第1、第2个数是1，从第3个数起，该数是其前面2个数之和)。

分析：如果不知道前面2个数就推不出第3个数。只有知道第2、第3个数才能推出第4个数……这种算法称为递推，即从前面的结果推出后面的结果。解决递推问题必须具备两个条件：初始条件和递推公式。

在本题中，初始条件为：$f_1=f_2=1$。

递推公式为：$f_n=f_{n-1}+f_{n-2}$。

合起来可以表示如下：

$$f_n = \begin{cases} 1 & (当n \leq 2) \\ f_n = f_{n-1} + f_{n-2} & (当n > 2) \end{cases}$$

程序代码如下：

```
#include<stdio.h>
void main()
{
    int i,f[20];
    f[0]=f[1]=1;
    for(i=2;i<20;i++)
        f[i]=f[i-1]+f[i-2];
    printf("output 20 numbers:\n");
    for(i=0;i<20;i++)
```

```
        printf("%d ",f[i]);
    printf("\n");
}
```

程序运行结果如图 6-20 所示。

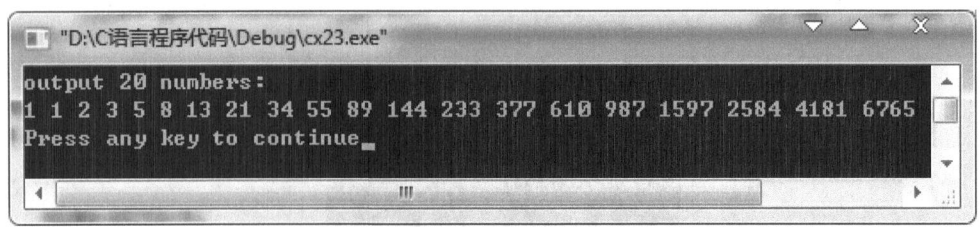

图 6-20 【例 6-20】程序运行结果

【例 6-21】 输入 n 个学生的学号和成绩，要求输出平均成绩和高于平均分的学生的学号和成绩。

由于要处理的对象是 n 个学生学号和 n 个学生的成绩，因此要设立两个数组：一个是学号数组 num，一个是成绩数组 score。第 1 个学生的学号为 num[0]，第 1 个学生的成绩为 score[0]，其余类推。

程序代码如下：

```
#include<stdio.h>
void main()
{
    int i,sum=0,num[5],score[5];
    float aver;
    for(i=0;i<5;i++)
    {
        printf("请输入第%d个学生学号:",i+1);
        scanf("%d",&num[i]);
        printf ("请输入%d个学生成绩:",i+1);
        scanf("%d",&score[i]);
        sum=sum+score[i];
    }
    aver=sum/5.0;
    printf("aver =%5.1f\n", aver);
    printf("The score are greater than average:\n");
    printf("num,score\n");
    for(i=0;i<5;i++)
        if(score[i]>aver)
            printf("%d,%d\n",num[i],score[i]);
}
```

程序运行结果如图 6-21 所示。

【例 6-22】 输出杨辉三角形。

杨辉三角的两侧全部是 1，中间的每个数是其左上方和右上方两个数之和。

程序代码如下:

```c
#include<stdio.h>
void main()
{   int i,j,a[7][7]={{1},{1},{1},{1},{1},{1},{1}};
    for(i=1;i<7;i++)
    for(j=1;j<=i;j++)
        if(i==j)
            a[i][j]=1;
        else
            a[i][j]=a[i-1][j-1]+a[i-1][j];
    for(i=0;i<7;i++)
    {
        for(j=1;j<=12-2*i;j++)
            printf(" ");
        for(j=0;j<=i;j++)
            printf("%4d",a[i][j]);
        printf("\n");
    }
}
```

程序运行结果如图 6-22 所示。

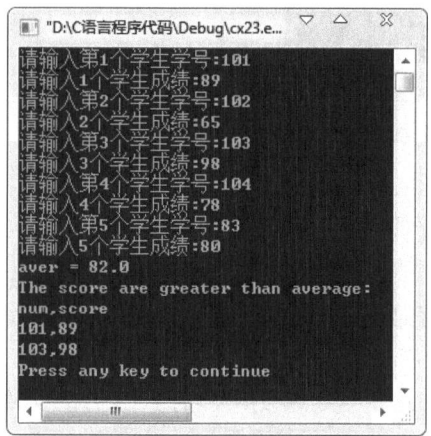

图 6-21 【例 6-21】程序运行结果

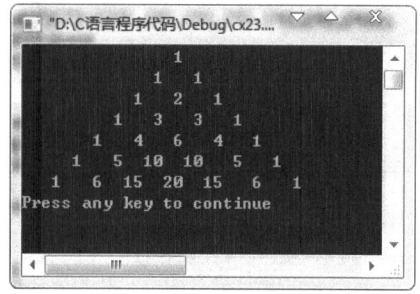

图 6-22 【例 6-22】程序运行结果

6.6.2 二维数组程序举例

【例 6-23】 在二维数组 a 中选出各行最大的元素组成一个一维数组 b。

程序代码如下:

```c
#include<stdio.h>
void main()
{   int a[][4]={3,16,87,65,4,32,11,108,10,25,12,27};
    int b[3],i,j,max;
    for(i=0;i<=2;i++)
    {
        max=a[i][0];
```

```
        for(j=1;j<=3;j++)
            if(a[i][j]>max)
                max=a[i][j];
        b[i]=max;
    }
    printf("array a:\n");
    for(i=0;i<=2;i++)
    {   for(j=0;j<=3;j++) printf("%5d",a[i][j]);
    printf("\n");}
    printf("array b:\n");
    for(i=0;i<=2;i++) printf("%5d",b[i]);
    printf("\n");
}
```

程序运行结果如图 6-23 所示。

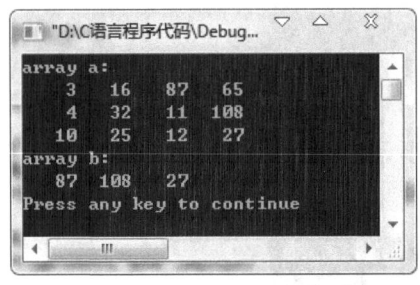

图 6-23 【例 6-23】程序运行结果

6.7 字符数组的使用

字符型数据是以字符的 ASCII 代码存储在存储单元中的，一般占一个字节。由于 ASCII 代码也属于整数形式，因此在 C99 标准中，把字符类型归纳为整数类型中的一种。

由于字符数据的应用较广泛，尤其是作为字符串形式使用，有其自己的特点。C 语言中没有字符串类型，字符串是存放在字符数组中的，通常用一个字符数组来存放一个字符串。

6.7.1 字符串和字符串结束标志

字符串总是以"\0"作为串的结束符。因此当把一个字符串存入一个数组时，也把结束符"\0"存入数组，并以此作为该字符串是否结束的标志。有了"\0"标志后，就不必再用字符数组的长度来判断字符串的长度了。

C 语言允许用字符串的方式对数组作初始化赋值。例如：

```
    char c[]={"c program"};
```

可写为：

```
    char c[]="c program";
```

用字符串方式赋值比用字符逐个赋值要多占一个字节,用于存放字符串结束标志"\0"。"\0"是由 C 编译系统自动加上的。由于采用了"\0"标志,所以在用字符串赋初值时一般无需指定数组的长度,而由系统自行处理。

6.7.2 字符数组的输入输出

(1)在 scanf 函数和 printf 函数中使用格式字符串"%c",给一个字符数组逐个地输入输出字符。

【例 6-24】 printf 函数和 scanf 函数中使用格式字符串"%c",给一个字符数组逐个地输出输入字符。

程序代码如下:

```
#include<stdio.h>
void main()
{   int i;
    char c[5];         //定义字符型数组 c
    for(i=0; i<5; i++)
        scanf("%c",&c[i]);
    for(i=0; i<5; i++)
        printf("%c\t",c[i]);
    printf("\n");
}
```

程序运行结果如图 6-24 所示。

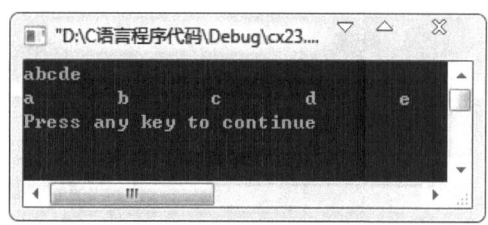

图 6-24　【例 6-24】程序运行结果

(2)可以在 scanf 函数和 printf 函数中使用格式字符串"%s",使一个字符数组一次性地输入输出一个字符串,而不必使用循环语句逐个地输入输出每个字符。

【例 6-25】在 scanf 函数和 printf 函数使用格式字符串"%s",在输入输出表列中只给出数组名则可,既不需要后加"[]",也不需要前加"&",因为数组名就是数组的首地址。

程序代码如下:

```
#include<stdio.h>
void main()
{   char s[15];
    printf("input string:\n");
    scanf("%s",s);
    printf("%s\n",s);
}
```

程序运行结果如图 6-25 所示。

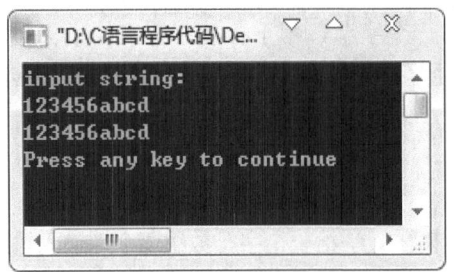
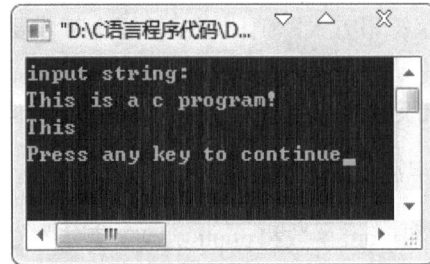

图 6-25　【例 6-25】程序运行结果

6.7.3　字符串处理函数

1. 字符串输出函数 puts()

1) 格式

```
puts(字符数组名)
```

2) 功能

把字符数组中的字符串输出到显示器，即在屏幕上显示该字符串。

【例 6-26】puts 函数应用。

程序代码如下：

```
#include"stdio.h"
void main()
{   int i=0;
    char s[]="java2\n ";
    while(s[i]!='\0')
        printf("%c",s[i++]);
    printf("%s ",s);
    puts(s);
}
```

程序运行结果如图 6-26 所示。从程序中可以看出 3 种功能输出的字符串是一致的，但 puts 函数会自动输出回车换行。puts 函数完全可以由 printf 函数取代。当需要按一定格式输出时，通常使用 printf 函数，其中"%c"格式控制逐个字符输出，"%s"格式控制整串输出字符串。

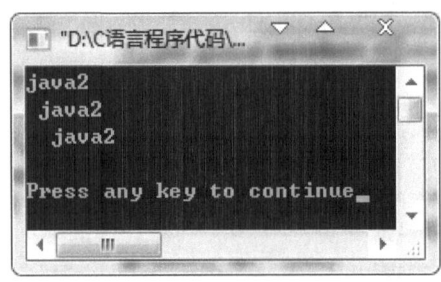

图 6-26　【例 6-26】程序运行结果

2. 字符串输入函数 gets()

1) 格式

```
gets(字符数组名)
```

2) 功能

从标准输入设备键盘上输入一个字符串。本函数得到一个函数值，即为该字符数组的首地址。

【例 6-27】 gets 函数应用。

程序代码如下：

```
#include"stdio.h"
void main()
{   char st[15];
    printf("input string:\n");
    gets(st);
    puts(st);
}
```

程序运行结果如图 6-27 所示。可以看出，当输入的字符串中含有空格时，输出仍为全部字符串。说明 gets 函数并不以空格作为字符串输入结束的标志，而只以回车符作为输入结束。这是与 scanf 函数不同的。

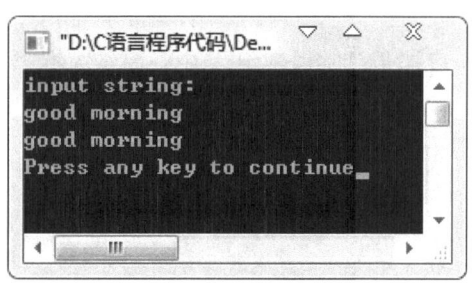

图 6-27　【例 6-27】程序运行结果

3. 字符串连接函数 strcat()

1) 格式

```
strcat(字符数组名 1,字符数组名 2)
```

2) 功能

把字符数组 2 中的字符串连接到字符数组 1 中字符串的后面，并删去字符串 1 后的串标志"\0"。本函数返回值是字符数组 1 的首地址。

【例 6-28】 strcat 函数应用。

程序代码如下：

```
#include<stdio.h>
#include"string.h"
void main()
```

```
{   char st1[30]="my name is ";
    char st2[10];
    printf("input your name:\n");
    gets(st2);
    strcat(st1,st2);
    puts(st1);
}
```

程序运行结果如图 6-28 所示。本程序把初始化赋值的字符数组与动态赋值的字符串连接起来。要注意的是，字符数组 1 应定义为足够的长度，否则不能全部装入被连接的字符串。

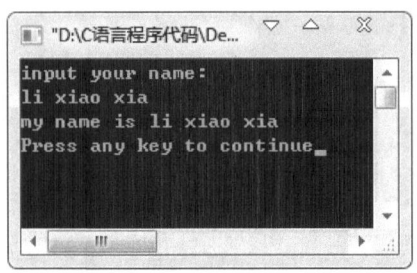

图 6-28　【例 6-28】程序运行结果

4. 字符串拷贝函数 strcpy()

1) 格式

strcpy(字符数组名 1,字符数组名 2)

2) 功能

把字符数组 2 中的字符串拷贝到字符数组 1 中。串结束标志"\0"也一同拷贝。字符数组 2 中原有的字符被覆盖。

【例 6-29】 strcpy 函数应用。

程序代码如下：

```
#include<stdio.h>
#include"string.h"
void main()
{   char st1[15],st2[]="java2";
    strcpy(st1,st2);
    puts(st1);
}
```

程序运行结果如图 6-29 所示。本函数要求字符数组 1 应有足够的长度，否则不能全部存储所拷贝的字符串。字符数组名 2 也可以是一个字符串常量，这时相当于把一个字符串赋给一个字符数组。

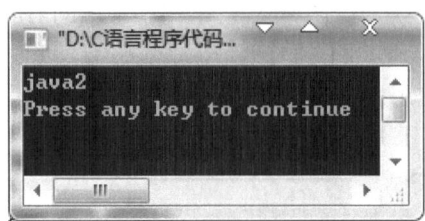

图 6-29　【例 6-29】程序运行结果

5. 字符串比较函数 strcmp()

1）格式

```
strcmp(字符数组名1,字符数组名2)
```

2）功能

按照 ASCII 码顺序比较两个数组中的字符串，并返回比较结果。若字符串 1==字符串 2，返回值==0；若字符串 1>字符串 2，返回值>0；若字符串 1<字符串 2，返回值<0。本函数也可用于比较两个字符串常量，或比较字符数组和字符串常量。

【例 6-30】 strcmp 函数应用。

程序代码如下：

```c
#include<stdio.h>
#include"string.h"
void main()
{   int k;
    static char st1[15],st2[]="c language";
    printf("input a string:\n");
    gets(st1);
    k=strcmp(st1,st2);
    if(k==0) printf("st1=st2\n");
    if(k>0) printf("st1>st2\n");
    if(k<0) printf("st1<st2\n");
}
```

程序运行结果如图 6-30 所示。本程序把输入的字符串和数组 st2 中的串比较，比较结果返回 k 中，根据 k 值再输出结果提示串。当输入为"program"时，由 ASCII 码可知，"program"大于"c language"，故 k>0，输出结果 st1>st2。

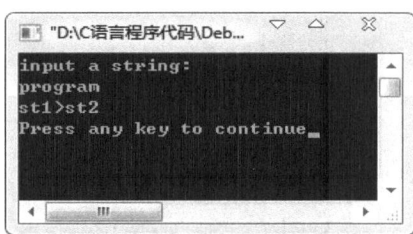

图 6-30 【例 6-30】程序运行结果

6. 测字符串长度函数 strlen()

1）格式

```
strlen(字符数组名)
```

2）功能

返回字符串的实际长度（不含"\0"）。

【例 6-31】 strlen 函数应用。

程序代码如下：

```
#include<stdio.h>
#include"string.h"
void main()
{   int k;
    static char st[]="c language";
    k=strlen(st);
    printf("the lenth of the string is %d\n",k);
}
```

程序运行结果如图 6-31 所示。

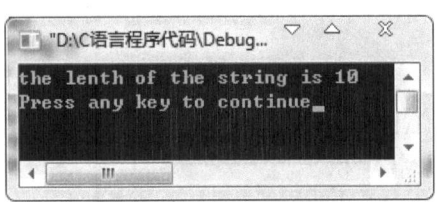

图 6-31 【例 6-31】程序运行结果

6.8 程 序 举 例

【例 6-32】 输入 5 个国家的名称，按字母顺序排列输出。

本题编程思路如下：5 个国家名应由一个二维字符数组来处理。然而 C 语言规定可以把一个二维数组当成多个一维数组处理。因此本题又可以按 5 个一维数组处理，而每一个一维数组就是一个国家名字符串。用字符串比较函数比较一维数组的大小，并排序，输出结果即可。

程序代码如下：

```
#include<stdio.h>
void main()
{   char st[20],cs[5][20];
    int i,j,p;
    printf("input country's name:\n");
    for(i=0;i<5;i++)
        gets(cs[i]);
    printf("output sorted country's name:\n");
    for(i=0;i<5;i++)
{       p=i;
        strcpy(st,cs[i]);
        for(j=i+1;j<5;j++)
            if(strcmp(cs[j],st)<0)
            {   p=j;
                strcpy(st,cs[j]);}
        if(p!=i)
        {   strcpy(st,cs[i]);
            strcpy(cs[i],cs[p]);
            strcpy(cs[p],st);
        }
```

```
            puts(cs[i]);
        }
}
```

程序运行结果如图 6-32 所示。

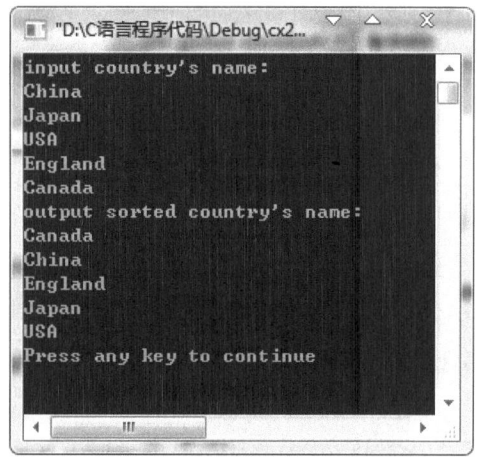

图 6-32 【例 6-32】程序运行结果

本程序的第 1 个 for 语句中，用 gets 函数输入 5 个国家名字符串。C 语言允许把一个二维数组按多个一维数组处理。本程序定义的二维字符数组 cs[5][20]，可分为 5 个一维数组 cs[0]、cs[1]、cs[2]、cs[3]、cs[4]，因此，在 gets 函数中使用 cs[i]是合法的。在第 2 个 for 语句中又嵌套了一个 for 语句组成双重循环，这个双重循环完成按字母顺序排序的工作。在外层循环中把字符数组 cs[i]中的国家名字符串拷贝到数组 st 中，并把下标 i 赋给 p。进入内层循环后，把 st 与 cs[i]以后的各字符串进行比较，若有比 st 小者则把该字符串拷贝到 st 中，并把其下标赋给 p。内循环完成后如 p 不等于 i，说明有比 cs[i]更小的字符串出现，因此交换 cs[i]和 st 的内容。至此，已确定了数组 cs 的第 i 号元素的排序值，然后输出该字符串。在外循环全部完成以后，即完成全部排序和输出。

6.9 本章易出错问题

(1)数组元素通常也称为下标变量。必须先定义数组，才能使用下标变量。在 C 语言中只能逐个地使用下标变量，而不能一次引用整个数组。

例如，输出有 10 个元素的数组，必须使用循环语句逐个输出各下标变量：

```
for(i=0; i<10; i++)
printf("%d",a[i]);
```

而不能用一个语句输出整个数组。
下面的写法是错误的：

```
printf("%d",a);
```

(2)数组不能动态定义，例如：

```
int n;
```

```
int a[n];              //这种定义方式也是错误的
```

(3) 如果用"int a[10];"定义数组,则最大下标值为 9,不存在数组元素 a[10]。下面是常见错误。

```
for(i=1;i<=10;i++)
    a[i]=i;
for(i=10;i>=1;i--)
    printf("%d",a[i]);
```

(4) 定义数组时用到的"数组名[常量表达式]"和引用数组元素时用的"数组名[下标]"形式相同,但含义不同。例如:

```
int a[10];             //这里的 a[10]表示的是定义数组时指定数组包含 10 个元素
t=a[6];                //这里的 a[6]表示引用 a 数组中序号为 6 的元素
```

(5) Scanf 函数中的输入项如果是字符数组名,不要再加地址符&,因为在 C 语言中数组名代表该数组的起始地址。下面的写法不正确:

```
scanf("%s",&str);      //str 前面不应加&
```

6.10 本章小结

数组分为一维数组和多维数组,将其存储方式用表格表示就会一目了然,其实就是把相同类型的变量有序地放在一起。因此,在处理比较多的数据时(这也是大多数的情况)数组的应用范围是非常广的。

具体的实际应用不便举例,而且绝大多数是与指针相结合的,学习数组在更大程度上是为学习指针做一个铺垫。作为基础的基础要明白几种基本操作:即数组赋值、打印、排序(冒泡排序法和选择排序法)、查找。这些都不可避免地用到循环,如果觉得反应不过来,可以先一点点地把循环展开,就会越来越熟悉,以后自己编写一个功能的时候就会先找出内在规律,较好地运用了。另外数组做参数时,一维的[]里可以是空的,二维的第 1 个[]里可以是空的,但是第 2 个[]中必须规定大小。本章的重点是一维数组、二维数组和字符数组的定义、初始化、元素引用,字符串处理函数的使用。本章的难点是字符串与字符数组的区别,指针数组和数组元素的指针法引用。

冒泡法排序函数:

```
void bubble(int a[],int n)
{
    int i,j,k;
    for(i=1,i<n;i++)
        for(j=0;j<n-i-1;j++)
        if(a[j]>a[j+1])
        {
            k=a[j]; a[j]=a[j+1]; a[j+1]=k;
        }
}
```

选择法排序函数：
```
void sort(int a[],int n)
{
    int i,j,k,t;
    for(i=0;i<n-1;i++)
    {
        k=i;
        for(j=i+1;j<n;j++)
            if(a[k]<a[j]) k=j;
        if(k!=i)
        {
            t=a;
            a=a[k];
            a[k]=t;
        }
    }
}
```

折半查找函数(原数组有序)：
```
void search(int a[],int n,int x)
{
    int left=0,right=n-1,mid,flag=0;
    while((flag==0)&&(left<=right))
    {
        mid=(left+right)/2;
        if(x==a[mid])
        {
            printf("%d%d",x,mid);
            flag =1;
        }
        else if(x<a[mid]) right=mid-1;
        else left=mid+1;
    }
}
```

相关常用的算法还有判断回文求阶乘、Fibonacci 数列、任意进制转换、杨辉三角形计算等。

字符串其实就是一个数组(指针)，在 scanf 的输入列中是不需要在前面加"&"符号的，因为字符数组名本身即代表地址。值得注意的是，字符串末尾的''，如果没有的话，字符串很有可能会打印不正常。另外就是字符串的定义和赋值问题了。

注：对字符串是不允许做==或!=的运算的，只能用字符串比较函数。

练习题

一、单项选择题

1. 以下定义语句中，错误的是(　　)。
   (A) int a[]={1,2};　　　　　　(B) char *a[3];
   (C) char s[10]="test";　　　　(D) int n=5,a[n];

2. 以下能正确定义二维数组的是( )。
   (A) int a[][3];　　　　　　　　　　(B) int a[][3]={2*3};
   (C) int a[][3]={};　　　　　　　　 (D) int a[2][3]={{1},{2},{3,4}};
3. 以下程序的输出结果是( )。
   (A) 1 5 9　　　　　　　　　　　　 (B) 1 4 7
   (C) 3 5 7　　　　　　　　　　　　 (D) 3 6 9

   ```
   main()
   {   int i,x[3][3]={1,2,3,4,5,6,7,8,9};
       for(i=0;i<3;i++) printf("%d ",x[i][2-i]);
   }
   ```

4. 有以下程序，执行后输出结果是( )。

   ```
   main()
   {   int x[8]={8,7,6,5,0},*s;
       s=x+3;
       printf("%d ",s[2]);
   }
   ```

   (A) 随机值　　　　　　　　　　　　(B) 0
   (C) 5　　　　　　　　　　　　　　　(D) 6

5. 若有定义 int a[][3]={1,2,3,4,5,6,7,8};,则 a 数组的行数为( )。
   (A) 3　　　　　　　　　　　　　　 (B) 2
   (C) 确定值　　　　　　　　　　　　(D) 1

6. 下列描述中不正确的是( )。
   (A) 字符型数组中可以存放字符串
   (B) 可以对字符串进行整体输入、输出
   (C) 可以对整型数组进行整体输入、输出
   (D) 不能在赋值语句中通过赋值运算符"="对字符型数组进行整体赋值

7. 运行下列程序的输出结果是( )。

   ```
   main()
   {   int a[]={1,2,3,4,5},i,*p=a+2;
       printf("%d", p[1]-p[-1]);
   }
   ```

   (A) 出错，因下标不能为负值　　　　(B) 2
   (C) 1　　　　　　　　　　　　　　　(D) 3

8. 以下 printf 语句的输出结果是( )。

   ```
   printf("%d\n", strlen("school"));
   ```

   (A) 7　　　　　　　　　　　　　　 (B) 6
   (C) 存在语法错误　　　　　　　　　(D) 不定值

9. 若有语句: char s1[10], s2[10]="books";,则能将字符串 books 赋给数组 s1 的语句是( )。
   (A) s1="books";　　　　　　　　　 (B) strcpy(s1, s2);

(C) s1=s2;　　　　　　　　　　　　　　(D) strcpy(s2, s1);

10. 以下语句或语句组中，能正确进行字符串赋值的是(　　)。
　　(A) char　*sp;　*sp="right!";　　　(B) char s[10];　s="right!";
　　(C) char　s[10];　*s="right!";　　　(D) char　*sp="right!";

二、程序分析题(阅读程序，写出运行结果)

1. 以下程序运行结果是_____。

```
main()
{   int x[6],a=0,b,c=14;
    do
    {   x[a]=c%2;a++;c=c/2;}while(c>=1);
    for(b=a-1;b>=0;b--)
        printf("%d ", x[b]);
    printf("\n");
}
```

2. 以下程序运行结果是_____。

```
main()
{   int i,n[6]={0};
    for(i=1;i<=4;i++)
    {   n[i]=n[i-1]*2+1;
        printf("%d ",n[i]);
    }
}
```

3. 以下程序运行结果是_____。

```
#include <stdio.h>
#include <string.h>
main()
{   char c='a',t[]="you and me";
    int n,k,j;
    n=strlen(t);
    for(k=0;k<n;k++)
        if(t[k]==c) {j=k;break;}
        else j=-1;
    printf("%d", j);
}
```

4. 以下程序运行结果是_____。

```
#include <stdio.h>
main()
{   char str1[20]="China\0USA", str2[20]="Beijing";
    int i, k, num;
    i=strlen(str1); k=strlen(str2);
    num=i<k?i:k;
    printf("%d\n", num);
}
```

5. 以下程序运行结果是_____。

```c
#include <stdio.h>
main()
{   static int a[]={1,3,5,7};
    int *p[3]={a+2,a+1,a};
    int **q=p;
    printf("%d\n",*(p[0]+1)+**(q+2));
}
```

三、程序填空题

1. 下面程序的功能是将字符数组 a 中下标值为偶数的元素从小到大排列,其他元素不变。请填空。

```c
#include <stdio.h>
#include <string.h>
main()
{   char a[]="clanguage",t;
    int i,j,k; k=strlen(a);
    for(i=0;i<=k-2;i+=2)
        for(j=i+2;j<k;       ①       )
            if(       ②       )
            {t=a[i];a[i]=a[j];a[j]=t;}
    puts(a); printf("\n");
}
```

2. 下列程序的功能是在字符串 s 中找出与字符串 t 相同的子串的个数。请填空。

```c
#include <stdio.h>
main()
{   char s[]="fabcdabgabt",t[]="ab",*p,*q,*r; int n;
    n=0;q=s;
    while(*q)
    { p=q;r=t;
      while(*r)
        if(       ③       )
        { r++; p++;}
        else break;
      if(       ④       ) n++;
      q++;
    }
    printf("\nThe result is: n=%d\n",n);
}
```

3. 下面程序的功能是把给定的字符按其矩阵格式读入数组 str 中,并输出行号与列号之和为 3 的数组元素。请填空。

```c
main( )
{   char str[4][3]={'A','b','C','d','E','f','G','h','I','j','K','l'};
    int x,y,z;
```

```
        for(x=0;x<4;x++)
         for (y=0; _____⑤_____;y++)
         { z=x+y;
           if(_____⑥_____)
           printf("%c\n",str[x][y]);
         }
        }
```

4. 下面程序的功能是输入一个 3×3 的实数矩阵，求两条对角线元素中各自的最大值。请填空。

```
main()
{ float s[3][3],max1,max2,x;
 int i,j;
 for(i=0;i<3;i++)
 for(j=0;j<3;j++)
 { scanf("%f",&x);s[i][j]=x;}
 max1=_____⑦_____;
 for(i=1;i<3;i++)
 If(max1<s[i][i])  max1=s[i][i];
 max2=_____⑧_____;
 if(max2<s[1][1]) max2=s[1][1];
 if(max2<s[2][0]) max2=s[2][0];
 printf("max1=%f\n",max1);
 printf("max2=%f\n",max2);
}
```

5. 下面程序的功能是利用数组计算并存储 Fibonacci 序列的前 40 项，每行输出 4 项。请填空。

```
main()
{   longint a[40]={1,1};
    int i;
    for(i=2;i<40;i++)
       a[i]=_____⑨_____;
    for(i=0;i<40;i++)
    { if(_____⑩_____) printf("\n");
      printf("%10ld",a[i]);
    }
}
```

四、程序设计题

1. 给定一维整型数组，输入数据，并求第一个值为奇数元素之前的元素和。
2. 给定一维整型数组，输入数据，并对前一半元素升序排序，对后一半元素降序排序。
3. 输入字符串，并统计各数字字符出现的次数。
4. 给定 N×N 矩阵，输入矩阵元素，并互换主次对角线元素值。
5. 给定二维数组 a[M][N]，输入数据，并将元素按照行序存入一维数组 b 中。

第 7 章 函 数

内容导读：

函数是 C 语言程序的基本单位，是完成特定任务、实现特定功能的语句序列的集合。在面向过程开发中，函数是应用程序的主体框架；在面向对象开发中，函数是重要的编程模式。
- 概述
- 函数定义和函数声明
- 函数调用
- 嵌套调用
- 递归调用
- 数组作为函数参数
- 变量的作用域
- 存储类型
- 内部函数和外部函数

7.1 概　　述

前面章节中的程序都是规模相对较小的程序。在现实应用中，大型软件通常有数十万、数百万、数千万行代码甚至更多。为了降低软件开发的复杂度，程序员必须将大问题分解为若干个小问题，小问题再分解为更小的问题。这种功能分解的方法就是模块化程序设计的思想。

模块化程序设计是一个自顶向下、逐步求精、各个击破、直到完成最终的程序。模块化程序设计可以使程序结构清晰，容易理解，便于调试和维护，提高程序的可重用性。在 C 语言中，用函数来实现模块化设计，函数是 C 语言中模块化程序设计的最小单位，既可以把每个函数看作一个模块，也可以将若干个相关的函数合并成一个模块。

一个 C 程序可由一个主函数和若干个其他函数构成。由主函数调用其他函数，其他函数也可以互相调用。同一个函数可以被一个或多个函数调用任意多次。图 7-1 是一个程序中函数调用的示意图。

下面举一个函数调用的简单例子。

【例 7-1】 打印信息"你好！"。

```
#include<stdio.h>
void main()
{   void print();     //函数声明
    print();          //函数调用
}
void print()          //函数定义
{
```

```
        printf("你好! \n");
}
```

运行结果如图 7-2 所示。

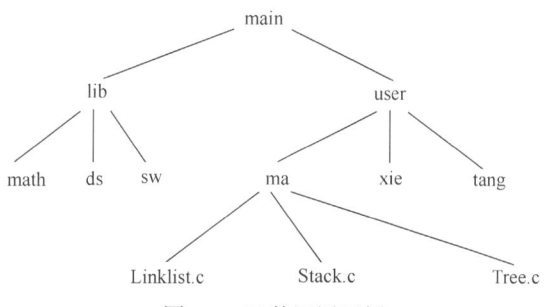

图 7-1 函数调用示例

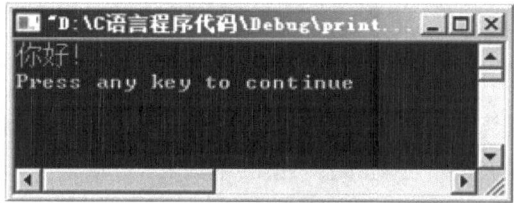

图 7-2 【例 7-1】程序运行结果

说明:

(1) 一个源程序文件由一个或多个函数组成,一个源程序文件是一个编译单位。

(2) 一个 C 程序由一个或多个源程序文件组成。对较大的程序,一般将函数和其他内容(如预定义)分别放在若干个源文件中,再由若干源文件组成一个 C 程序。

这样,可以分别编写、分别编译,提高调度效率。

(3) C 程序的执行从 main 函数开始,调用其他函数后流程回到 main 函数,在 main 函数中结束整个程序的运行。main 函数是由操作系统调用的。

(4) 函数的定义是互相独立的,一个函数并不从属于另一函数;函数间可以互相调用,但不能调用 main 函数。

(5) 从用户使用的角度看,函数可分为两种:

① 标准函数,即库函数。这是由系统提供的,用户可以直接使用它们。不同的 C 系统提供的库函数的数量和功能不同,但一些基本的函数是共同的。要使用 C 系统的库函数,必须在程序的开头把该函数所在的头文件包含进来。例如,使用在 math.h 内定义的 flabs() 函数时,只要在程序开头处使用预处理命令#include<math.h>即可。

② 自定义函数。如果库函数不能满足编程需要,那么就需要自行编写函数来完成自己所需的功能,这类函数称为自定义函数。在开发团队内部,一个成员既可以使用别人编写的函数,也可以把自己编写的函数拿给别人共享。

(6) 从函数的形式看,函数又可分为两类:

① 无参函数。如例 7-1 中的 print 是一个无参函数。在调用无参函数时,主调函数并不将数据传送给被调函数,一般用来执行指定的一组操作,如例 7-1 那样,print 函数的作用是输出字符串"你好!"。

② 有参函数。在调用函数时，在主调函数和被调函数之间有数据传递。也就是说，主调函数可以将数据传给被调函数使用，被调函数中的数据也可以带回来供主调函数使用。

7.2 函数定义和函数声明

7.2.1 函数定义

C 语言中定义函数的一般形式为：

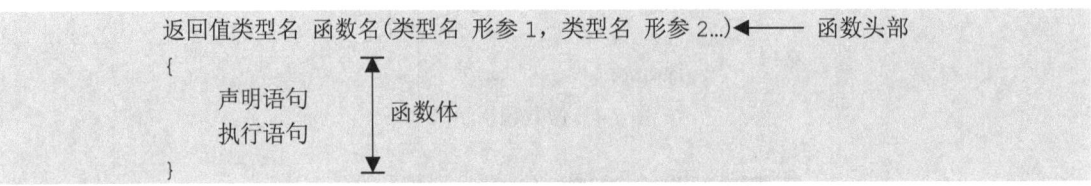

1. 函数名

定义函数需要确定函数名，以便使用函数时能够按名引用。函数名遵守 C 语言标识通常要"见其名知其意"的要求。如定义求最大值的函数名为 max。

2. 形式参数列表

形式参数简称形参，定义函数时需要确定有无形参、有多少个以及各个形参类型是什么。形参列表是函数与调用者进行数据交换的途径，其一般形式为：

    类型1 参数名1，类型2 参数名 2，…

多个参数用逗号","分隔，且每个参数都要有自己的类型说明，即使类型相同的参数也是如此，例如：

    int fac(int x, int y, float t)
    { return t>85 ? x:y;}

此函数有 3 个参数，依次为 x、y、t。

注意：不能因为 x 和 y 参数类型相同就写为 int fac(int x,y,float t)。

当然，函数可以没有形参，但函数名后面的括号不能省略。定义形式为：

    返回值类型名 函数名( )
    {
        声明语句
        执行语句
    }

即形参列表不写，或者写 void。这里 void 表示没有参数。

3. 返回值类型

定义函数需要确定有无返回数据以及返回什么类型的数据。返回值是函数向调用者返回数据的途径之一，本质上函数返回值也起到与调用者进行数据交换的作用，只不过它是单向的，即只从函数向调用者传递，故称返回。返回类型可以是 C 语言内置数据类型或自定义类型。C语言规定一个函数如果没有给出返回类型,则默认是 int 型,所以 fac(int x, int y, float t) 和 int fac(int x, int y, float t) 是完全等价的。

4. 函数体

函数中最重要的是函数体。函数体包含声明语句和执行语句,函数体声明语句描述需要用到的数据类型,定义需要的变量或数据对象,是一组能实现特定功能的语句序列的集合。函数体执行语句部分可以使用任何结构的程序流程,简单语句、复合语句、控制语句及语句嵌套,还可以调用别的函数,最终达到实现函数功能的目的。

如果函数体内无任何内容,则称为空函数,定义形式为:

```
返回值类型名    函数名(形参列表)
{
}
```

空函数是虚设的部分,它什么也不做,只在程序流程中占位,使程序框架完整,待以后再逐步完善,这是结构化程序设计的常用方法。

【例 7-2】 编写函数,计算两个整数的和。

```
#include<stdio.h>
void main( )
{   int add(int x,int y);      //函数声明
    int a,b,sum;
    scanf("%d,%d",&a,&b);
    sum=add(a,b);              //函数调用
    printf("%3d\n",sum);
}
int add(int x,int y)           //函数定义
{   int c;
    c=x+y;
    return(c);
}
```

运行结果如图 7-3 所示。这里 add 函数是用户定义的,用来计算两个整数之和。当输入两个数 3、6 时,计算得出两数之和为 9。

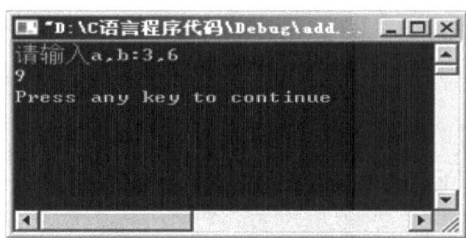

图 7-3 【例 7-2】程序运行结果

7.2.2 函数声明

在主调函数中,要对被调函数事先做一声明,所谓"声明"是指向编译系统提供必要的

信息：函数名、函数的类型、函数参数的个数、类型及排列次序，以便编译系统对函数的调用进行检查。例如，形参与实参类型是否一致，使用函数返回值的类型是否正确。

函数声明的一般格式为：

返回值类型 函数名(类型名 形参1，类型名 形参2...)；

即函数的首部加一个";"。

如：int fac(int x, int y);，注意：这里的分号不可省略。

这里形参的名字是不重要的，重要的是参数类型及个数。上面的声明也可以不写形参名，即 int fac(int, int); 。

调用是在定义的有效域内，即在函数定义之后或函数声明之后进行调用。就是指如果函数定义在前面，主调函数写在后面时，可以缺省函数声明而直接调用，否则调用前需要声明。但是，为了便于阅读和理解，应当养成在调用之前做显式声明的编程习惯。当一个函数要被一个文件中的多个函数调用时，可以将该函数声明写在所有函数之前。例如：

```
float fac(float x,float y);   //在所有函数之前，作统一声明
main( )
{ ......
}
fac1( )
{ ......
    fac(a,b);
    ......
}
fac2( )
{ ......
    fac(a,b);
    ......
}
float fac(float x,float y)
{   ......
}
```

在编写程序时，一般把主函数main()写在最前面，这样做的好处是使整个程序的结构和功能开门见山地呈现在读者面前。

7.3 函数的调用

定义一个函数后，就可以在程序中调用这个函数。在 C 语言中，调用标准库函数时，只需要在程序的开头处用#include 命令包含相应的头文件；调用自定义函数时，程序中必须有与调用函数相对应的函数定义。

1. 函数调用的形式和过程

函数调用的形式主要有3种。

1)函数语句

如果不要求函数有返回值，只要求完成一定操作，就可以用函数语句形式。

2)函数表达式

如，2*max(a,b)。

3)函数参数

```
Max0(max(a,b),c)
```

以上形式中如果有参数(调用时的参数)，都是实际参数，简称为实参。实参可以是常量、变量和表达式。例如，在例 7-2 中，main()函数中的语句"sum=add(a,b);"就是一个函数调用，a 和 b 是函数 add 的两个实参。

计算机在执行程序时，从主函数 main()开始执行，如果遇到某个函数调用，主函数 main()就被暂停执行，转向对应的被调函数并执行，直到被调函数执行完，再返回主函数 main()中的暂停位置继续执行。下面以例 7-2 为例，分析函数的调用过程。

在 main()函数中，当程序运行到"sum=add(a,b);"时，暂停 main()函数的运行，调用 add()函数，将实参a和b的值传递给形参 x 和 y，并执行 add()函数中的语句，执行到最后一句"return (c);"时，结束函数调用，函数名带着返回值回到 main()函数中的被调用位置，再从先前暂停的位置继续执行，将返回值赋给变量 sum，然后输出 sum 的值。

2. 参数传递

主调函数调用被调函数经常需要向被调函数传递一些数据，这主要通过实参对形参变量完成了值的复制。被调函数平时并不工作，当被调用时，才开始执行函数代码，这时形参被分配内存空间，函数调用中的实参会把数据传递给相应的形参。要求形参和实参必须一一对应，两者既要数量相同，又要类型一致。实参向形参传递数据时，遵循从左向右一一对应的规则。参数传递的过程如图 7-4 所示。

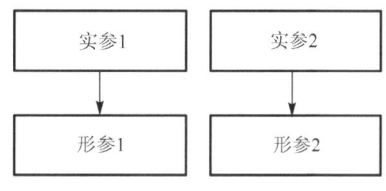

图 7-4 参数传递

说明：

(1)函数中定义的形参，在未出现函数调用时，它们并不占内存的存储空间。只有在发生调用时，才被分配内存单元并保存实参传递过来的值。形参的使用方法和普通变量相同。

(2)参数传递是单向的，即实参的值传给形参，而形参值的改变对实参没有影响。

(3)实参可以是常量、表达式或变量。如果实参是变量，它与对应的形参是两个不同的变量(实参是主调函数的变量，形参是被调函数的变量)，两者可以同名，也可不同名。

【例 7-3】 交换两个变量的值。

分析：采用一个中间变量即可交换两个变量的值。这里定义一个函数来实现此功能，函数可以取名为 swap，显然函数需要两个形参，用于接收需要交换的数据。交换完成后，返回到被调位置，不需要返回值，因此 swap 函数的类型为 void。程序代码如下：

```
#include<stdio.h>
void swap(int,int );          //函数声明
```

```
void main( )
{   int  a,b;
    printf("请输入a,b:");
    scanf("%d,%d",&a,&b);
    swap(a,b);                // 函数调用
    printf("a=%d,b=%d\n",a,b);
}
void swap(int x,int y)        //函数定义
{   int  z;
    z=x;
    x=y;
    y=z;
    printf("x=%d,y=%d\n",x,y);
}
```

运行结果如图7-5所示，传值交换执行流程如图7-6所示。

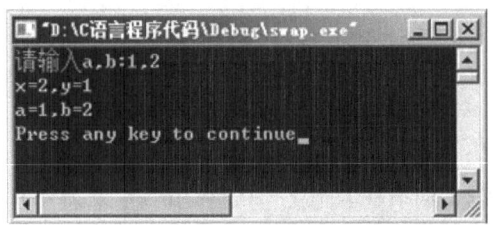

图7-5　【例7-3】程序运行结果

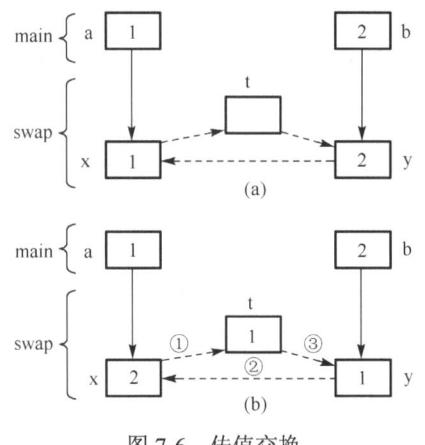

图7-6　传值交换

说明：从运行结果可以发现，调用swap函数后，main函数中变量a，b的值并没有发生交换，这是为什么呢？请读者注意，在调用swap函数时，确实把main函数中a、b的值依次传递给了形参x、y，执行函数swap时，形参x、y的值确实发生了交换，但是由于参数传递是单向的，即只能将实参传递给形参，而形参无法传递给实参。因此导致main函数中实参a、b的值并没有交换。

由此可见，采用普通的函数调用方式是无法实现主调函数中实参变量值的交换的。在指针一章中，将给读者介绍利用指针来解决这个问题。

3. 函数结果返回

从函数返回值的类型看，有两种情况：一种是完成确定的运算，有一个运算结果返回给主调函数；另一种是完成指定工作，没有确定的运算结果需返回给主调函数，通常用于实现结构化程序设计中的过程模块，函数返回值的类型指定为 void。这里只讨论有返回结果的函数。

函数结果返回的形式如下：

```
return 表达式;
```

或者

```
return （表达式);
```

先求解表达式的值，再返回其值。一般情况下表达式的类型与函数类型一致，如果两者不一致，以函数返回值的类型为准。

这里，return 语句的作用有两个：一是结束函数的运行；二是带着运算结果（表达式的值）返回主调函数。

【例 7-4】 定义求 n! 的函数。

分析：定义一个函数，取名为 fn，显然 fn 函数需要一个整型形参，用于接收 n 的值。然后在函数体中计算 n 的阶乘并返回给主调函数，为了避免阶乘出现溢出现象，选用长整型 long 为宜，最后通过 return 语句返回阶乘的值。程序代码如下：

```
#include<stdio.h>
long fn(int);              // 函数声明
void main( )
{   long s;
    int n;
    printf("请输入 n 的值：");
    scanf("%d",&n);
    s=fn(n);               // 函数调用
    printf("s=%ld\n",s);
}
long fn(int n)             // 函数定义
{   long m=1;
    int i;
    for(i=1;i<=n;i++)
        m=m*i;
    return m;
}
```

运行结果如图 7-7 所示。

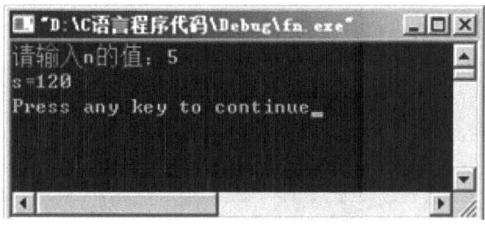

图 7-7 【例 7-4】程序运行结果

说明：首先对 fn 函数给予了声明，main 函数中的"s=fn(n);"是调用语句，待执行完 fn 函数，通过 return 语句结束 fn 函数，并把 m 的值由函数名 fn 带回主调函数。

7.4 嵌套调用

C 语言规定一个函数体内不能再定义另一个函数，但可以嵌套调用函数，也就是说，在调用一个函数的过程中，又调用另一个函数，这种调用称为函数的嵌套调用。如图 7-8 所示是一个嵌套调用过程，main 函数中调用了 a 函数，a 函数中调用了 b 函数。执行过程为：

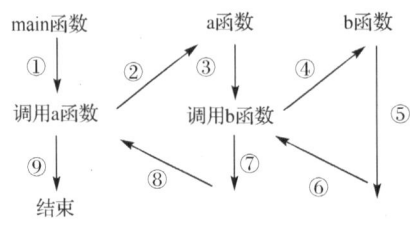

图 7-8 嵌套调用

① 执行 main 函数的开头部分；
② 遇到 a 函数调用语句，流程转向 a 函数；
③ 执行 a 函数的开头部分；
④ 遇到 b 函数调用语句，流程转向 b 函数；
⑤ 执行 b 函数，如果再无其他嵌套的函数，则完成 b 函数的全部操作；
⑥ 返回到 a 函数中调用 b 函数的位置；
⑦ 继续执行 a 函数中尚未执行的部分，直到 a 函数结束；
⑧ 返回 main 函数中调用 a 函数的位置；
⑨ 继续执行 main 函数的剩余部分，直到结束。

【例 7-5】 输入 4 个整数，找出其中最小的数，请用函数的嵌套调用来完成。

分析：这个题目并不复杂，如果在 main 函数内使用选择结构，非常容易实现。现在按题目要求，用函数的嵌套调用来完成，可以首先定义一个求两个数中较小值的函数，如命名为 min2，再定义一个求 4 个数中最小值的函数，命名为 min4，这样只要在 main 函数中调用 min4，而 min4 中再调用 min2 就可以找出最小值了。最后在主函数中输出结果。程序代码如下：

```
#include<stdio.h>
int min4 (int a,int b,int c,int d);        //声明 min4 函数
int min2 (int,int);                        //声明 min2 函数
void main()
{   int a,b,c,d,min;
    scanf("%d,%d,%d,%d" ,&a,&b,&c,&d);
    min =min4 (a,b,c,d);                   //调用 min4 函数
    printf("min=%d",min);
}
int min4(int a, int b, int c, int d)       //定义 min4 函数
{   int m;
```

```
        m=min2(a,b);
        m=min2(m,c);
        m=min2(m,d);
        return (m);
}
int min2(int a ,int b)      //返回a和b中较小的值
{   if(a<b)
        return a;
    else
        return b;
}
```

运行结果如图 7-9 所示。

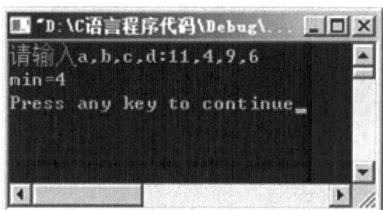

图 7-9 【例 7-5】程序运行结果

可以看出，min4 函数执行过程是这样的：第 1 次调用 min2 函数得到了 a 和 b 中的较小者，并赋给变量 m；第 2 次调用 min2 得到 m 和 c 中的较小者，也就是 a,b,c 中的最小者，并赋给变量 m；第 3 次调用 min2 得到 m 和 d 中的较小者，也就是 a,b,c,d 中的最小者，并赋给变量 m，由函数名 min4 带回主函数 main 中。

7.5 递归调用

函数直接或间接调用自己称为递归调用，C 语言的特点之一就在于允许函数的递归调用。如图 7-10 所示，a 为直接递归调用，b 为间接递归调用。

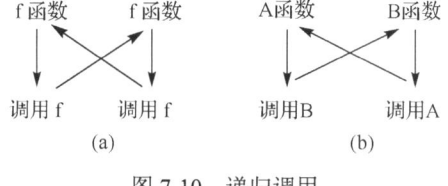

图 7-10 递归调用

【例 7-6】 编写函数，求 n 的阶乘。

分析：求 n!的递归方法，读者可以这么理解，10! 等于 9!×10，而 9!=8!×9，依次类推，直到 1!=1。可用下面的递归公式表示：

$$n! \begin{cases} =1 & (n=1) \\ =n \times (n-1)! & (n>1) \end{cases}$$

程序代码如下：

```
main( )
{   long f(int n);    //声明 f 函数
printf("%ld\n",f(5));
}
long f(int n)
{   long m;
    if (n==1) m=1;
    else m=n*f(n-1);  //f 函数体中对 f 函数的调用
    return m;
}
```

程序运行结果如图 7-11 所示。程序的执行过程如图 7-12 所示。

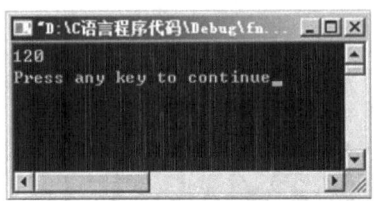

图 7-11　【例 7-6】程序运行结果

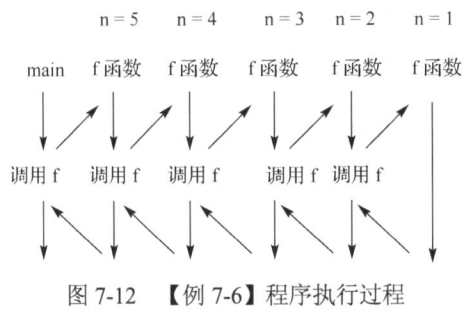

图 7-12　【例 7-6】程序执行过程

7.6　数组作为函数参数

不仅变量可以作为函数参数，数组元素也可以作为函数实参，并且其用法与变量相同。此外，数组名也可以作为实参和形参，传递的是数组的首地址。

7.6.1　数组元素作为函数实参

数组元素作为参数与一般变量的用法相同。

【例 7-7】　计算 3 个学生的英语成绩平均分。

分析：首先定义一个数组存放 3 个人的成绩，定义一个长度为 4 的浮点型数组即可，再编写一个函数求平均分。程序代码如下：

```
#include<stdio.h>
void main()
{   float ave(float x1,float x2,float x3);
    float  aver,a[4];
    int i;
```

```
    for(i=0;i<3;i++)
        scanf("%f",&a[i]);
    aver=ave(a[0],a[1],a[2]);
    printf("aver=%f\n",aver);
}
float ave(float x1,float x2,float x3)
{   float  average;
    average =x1+x2+x3;
    return(average /3);
}
```

程序运行结果如图 7-13 所示。

图 7-13　【例 7-7】程序运行结果

分析：当输入成绩 80、90、70 分时，依次存储到 a[0]、a[1]、a[2]，当 main 函数调用 ave 函数时，将 a[0]、a[1]、a[2]中的值依次复制给形参 x1、x2、x3，在 ave 函数中计算出平均值，再由函数名带回到被调位置，并赋值给变量 aver，在 main 函数中完成平均分的输出。

7.6.2　一维数组名作函数参数

用数组名作函数参数，应该在主调函数和被调函数中分别定义数组，但在被调函数中指定其大小是不起任何作用的，因为 C 语言编译器对形参数组大小不做检查，只将实参数组的起始地址传递给形参数组名。此时，形参数组类似一个指针变量。

【例 7-8】　编写函数，找出 30 个数学成绩中的最高分。

分析：要保存 30 人一门课的成绩，只要定义一个长度为 31 的一维数组即可，因为保存的是成绩，如果没有特别强调，按浮点型保存更合适，所以定义为 float 类型。程序代码如下：

```
#include<stdio.h>
void main()
{   float max(float b[31]);  //函数声明
    float m,a[31];
    int i;
    for(i=0;i<30;i++)
        scanf("%f",&a[i]);
    m=max(a);                //函数调用，数组名作为实参
    printf("max=%f\n",m);
}
float max(float b[])
{   float n;
    int i;
    n=b[0];
```

```
        for(i=1;i<30;i++)
            if(b[i]>n)
                n=b[i];
        return(n);
}
```

运行结果如图 7-14 所示。当输入如图 7-14 所示的成绩后，得出最高分为 100。

图 7-14　【例 7-8】程序运行结果

7.6.3　多维数组名作函数参数

可以用多维数组名作为函数的实参和形参，在被调用函数中对形参数组定义时可以指定每一维的大小，也可以省略第 1 维的大小。例如：int a[3][3]或 int a[][3]，而不能把第 2 维以及其他高维的大小说明省略，如 int a[][]是不合法的。在第 2 维大小相同的前提下，形参数组和实参数组的第 1 维不同也可以，C 语言编译不检查第 1 维的大小。

【例 7-9】　编写函数，对 3×3 的矩阵求转置矩阵。

程序代码如下：

```
#include<stdio.h>
void main( )
{   void tran(int b[3][3]);
    int a[3][3],i,j,t;
    printf("矩阵转置前为：\n");
    for(i=0;i<=2;i++)
        for(j=0;j<=2;j++)
            scanf("%d",&a[i][j]);
    tran(a);
    printf("矩阵转置后为：\n");
    for(i=0;i<=2;i++)
    {   for(j=0;j<=2;j++)
            printf("%d  ", a[i][j]);
        printf("\n");
    }
}
void tran(int b[3][3])
{   int i,j,t;
    for(i=0;i<=2;i++)
        for(j=0;j<i;j++)
        {   t=b[i][j];
            b[i][j]=b[j][i];
            b[j][i]=t;
```

　　　　}
　　}

程序运行结果如图 7-15 所示。注意：这里 tran 函数中，转置操作的内循环中变量 j 的取值范围为 0<j<i，即只考虑下三角，因为对于下三角中的每一个元素，与其关于主对角线对称的元素进行交换即可。

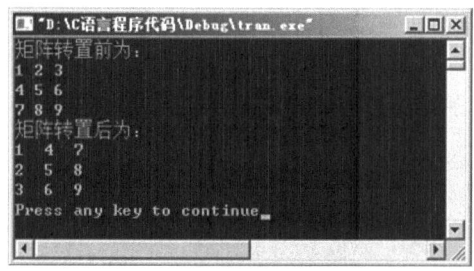

图 7-15　【例 7-9】程序运行结果

7.7　变量的作用域

变量的作用域是指变量的有效范围，变量只能在其有效范围内可以使用。在一个函数内部声明的变量，称为局部变量，也称内部变量，它只可以在该函数内使用。在函数外部定义的变量称为全局变量，它的有效范围为从定义变量的位置开始到该源文件末尾。例如：

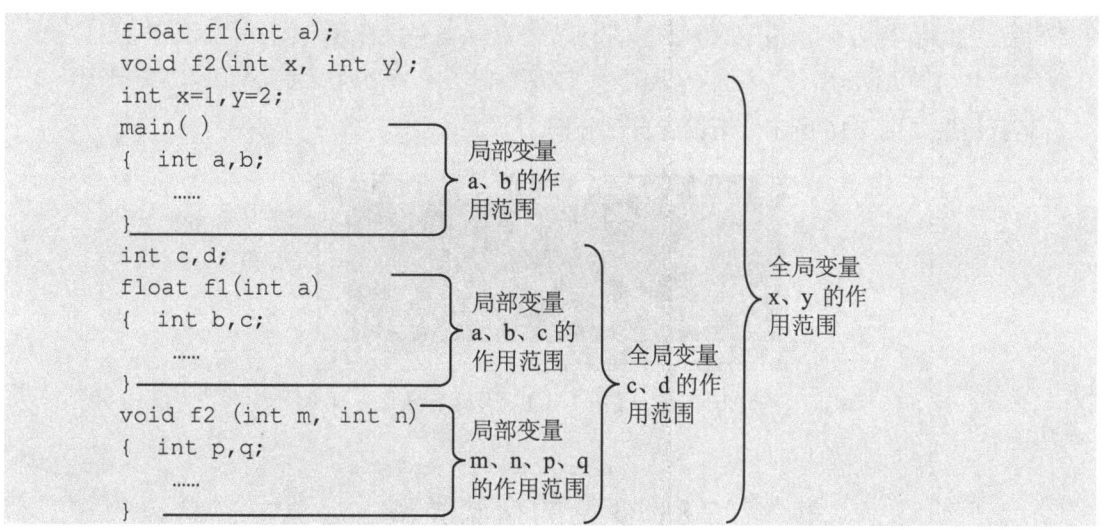

说明：

(1) 不同函数中可以定义相同名字的变量，它们代表不同的局部变量，在内存中占据不同的空间，互不干扰。

(2) 形参也是局部变量，其他函数无法使用。

(3) main 函数中定义的变量也是局部变量，只在 main 函数中有效。

(4) 复合语句中定义的变量，它们也是局部变量，只能在本复合语句内有效。

(5) 当全局变量和局部变量同名时，则在函数内访问同名变量时，局部变量是有效的，而全局变量无效，这是因为局部变量屏蔽了全局变量。

(6) 全局变量的有效范围是从定义位置开始到本源文件尾结束。

(7) 全局变量增加了函数之间交换数据的通道，但降低了各个函数的通用性，因此在程序设计时应有限制地使用全局变量。

【例 7-10】 分析下面程序的执行结果。

```c
#include<stdio.h>
void add1(int,int );
void add2( );
int a=1,b=2;
void main( )
{    int a,b;
     a=10;  b=20;
     add1(a,b);
     printf("a=%d,b=%d\n",a,b);        // 输出局部变量 a,b
     add2( );
     printf("a=%d,b=%d\n",a,b);        // 输出局部变量 a,b
}
void add1(int a,int b)
{    a=a+10;  b=b+10;                   // 改变局部变量 a,b
     printf("a=%d,b=%d\n",a,b);        // 输出局部变量 a,b
}
void add2( )
{    a=a+10;  b=b+10;                   // 改变全局变量 a,b
     printf("a=%d,b=%d\n",a,b);        // 输出全局变量 a,b
}
```

运行结果如图 7-16 所示。请读者自己分析。

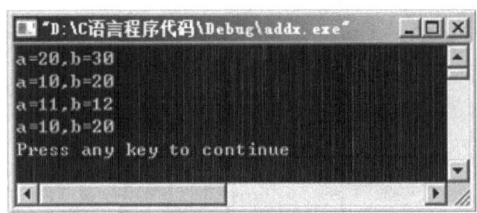

图 7-16 【例 7-10】程序运行结果

7.8 变量的存储类型

变量的存储类型是指编译器为变量分配内存的方式，它决定变量的生存期，即决定变量何时"生"，何时"灭"。在 C 语言中，对变量的存储类型说明有以下 4 种：

(1) 自动变量。
(2) 静态变量。
(3) 寄存器变量。
(4) 外部变量。

7.8.1 局域变量的存储类型

1. 自动变量

自动变量的一般定义格式为:

[auto] 类型名 变量名;

例如:

auto int a; int b;

说明:

(1) 由于自动变量极为常用,所以 C 语言把它设计成缺省的存储类型,即没有指定存储类型的变量均视为自动变量。

(2) 如果只定义而不初始化,则变量的值是不确定的。如果初始化,则赋初值操作是在调用时进行的,且每次调用都要重新赋一次初值。

(3) 由于自动变量的作用域和生存期都局限于定义它的个体内(函数或复合语句),因此不同的个体中允许使用同名的变量而不会混淆。即使在函数内定义的自动变量,也可与该函数内部的复合语句中定义的自动变量同名。

【例 7-11】 请分析下面的程序运行结果。

```
#include<stdio.h>
void main( )
{   void fun(int m);
    auto int i;
    for(i=1; i<=3;i++)
        fun(i);
}
void fun(int m)
{   int n=1;
    n=n+1;
    printf("%d, %d \n",m,n);
}
```

运行结果如图 7-17 所示。

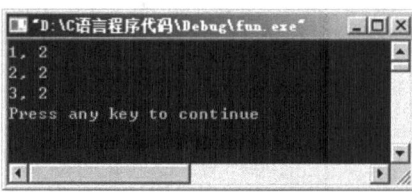

图 7-17 【例 7-11】程序运行结果

说明:fun 函数的形参 m 是局部变量,也是自动变量。在 main 函数中连续发生了 3 次对 fun 函数的调用。第 1 次调用时,系统自动创建变量 m,为其分配存储空间,然后把实参的值 1 传给形参 m,因此输出 1,当函数返回时,m 被系统自动撤销;第 2 次调用时,过程如第 1 次,所以输出结果为 2;同理,第 3 次调用输出结果为 3。

同理,变量 n 的产生和撤销与变量 m 的过程一样,所以 n 的输出一直为 2。

2. 静态变量

静态变量的一般定义格式如下：

```
static  数据类型  内部变量表;
```

例如：

```
static int b;
```

说明：(1)静态局部变量在静态存储区内分配存储单元，在程序执行过程中，即使所在函数调用结束也不释放，只有等到整个程序执行结束才释放。

(2)定义但不初始化，则自动赋初值 0(数值型变量)或 "\0"(字符型变量)。

(3)静态局部变量是在编译时赋初值的，并且只赋一次初值，以后每次调用函数时不再重新赋初值，而使用上次函数调用结束时的值。

(4)静态全局变量只能在本文件中的各个函数中使用，而其他文件中的函数不能使用它。

【例 7-12】 输出 1 到 5 的阶乘值。

```
#include<stdio.h>
void main()
{   int  fact(int n);
    int  i;
    for (i=1;i<=5;i++)
    printf ("%d!=%d\n",i,fact(i));
}
int  fact(int n)
{   static long p=1;    // 定义静态局部变量
    p=p*n;
    return  p;
}
```

运行结果如图 7-18 所示。

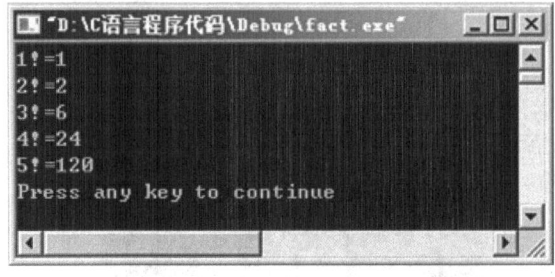

图 7-18 【例 7-12】程序运行结果

不难发现：静态变量是与程序"共存亡"的，而自动变量是与程序块"共存亡"的。

3. 寄存器变量

一般情况下，变量的值都是存储在内存中的。为提高执行效率，C 语言允许将局部变量的值存放到寄存器中，这种变量就称为寄存器变量。

寄存器变量的一般定义格式为：

```
register  数据类型  变量表;
```

寄存器是 CPU 内部的一种容量有限但存取速度极快的存储器。由于 CPU 进行访问内存的操作是很耗时的，使得有时对内存的访问无法与指令的执行保持同步。因此，将需要频繁访问的数据存放在 CPU 内部的寄存器里，将使用频率较高的变量声明为 register，可以避免 CPU 对存储器的频繁数据访问，使程序执行速度更快。

由于 CPU 的寄存器数量是有限的，因而 register 并不是每次定义就一定用寄存器来存放局部变量，当编译器不能使用寄存器时，则它会自动地将 register 修饰转换到 auto 修饰。

现代编译器能自动优化程序，自动把普通变量优化为寄存器变量，并且可以忽略用户的 register 指定，所以一般无需特别声明变量为 register。

7.8.2　全局变量的存储类型

全局变量都是存放在静态存储区中的，因此它们的生存期是固定的，存在于程序的整个执行过程中。但对全局变量来说，还有一个问题尚未解决，那就是它的作用域究竟有多大，即从哪里到哪里。

一般来说，外部变量是在函数的外部定义的全局变量，它的作用域是从变量的定义处开始，到本源文件文件末尾。但有时可能希望能扩展外部变量的作用域。主要有以下几种可能。

1）在一个文件内扩展外部变量的作用域

例如：

```
int k=1;                    //定义全局变量
fun1( )
{   extern int m;           // 声明外部变量
    int a,b;
    ……
    k=k+1;                  // 访问全局变量
    m=6;                    // 访问全局变量
}
int m;                      // 定义全局变量
float fun2(int x)
{   int y;
    ……
    k=k+1;                  // 访问全局变量
    m=m+1;                  // 访问全局变量
}
```

本例定义的变量 k 和 m 都是全局变量，但 k 定义在函数 fun1 和 fun2 之前，所以 fun1 和 fun2 函数中都可以使用 k，而变量 m 只能在 fun2 中使用。要使全局变量 m 在 fun1 中也可以使用，需要在 fun1 的函数声明部分给予声明，如"extern int m;"，这样就扩展了全局变量 m 的使用范围。

2）将外部变量的作用域扩展到其他文件

一个 C 程序可以由一个或多个源文件组成。如果一个程序只由一个源文件组成，使用外部变量的方法前面已经介绍。如果程序由多个源文件组成，那么在一个源文件中如何引用另一个源文件中定义的外部变量呢？

假设一个程序包含两个源文件，在两个文件中都要用到同一个外部变量 x，不能分别在两个文件中各自定义一个外部变量 x，否则在进行程序连接时会出现"重复定义"的错误。正确的做法是：在其中一个源文件中定义外部变量 x，而在另一个文件中用 extern 对 x 作声明，例如"extern x;"。这样在编译和连接时,系统会由此知道 x 是一个已在别处定义了的外部变量,并将在另一文件中定义的外部变量的作用域扩展到本文件,在本文件中便可以合法地引外部变量 x 了。

3) 将外部变量的作用域限制在本文件中

在程序设计中,某些外部变量只限于被本文件引用,而不能被其他文件引用,这时可以在定义外部变量时加一个 static 声明。

例如:

```
f1.c                          f2.c
static int A;                 extern int A;
void main ( )                 void fun (int n)
{                             {
    …                             …
}                                 A=A*n;
                                  …
                              }
```

在 f1.c 中定义了一个全局变量 A,但因用 static 声明了,因此只能用于本文件,虽然在 f2.c 文件中用了"extern A;",但 f2.c 文件中无法使用 f1.c 中的全局变量 A。

这种加上 static 声明、只能用于本文件的外部变量称为静态外部变量。在程序设计中,常由若干人分别完成各个模块,各人可以独立地在其设计的文件中使用相同的外部变量名而互不相干。这时只需在每个文件中的外部变量前加上 static 即可,这就为程序的模块化、通用性提供方便。如果已确定其他文件不需要引用本文件中的外部变量,就可以对本文件中的外部变量都加上 static,使其成为静态外部变量,以免被其他文件误用。这就相当于把变量对外界"屏蔽"起来,从其他文件的角度看,这个变量是看不见的。

需要指出:不要误认为对外部变量加 static 声明后才采取静态存储方式(存放在静态存储区中),而不加 static 的是采取动态存储(存放在动态存储区)。声明局部变量的存储类型和声明全局变量的存储类型的含义是不同的。对局部变量来说,声明存储类型解决的是变量存储的区域(静态存储区或动态存储区)以及由此产生的生存期的问题。而对于全局变量来说,都是在编译时分配内存的,都存放在静态存储区,声明存储类型解决的是变量作用域的扩展问题。

用 static 声明一个变量的作用是:

(1) 对局部变量用 static 声明,把它分配在静态存储区,该变量在整个程序执行期间不释放,为其分配的空间始终存在。

(2) 对全局变量用 static 声明,则该变量的作用域只限于本文件模块(即被声明的文件)中。

注意:用 auto、register、static 声明变量时,是在定义变量的基础上加上这些关键字,而不能单独使用。

7.9 内部函数与外部函数

函数本质上是全局的,因为一个函数要被另外的函数调用。但是,也可以指定函数不能被其他源文件调用。根据函数能否被其他源文件调用,C 语言把函数分为内部函数和外部函数两种形式。

如果函数头部的左端加上关键字 static,则称其为内部函数,此函数只能被本源文件中其他函数所调用。其语法形式是:

```
static 类型名 函数名(形参列表)
```

说明：

(1)内部函数只能被本源文件中的函数所调用，其他源文件中的函数不得调用。

(2)不同的源文件中可以定义同名函数，互不干扰。

如果定义函数时，在函数头部的左端加上 extern 关键字，则表示该函数是外部函数，可以被其他源文件所调用。其语法形式是：

> extern 类型名 函数名(形参列表)

说明：

(1)C 语言规定，如果在定义函数时省略 extern，则该函数被系统默认为外部函数，可供其他源文件调用。

(2)如果某源文件中的函数需要调用另一个源文件中的外部函数，则可以在该函数中用 extern 对相应的外部函数作声明，表示该函数是在其他文件中定义的外部函数。

7.10 程序举例

【例 7-13】 编写函数，用冒泡法对数组中的 10 个整数按由小到大的顺序排列。

```c
#include<stdio.h>
void main()
{
    void sort(int b[10]);
    int i,a[10];
    for(i=0;i<10;i++)
        scanf("%d",&a[i]);
    sort(a);      //数组名 a 作为实参，把数组 a 的首地址赋值给形参 b
    for(i=0;i<10;i++)
        printf("%d",&a[i]);
}
void sort(int b[10])
{   int i,j,t;
    for(j=0;j<9;j++)
    {   for(i=0;i<9-j;i++)
        {   if(b[i]>b[i+1])
            {   t=b[i];  b[i]=b[i+1];  b[i+1]=t;
            }
        }
    }
}
```

运行结果如图 7-19 所示。请读者注意，数组名作为实参、形参时，形参数组使用的就是实参数组的内存单元，不再为形参分配内存空间，这时，形参类似于一个指针变量，因而对形参数组也可以不指定数组长度。

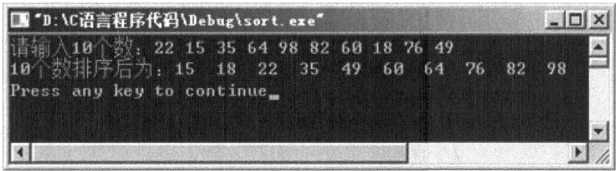

图 7-19 【例 7-13】程序运行结果

【例7-14】 请编写求字符串长度的函数mystrlen(char ch[])，并在主函数中调用。要求不能调用系统函数strlen()。

```
#include<stdio.h>
#include<string.h>
int mystrlen (char ch[30]);
void main()
{   char str[80];
    int n;
    printf("请输入字符串：\n");
    gets(str);                        //gets函数定义在string.h文件中
    n=mystrlen(str);
    printf("字符串长度为："%d\n", n);
}
int mystrlen(char ch[30])
{   int i=0;
    while(ch[i]!='\0')
        i++;
    return i;
}
```

程序运行结果如图7-20所示。程序中gets函数完成了字符串的接收，并存储到数组str中，系统会在字符串末尾自动加一个"\0"。

图7-20 【例7-14】程序运行结果

【例7-15】 请编写一个判断整数是否为素数的函数，并在主函数中调用，输出100到200之间的所有素数。

```
#include<stdio.h>
#include<math.h>
void main()
{   int isprim(int x);
    int i;
    for(i=100;i<=200;i++)
        if(isprim(i)==1)
            printf("%d ",i);
}
int isprim(int x)
{   int i;
    for(i=2;i<=sqrt(x);i++)
```

```
            if(x%i==0)
                break;
        if(i>sqrt(x))     return 1;
        else              return 0;
}
```

程序运行结果如图 7-21 所示。

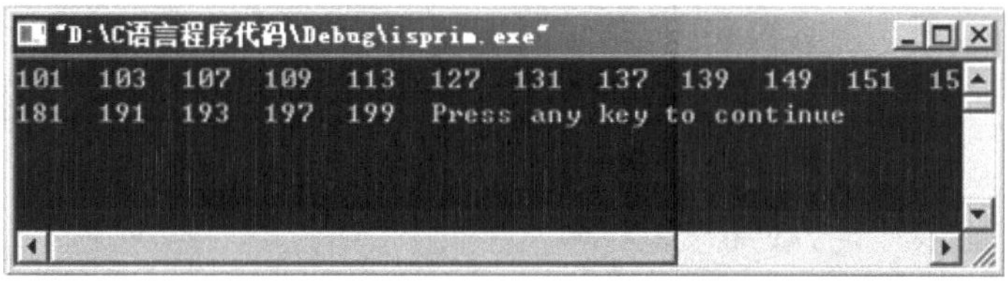

```
101  103  107  109  113  127  131  137  139  149  151  15
181  191  193  197  199  Press any key to continue
```

图 7-21 【例 7-15】程序运行结果

7.11 本章易出错问题

【例 7-16】 此程序的功能是交换两个全局变量 x、y 的值，请找出错误并修改。

```c
#include<stdio.h>
int x=5 , y=6;
swap(x , y)        //函数声明
main( )
{   swap(x , y);
    printf("x=%d , y=%d", x , y);
}
void swap(int x , y)
{   int  z;
    z=x;   x=y;   y=z;
}
```

【例 7-17】 程序功能为求 10 的阶乘，请找出错误并修改。

```c
#include<stdio.h>
main( )
{   long  fact(int n);
    printf("%ld\n",fact(10));
}
long  fact(int n)
{   int m;
    if (n==1) m=1;
    else m=n*fact(n-1);
    return m;
}
```

提示：存在 2 处错误，第 1 处错误为 fact 函数首部的 long 类型名中第 1 个符号是 l(英文字母)还是 1(阿拉伯数字)，本程序中录入的是数字 1，请读者输入数字 1 和小写字母 l 并认

真对比，这是难以查出的错误。这样的符号还有大写字母 I，请读者留意。第 2 处错误请读者自己查找。

【例 7-18】 程序功能为找出两个数中的较大值，请读者查找错误。

```
#include<stdio.h>
void main( )
{   void  max(int x,int y);
    int a,b;
    scanf("%d,%d",&a,&b);
    printf("%ld\n",max(a,b));
}
void max(int x,int y);
{   int x,y;
    if (x>y) return x;
    else return y;
}
```

7.12 本章小结

(1) 函数调用时常常出现嵌套调用的现象，其执行特点是：层层调用、逐级返回。递归调用即在函数体中直接或间接地调用自身，是嵌套调用的特例。设计递归程序时，应掌握两个要素：递归表达式和递归终止条件。

(2) 函数的"定义"和"声明"不是一回事。函数的定义是指对函数功能的确立，包括指定函数名、函数值类型、形参及其类型以及函数体等，它是一个完整的、独立的函数单位。而函数的声明的作用则是把函数的名字、函数类型以及形参的类型、个数和顺序通知编译系统，以便在调用该函数时系统按此进行对照检查。

(3) 用数组元素作为函数实参，其用法与用普通变量作实参时相同，向形参传递的是数组元素的值。用数组名作函数实参，向形参传递的是数组的首地址。如果形参也是数组名，则两个数组共同占用同一段内存空间。利用这一特性，可以在调用函数期间通过改变形参数组元素的值来改变实参数组元素的值。

(4) 在函数中定义和使用变量，应当注意变量的作用域和存储属性。从作用域的角度来看，变量可以分为局部变量和全局变量，凡是在函数内或复合语句中定义的变量都是局部变量，其作用范围在函数内或复合语句内；在函数外定义的变量都是全局变量，其作用域为从定义点到该源文件末尾，即这个范围内的所有函数都可以使用，也可以用 extern 对该变量做声明，将其作用范围扩展到本源文件的声明位置，或在其他文件中用 extern 声明将作用域扩展到其他文件。从存储属性的角度来看，变量可以分为动态变量和静态变量，除了专门用 static 声明的为静态变量以外，其他都是动态变量。其中动态变量又可分为自动变量和寄存器变量，静态变量又可分为全局变量和静态局部变量。

(5) 变量的生存期指变量的存在时间。全局变量的生存期是程序运行的整个时间，局部自动变量和寄存器变量的生存期与所在的函数被调用的时间段相同。用 static 声明的局部变量的生存期是程序运行的整个期间。

练习题

1. 变量的定义和声明有什么区别？
2. 动态变量和静态变量只定义不赋初值时，系统自动赋初值吗？
3. 编写函数 reverse(number)，它的功能是返回 number 的逆序数。例如，reverse(123) 返回值为 321。
4. 编写求最大公约数的函数，由主函数调用，求出两个数的最大公约数并由函数输出。
5. 编写把字符数组 str1 复制到字符数组 str2 的函数 strcopy(char *p1, char *p2)，要求不得调用系统函数 strcpy。
6. 编写函数，将两个字符串连接，不得使用系统库函数。
7. 删除数组中指定位置的元素。
8. 给出年、月、日，计算该日是该年的第几天。
9. 编写函数，将字符串中的所有小写字母转换为大写字母。
10. 编写函数，验证任意偶数为两个素数之和，并输出偶数及两个素数。
11. 编写函数，实现在已按升序排列的数列中插入一个数，插入后数列仍然按升序排列。
12. 编写函数，统计字符串中的单词个数。
13. 编写函数，求斐波那契数列的第 n 个数。
14. 5 个水手在岛上发现一堆橘子，先由第 1 个水手把橘子分为等量的 5 堆，还剩下 1 个给了猴子，自己藏起 1 堆。然后，第 2 个水手把剩下的 4 堆混合后重新分为等量的 5 堆，还剩下 1 个给了猴子，自己藏起 1 堆。以后第 3、第 4 个水手依次按此方法处理。最后，第 5 个水手把剩下的橘子分为等量的 5 堆后，同样剩下 1 个给了猴子。请用迭代法编程计算并输出原来这一堆橘子至少有多少个。
15. 中国古代民间有这样一个游戏：两个人从 1 开始轮流报数，每人每次可报一个数或两个连续的数，谁先报到 3，谁为胜方。若要改成游戏者与计算机做这个游戏，则首先需要决定谁先报数，可以通过生成一个随机整数来决定计算机和游戏者谁先报数。计算机报数的原则为：若剩下数的个数除以 3，余数为 1，则报 1 个数，若剩下数的个数除以 3，余数为 2，则报 2 个数，否则随机报 1 个或 2 个数。游戏者通过键盘输入自己报的数，所报的数必符合游戏规则。如果计算机和游戏者都未报到 3，则可以接着报数。先报到 3 者即为胜方。请编程实现这个游戏，看一看游戏者和计算机谁能获胜。
16. 在一种室内互动游戏中，魔术师要每位观众心里想一个 3 位数 abc(a、b、c 分别是百位、十位和个位数字)，然后魔术师让观众心中记下 acb、bac、bca、cab、cba 这 5 个数以及这 5 个数的和值。只要观众说出这个和是多少，则魔术师一定能猜出观众心里想的原数 abc 是多少。例如，观众甲说他计算的和值是 1999，则魔术师立即说出他想的数是 443，而观众乙说他计算的和值是 1998，则魔术师说："你算错了！"请编程模拟这个数字魔术游戏。
17. 在一种室内互动游戏中，魔术师要每位观众准备偶数枚硬币，平均拿在两个手中，然后魔术师会说我给你一只手里添加到 X(具体的一个数)枚，将会使得我剩余的硬币和你另一只手里的一样多。例如，观众甲每只手里各拿 3 枚，魔术师会说给观众甲的一只手里添到 10 枚，则我剩余的和你另一只手里的一样多。假如观众乙每只手各拿 5 枚呢，想想魔术师会怎么说，才能保证正确呀？想想为什么呀？请编程模拟这个数字魔术游戏。

第 8 章 指 针

内容导读：

指针是 C 语言中的一个重要概念，是 C 语言中广泛使用的一种数据类型，正确而灵活地运用指针，可以使程序简洁、紧凑、高效。学习指针是学习 C 语言中最重要的一环，能否正确理解和使用指针是我们是否掌握 C 语言的一个标志。

- 地址和指针
- 指针变量
- 指针与数组
- 指针与字符串
- 指针与函数
- 多重指针
- 动态内存

8.1 地址和指针

如果我们在前面的编程中定义或说明了变量，编译系统就为已定义的变量分配相应的内存单元(一般把存储器中的一个字节称为一个内存单元)，为了能正确地访问这些内存单元，可以为每个内存单元编上号，根据一个内存单元的编号就可准确地找到该内存单元。内存单元的编号也叫作地址。也就是说，每个变量在内存中会有固定的位置，即具体的地址。变量的数据类型不同，它所占的内存单元的数目也不相同。

程序中变量的值都是存储在计算机内存中特定的存储单元中的数据，不同数据类型的变量所占用的内存字节数不等，如整型变量占 2 个字节，字符型变量占 1 个字节等。占用多个字节的存储单元的地址指所占用的几个连续字节的起始地址，即该存储单元中第 1 个字节的地址。根据内存单元的地址就可以找到所需的内存单元，可以说地址指向该存储单元，所以将地址形象化地称为指针。在 C 语言中，一种数据类型或数据结构往往都占有一组连续的内存单元。"指针"虽然也是一个地址，但它是一个数据结构的首地址，它是"指向"一个数据结构的，因而概念更为清楚，表示更为明确。这也是引入"指针"概念的一个重要原因。

内存单元的指针、内存单元和内存单元的内容是 3 个不同的概念。

内存单元的地址被形象化地称为内存单元的指针。如图 8-1 中 x、y、z 是内存单元名，它们的地址依次为 2000、2002、2003，而存储单元的内容为 150、a、13.58。

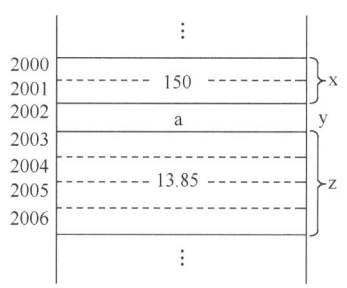

图 8-1 地址与单元

8.2 指针变量

C 语言将专门用来存放对象地址的变量称为指针变量，用来指向另一个对象(变量、数组、函数等)。

8.2.1 指针变量的定义

指针变量的数据类型为指针类型，定义形式如下：

```
类型名 *指针变量名,…
```

说明：
(1) *是一种运算符，也是指针变量的标记，而不是变量名的一部分。
(2) 类型名可以是 C 语言有效的内置数据类型名或自定义类型名，如 int、char 等。
例如：

```
int a, *p;
```

定义了一个普通整型变量 a 和一个整型指针变量 p。请注意，指针变量是整型的，不是说 p 的值是整型的，而是指变量 p 存放了一个指针，而该指针是某一个普通整型变量的地址，即指针变量 p 的值是某个普通整型变量的指针。

C 语言提供了一种特殊的指针类型 void *，它可以保存任何类型对象的地址，例如：

```
void *p;
```

表明指针变量 p 与地址值相关，但不明确存储在此地址上的对象的类型，有时称这样的指针为"纯指针"。

8.2.2 指针的引用

在讲指针变量的引用之前，首先介绍指针的两个运算符。
(1) &为取地址运算符，单目运算符，优先级为 2 级，右结合性；
(2) *为间接访问运算符，单目运算符，优先级为 2 级，右结合性。
说明：两个运算符均为单目运算符，而且作用相反，互为逆操作，即&*p 等价于 p。
例如：

```
int *p,a=5;
p=&a;
```

这里指针变量 p 的值是整型变量 a 的地址，即 p 指向 a，则*p 和 a 访问同一个存储单元，如图 8-2 所示。

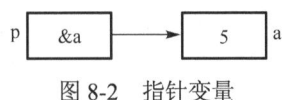

图 8-2 指针变量

C 语言规定指针型变量常见的引用方式有下列 3 种。

1. 给指针变量赋值

使用格式为：指针变量=地址型表达式。

例如：

```
int a,*p;
p=&a;    //使指针变量指向变量 a
```

2. 直接引用指针变量名

需要使用地址时，可以直接引用指针变量名。例如，数据输入语句的输入变量列表中，可以引用指针变量名，用来接收输入的数据，并存入它指向的变量。

例如：

```
int i,j,*p=&i,*q;
q=p;
scanf("%d,%d",q,&j);
```

3. 通过指针变量来引用它所指向的变量

使用格式为：*指针变量名。在程序中"*指针变量名"代表它所指向的变量。注意这种引用方式要求指针变量必须有值。

例如：

```
int i=1,j=2,k,*p=&i;
k=*p+j;        //由于 p 指向 i，所以*p 就是 i，结果 k 等于 3
```

【例 8-1】 通过指针间接访问变量示例。

源程序如下：

```
//使用指针访问变量
#include<stdio.h>
int main( )
{
    int a=5,*p;                         //定义整型变量 a 和整型指针变量 p
    p=&a;                               //把变量 a 的地址赋给指针 p，即指向 a
    printf("a=%d,*p=%d\n",a,*p);        //输出变量 a 的值和指针 p 指向变量的值
    *p=10;
    printf("a=%d,*p=%d\n",a,*p);
    scanf("%d",&a);
    printf("please input a:");
```

```
        printf("a=%d,*p=%d\n",a,*p);
        (*p)++;                                //将指针 p 指向的变量加 1
        printf("a=%d,*p=%d\n",a,*p);
        return 0;
}
```

运行结果如图 8-3 所示。

第 4 行中*p 和下面各行出现的*p 尽管形式是相同的，但两者的含义完全不同，第 4 行中是定义指针变量，p 是变量名，*表示后面的变量是指针；而下面各行出现的*p 代表指针 p 所指向的变量。本例中，由于 p 指向 a，因此*p 和 a 的值一样，其中 a 是直接访问，*p 是间接访问。

注意：如"p=&a;"这条语句是非常有必要的。指针变量引用之前必须要初始化，即把某个普通变量的地址赋给它。如果未做初始化，则指针变量的值是不确定的，即指向不定，若此时直接通过指针间接访问，可能会带来严重后果，甚至导致系统的崩溃。为了防止上述问题发生，也可以事先给指针变量赋空值，表明该指针变量不指向任何普通变量。

当然，指针也可以进行赋值运算，一旦指针被定义并赋值，就可以和其他类型变量一样进行赋值运算。例如：

```
int a=2,*p1,*p2;      //定义整型变量 a 和指针变量 p1 和 p2
p1=&a;                //使指针 p1 指向整型变量 a
p2=p1;
```

将变量 a 的地址赋给指针 p1，再将 p1 的值赋给指针 p2，因此 p1 和 p2 都指向变量 a，即指向同一个存储单元，如图 8-4 所示。

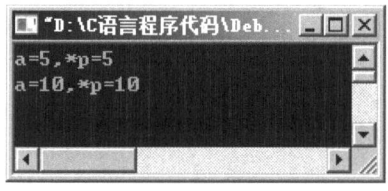

图 8-3 【例 8-1】程序运行结果

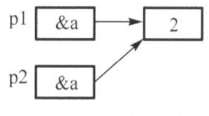

图 8-4 指针赋值

【例 8-2】 指针赋值运算示例。
源程序如下：

```
//指针赋值运算过程示例
#include<stdio.h>
int main( )
{
    int a=1,b=2,c=3,*p1,*p2;
    p1=&a; p2=&b;                          //p1 指向 a，p2 指向 b
    printf("a=%d,b=%d,c=%d,*p1=%d,*p2=%d\n",a,b,c,*p1,*p2);
    p2=p1;   p1=&c;                        //改变指针 p1 和 p2 的值
    printf("a=%d,b=%d,c=%d,*p1=%d,*p2=%d\n",a,b,c,*p1,*p2);
}
```

运行结果如图 8-5 所示。

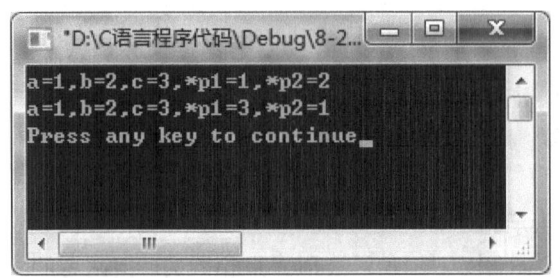

图 8-5 【例 8-2】程序运行结果

第 7 行改变了指针 p1 和 p2 的值后,它们分别指向变量 c 和 a,此时,*p1 和 c 的值一样,*p2 和 a 的值一样。

8.2.3 指针变量做函数参数

函数的参数不仅可以是整型、浮点型等,还可以是指针类型。它的作用是将一个变量的地址传送到另一个函数中。

下面以一个例子来说明。

【例 8-3】 输入两个整数,交换它们的值后输出。

```
#include<stdio.h>
void swap(int *p1,int *p2)
//传地址方式,是双向的
{   int t;
    t=*p1;
    *p1=*p2;
    *p2=t;
}
void main( )
{
    int m,n;
    printf("please input m,n:");
    scanf("%d,%d", &m,&n);
    swap(&m,&n);
    printf("m=%d,n=%d", m,n);
}
```

分析说明:当输入为 2,3 时,运行结果为 3,2。如图 8-6 所示,调用开始,实参 m、n 的地址传递给形参,因为形参是指针变量,即指针 p1、p2 指向了 m、n,交换语句实现了步骤①②③的功能,通过 swap 函数的指针变量 p1、p2 改变了实参变量 m、n 的值。图中 a 是实参向形参传完地址的结果,b 是形参 p1,p2 借助变量 t 间接完成了 m 和 n 中值的交换,图中用虚线表示交换方向,用实线表示指针方向。

但要注意如下形式的 swap 函数无法实现两个实参值的交换。

```
void swap(int *p1,int *p2)
{   int *t;
    t=p1;
    p1=p2;
```

```
        p2=t;
    }
```

分析说明：这个例子当输入为 2，3 时，运行结果还是 2，3，并没有因为是传地址而实参变量的值发生变化，这是因为被调过程中的语句与例 8-5 的大有不同，本例按照步骤①②③进行操作，形参指针 p1、p2 所指的方向由原来的 n、m，转变为 m、n 了，并没有改变 n、m 中的值。详细过程如图 8-7 所示，图中用虚线表示指针变量的交换方向，用实线表示指针所指的方向。

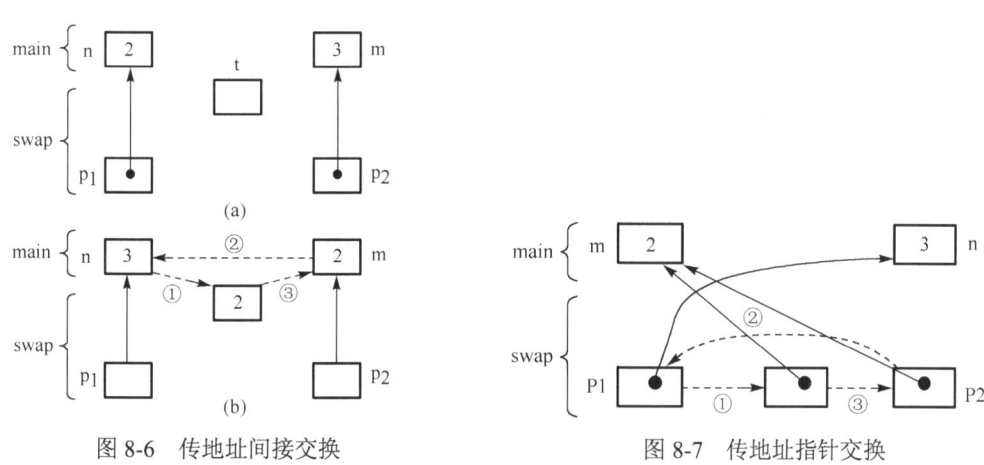

图 8-6 传地址间接交换　　　　　　　　图 8-7 传地址指针交换

8.3 指针和数组

变量在内存中是有地址的，数组在内存中也同样具有地址。对数组来说，数组名就是数组在内存中的起始地址。指针变量可以指向普通变量，当然也可指向数组元素。所谓数组元素的指针就是数组元素的地址。

8.3.1 指向一维数组元素的指针

1. 一维数组元素的地址

数组有若干个元素，每个元素都占用内存单元，因而每个元素都有相应的地址，通过取地址运算&可以得到每个元素的地址。例如：

```
    int a[5];
    int *p=&a[0];      //定义指向一维数组元素的指针
    p=&a[4];           //指向 a[4];
```

第 2 行把 a[0]的地址作为指针变量 p 的初值，使 p 指向 a[0]；第 3 行将 a[4]的地址赋给 p，则 p 指向元素 a[4]。

注意：指向数组元素的指针变量，其指向类型应该与数组元素类型一致。

C 语言规定，数组名代表数组首元素的地址，即 a 与&a[0]相同。

例如：

p=a; 和 p=&a[0]; 是等价的，都表示 p 指向了 a 数组的首元素。

注意：数组名是地址值，即是一个地址常量，因而它不能被赋值或者参与某些运算。
例如：

```
int a[5],b[5],c[5];
a=b;       //错误，a是常量，不能修改它的值
c=a+b;     //错误，a、b是地址值，不能进行加法运算
a++;       //错误，a是常量，不能使用++操作
```

2. 通过指针引用一维数组元素

由于数组元素是连续存放的，所以其内存地址是规律性增加的。根据指针运算规则，可以利用指针来引用数组元素。

设有如下定义：

```
int *p,a[10]={1,2,3,4,5,6,7,8,9,10};
p=a;                        //p指向数组a
```

p=a 使得 p 指向了数组的首地址，即指向了 a[0]，那么数组元素 a[i]地址既可以写为&a[i]，又可以写为 p+i(a[0]后的第 i 个元素)，则 a[i]元素可以写为*(p+i)，如图 8-8 所示。

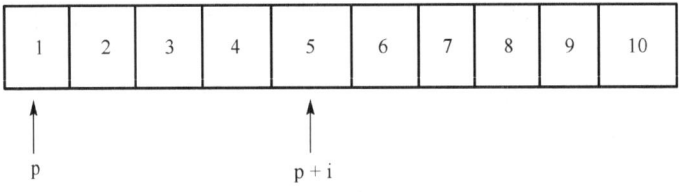

图 8-8 指向一维数组的指针

根据以上叙述，一个数组元素 a[i]，可以用如下几种形式表示。
(1) 数组下标法：a[i];
(2) 指针下标法：p[i];
(3) 地址引用法：*(a+i);
(4) 指针引用法：*(p+i)。

【例 8-4】 多种方法输出一维数组的各元素值。

```
#include<stdio.h>
void main( )
{
    int a[5]={1,2,3,4,5},i,*p;
    for(i=0;i<5;i++)
        printf("%3d",a[i]);              //下标法
    printf("\n");
    for(i=0;i<5;i++)
        printf("%3d",*(a+i));            //地址法
    printf("\n");
    for(p=a;p<a+5;p++)
        printf("%3d",*p);                //指针法
}
```

运行结果如图 8-9 所示。

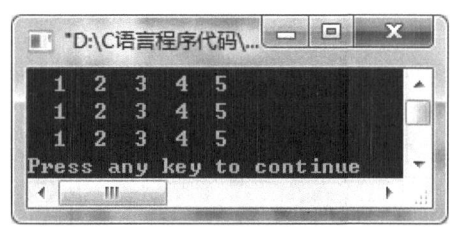

图 8-9 【例 8-4】程序运行结果

说明：

(1) 用下标法访问数组元素时，系统会把 a[i]自动转换为*(a+i)、&a[i]转化为 a+i 处理。显然使用指针法，不必每次都重新计算地址，提高了运行效率；但是下标法较为直观，容易掌握。

(2) 利用指针变量 p 间接访问数组 a 的元素，其关键在于 p=a 这条语句，它建立了指针变量与数组元素的指向关系。但若使用语句 p=&a[2]，那么 p+1 不再是 a[1]的地址，而是 a[3]的地址。

思考：第 3 次 for 循环执行结束后，p 指向哪里？如果想利用 p 再次访问数组 a 的元素，应对 p 作何处理？请读者自行分析。

注意以下几种情况：设有 p=a。

(1) p++：使得 p 指向 a[1]。

(2) *p++：等价于*(p++)，即先引用*p，然后再使 p 加 1。因为*和++优先级相同，但为右结合性。

(3) ++(*p)：表示 p 指向的元素值加 1，即 a[0]的值加 1。

(4) *(++p)：等价于*(a+1)，即 a[1]，先使 p 自增，再进行*运算。

3. 一维数组指针作为函数参数

在上一章已经讨论过，对于数组这样的大量数据应该采用传址调用方式。在这种函数调用方式下，一维数组的指针往往会作为函数的实参和形参，共有 4 种情况，如表 8-1 所示。第 1 种情况在上一章传址调用一节已说明，下面分别举例说明后 3 种情况。

表 8-1 一维数组的指针作函数参数

函数实参	函数形参
数组名	数组
数组名	指针
指针变量	数组
指针变量	指针变量

【例 8-5】 求某班(30 人)的数学平均成绩。

分析：前一章介绍了实参为数组名形参为数组的例子。本例采用数组名作实参，指针变量作形参的方式。

```
#include<stdio.h>
#define N 30
void main()
```

```
    {
        float average(float *p);   //函数声明
        float a[N],aver;
        int i;
        for(i=0;i<N;i++)
            scanf("%f",&a[i]);
        aver=average(a);           //函数调用
        printf("aver=%5.2f\n",aver);
    }
    float average(float *p)        //函数定义
    {
        float aver;
        int i;
        for(i=0,aver=0;i<N;i++,p++)
            aver+=*p;
        return(aver/N);
    }
```

运行结果如图 8-10 所示。实参和形参为其他形式的请读者自己分析。实际上当形参为数组时，它是不单独占据内存空间的，C 编译系统把它作为指针变量来处理，这也是形参数组可以不给出长度的原因所在。

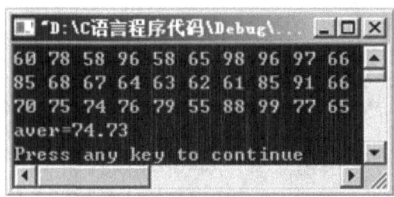

图 8-10 【例 8-5】程序运行结果

8.3.2 指向多维数组元素的指针

多维数组可以看作一维数组概念上的递归延伸，其存储形式也是线性的，即元素的内存单元是连续排列的。本质上，C 语言将多维数组当成一维数组来处理。

1. 多维数组元素的地址

以二维数组为例，假设有定义 int a[3][4]，可以将数组 a 理解为由 3 个一维数组组成，即 a 由 a[0]、a[1]、a[2]组成，其中每个元素又是一个长度为 4 的一维数组，例如 a[0]的 4 个元素为 a[0][0]、a[0][1]、a[0][2]、a[0][3]，如图 8-11 所示。

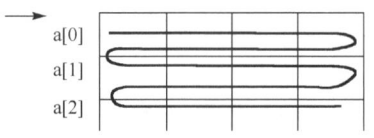

图 8-11 多维数组的存储顺序

二维数组 a 的 12 个元素在内存中是连续排列的。即先存放第 0 行(从左到右)，然后存放第 1 行，再存放第 2 行。具体为 a[0][0]…a[0][3]、a[1][0]…a[1][3]、a[2][0]…a[2][3]，如图 8-12 所示。

	a[0]	a[0]+1	a[0]+2	a[0]+3
a	1	3	5	7
a+1	9	11	13	15
a+2	17	19	21	23

图 8-12 二维数组存放方式

从二维数组的角度来看,a 代表二维数组首元素的地址,现在的首元素不是一个简单的整型元素,而是由 4 个整型元素组成的一维数组,因此 a 代表的是首行(即序号为 0 的行)的首地址,a+1 代表序号为 1 的行的首地址。如果二维数组 a 的首行地址为 3000,一个整型数据占 2 个字节,则 a+1 的应该是 3000+2×4=3008。a+1 指向 a[1],或者说 a+1 是 a[1] 的首地址。

a[0]、a[1]、a[2]既然是一维数组,那么 a[0] 就是"一维数组 a[0]"的数组名,又是它的首地址,而"一维数组 a[0]"的第 0 个元素是 a[0][0],则 a[0] 与 &a[0][0] 等价;同理,a[1] 与 &a[1][0] 等价,a[i] 与 &a[i][0] 等价。

&a[i] 是第 i 行的地址,a[i] 是第 i 行的首地址,两者的值相同,但意义不同。&a[i] 指向行,a[i] 指向第 i 行首元素(即指向第 0 列)。&a[i]+1 是下一行的地址,a[i]+1 是第 i 行下一列(第 1 列)元素的地址。

由此可知,a[0] 和 a+0 的地址值相同,a[i] 和 a+i 的地址值相同。

从上述分析中可以看出,当数组是多维时,元素地址有多种等价的形式。表 8-2 列出了二维数组的地址形式及其含义。

表 8-2 二维数组的地址形式

表示形式	含 义	等价地址
a	二维数组名,第 0 行的首地址	&a[0][0]
a[0]、*(a+0)、*a a[i]、*(a+i)	第 0 行第 0 列的元素地址 第 i 行第 0 列的元素地址	&a[0][0] &a[i][0]
a+i、&a[i]	i 行的首地址	&a[i][0]
a[i]+j、*(a+i)+j	第 i 行第 j 列的元素地址	&a[i][j]

请思考:*(a[i]+j)、*a+i、*a 分别代表什么?

注意:在二维数组中,不要把 &a[i] 简单地理解为 a[i] 元素的物理地址,因为并不存在 a[i] 这样一个实际存储单元。它只是一种地址计算方法,能得到第 i 行的首地址,&a[i] 和 a[i] 的值是相同的,但含义不同。&a[i] 或者 a+i 指向行,而 a[i] 或者 *(a+i) 指向列。

【例 8-6】 输出二维数组的各种形式的地址值。

```
#include<stdio.h>
int main()
{
    int a[3][4]={1,2,3,4,5,6,7,8,9,10,11,12};
    printf("a=%x\t*a=%x\n",a,*a);
    printf("a+0=%x\ta+1=%x\ta+2=%x\n",a,a+1,a+2);
    printf("&a[0]=%x\t&a[1]=%x\t&a[2]=%x\n", &a[0], &a[2], &a[3]);
    printf("a[0]=%x\ta[1]=%x\ta[2]=%x\n", a[0], a[1], a[2]);
    printf("*(a+0)=%x\t*(a+1)=%x\t*(a+2)=%x\n",*a,*(a+1),*(a+2));
    return 0;
}
```

程序运行结果如图 8-13 所示。

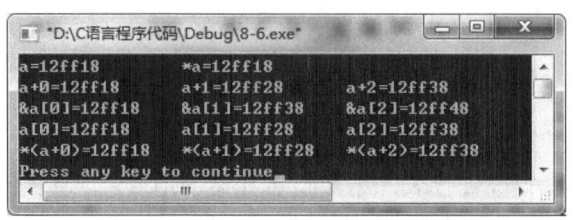

图 8-13 【例 8-6】程序运行结果

程序分析：在不同的计算机、不同的编译环境、不同的时间实际运行以上程序，由于分配内存情况不同，所显示的地址可能是不同的。但是上面显示的地址是有规律的，如上面显示 0 行首地址和 0 行 0 列元素地址 12ff18，第一列显示的地址是相同的。本编译环境下，一个整型变量分配 4 个字节，所以 a[0]和 a[1]间隔 16 个字节(第 0 行的 4 个元素)，十六进制 12ff28-12ff18=16。

2. 指向多维数组元素的指针变量

定义指向多维数组元素的指针变量时，指向类型应该与数组元素类型一致，例如：

```
int a[5][10],*p1=&a[0][0];              //指向二维数组元素的指针
float b[2][3][4],*p2=&b[1][2][3];       //指向三维数组元素的指针
```

3. 通过指针访问多维数组元素

假设存在以下定义：

```
int a[m][n], *p=&a[0][0];
```

则访问一个二维数组元素 a[i][j]，可以用如下方法。
(1) 数组下标法：a[i][j]；
(2) 指针下标法：p[i*n+j]；
(3) 地址引用法：*(*(a+i)+j)或者*(a[i]+j)；
(4) 指针引用法：*(p+i*n+j)。

【例 8-7】 通过指针变量输出二维数组各元素的值。

```
#include<stdio.h>
int main()
{
    int a[3][4]={1,3,5,7,9,11,13,15,17,19,21,23},*p=a[0];
    for(;p<a[0]+12;p++)
    {
        if((p-a[0])%4==0)
            printf("\n");          //控制每行输出 4 个元素
        printf("%4d",*p);
    }
    printf("\n");
    return 0;
}
```

程序运行结果如图 8-14 所示。

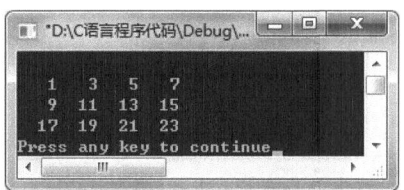

图 8-14 【例 8-7】程序运行结果

注意：p=a[0]使得 p 指向 a[0][0]元素，a[0]+12 是元素 a[2][3]后面一个元素的地址。

8.3.3 数组指针

前面的指针变量指向的是数组元素，C 语言可以定义一个指向数组的指针变量，称为数组指针。定义形式如下。

1）指向一维数组的指针变量定义

指针类型　(*指针变量名)[常量表达式],...

2）指向多维数组的指针变量定义

指针类型　(*指针变量名)[常量表达式 1][常量表达式 2]... ,...

注意，指针变量名必须括起来，使得*比[ ]先处理，说明定义的是一个指针。否则会因为[ ]比*优先级高，而变为定义数组。

例如：

```
int (*p1)[4];        //定义指向一维数组的指针变量 p1
int (*P2)[3][4];     //定义指向二维数组的指针变量 p2
```

需要注意的是，数组指针本质上是一个指针，编译器像处理其他指针变量一样为数组指针变量分配一定大小的存储空间，并不是按数组长度来分配。

数组指针的实际意义是：若 p 指向一个数组，则*p 就是该数组。假设：

```
int a[3][4],(*p)[4];
p=a;                 //*p 是 a[0]，即如 int a[4]这样的数组
```

因为 p 指向一个有 4 个整型元素的一维数组，当 p=a 时，p 指向二维数组 a 的第 0 行(a[0][0]开始的行)，如图 8-15 所示。则 p+1 指向下一行，即 a 的第 1 行(a[1][0]开始的行)。

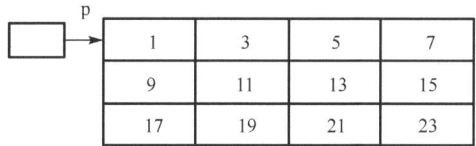

图 8-15　指向数组的指针

【例 8-8】 通过指向一维数组的指针变量输出二维数组元素。

```
#include<stdio.h>
int main()
{
    int a[3][4]={1,3,5,7,9,11,13,15,17,19,21,23},i,j;
    int (*p)[4]=a;
```

```
        for(i=0;i<3;i++)
        {
            for(j=0;j<4;j++)
                printf("%4d",p[i][j]);
            printf("\n");
        }
        return 0;
    }
```

程序运行结果如图 8-16 所示。

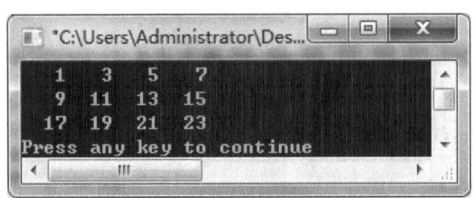

图 8-16 【例 8-8】程序运行结果

8.4 指针与字符串

前面几章中已经大量使用了字符串，都是用字符数组来处理的。本节来介绍使用字符串的一种更加灵活的方法——指针引用法。

8.4.1 指向字符串的指针

可以定义一个字符数组，并用字符串常量初始化它，例如：

```
Char str[]="C Program";
```

系统会在内存中创建一个字符数组 str，将字符串常量的内容复制到数组中，并在字符串末尾自动增加一个结束符 "\0"，如图 8-17 所示。

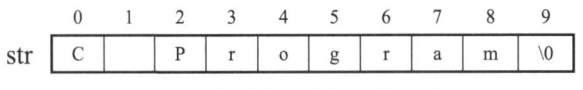

图 8-17 字符串的数组存储形式

C 语言允许定义一个字符指针，初始化时指向一个字符串常量，一般定义形式为：

```
char *字符指针变量=字符串常量,...
```

例如：

```
char *str="C Program";
```

str 是一个指向 char 型的指针变量。

这里虽然没有定义字符数组，但在程序全局数据区中仍为字符串常量分配了存储空间，而且以数组形式存放，并在字符串末尾自动增加一个结束符 "\0"。显然，这个字符串常量是有地址的。初始化时，str 存储了这个字符串的首地址，而不是存储字符串常量本身，称 str 指向字符串。

【例8-9】 通过字符指针变量输出一个字符串。

```
#include<stdio.h>
int main()
{
    char *str="C Program";      //定义字符串指针变量str并初始化
    printf("%s",str);            //输出字符串
    printf("\n");
    return 0;
}
```

运行结果如图8-18所示。

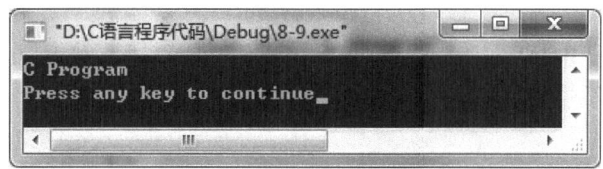

图8-18 【例8-9】程序运行结果

输出时，系统会首先输出str指向的字符串中的第1个字符，然后自动使str加1，使之指向下一个字符，再输出该字符，……，直到遇到字符串结束标志"\0"为止。注意：内存中，字符串的最后被自动加了一个"\0"，因此可以确定输出字符操作到何时结束。

字符指针除了可以指向字符串常量外，还可以指向字符数组。例如：

```
char str[]="C Program",*p=str;    //p指向字符串的指针
```

【例8-10】 编写程序计算字符串的长度（实现strlen函数的功能）。

```
#include<stdio.h>
int main()
{
    char str[80],*p=str;         //定义字符串指针变量p并初始化
    scanf("%s",str);              //输入字符串
    while(*p) p++;
    printf("strlen=%d",p-str);
    printf("\n");
    return 0;
}
```

运行结果如图8-19所示。

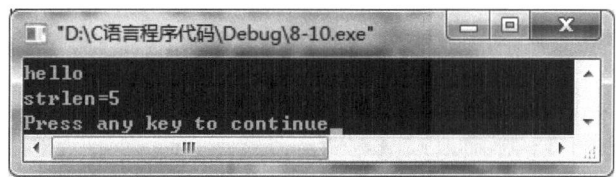

图8-19 【例8-10】程序运行结果

程序第6行while表达式中的*p是*p!="\0"的简写形式，两者作为逻辑结果是完全等价的，含义是判断p所指向的数组元素是否为结束字符"\0"；如果不是结束字符则p++，使指

针移向下一个元素继续判断,当 p 指向结束字符时,转向第 7 行。p-str 的结果是两个地址之间字符元素的个数,即字符串的长度。

8.4.2 指针与字符数组的比较

由于数组和指针之间的密切关系,用字符数组和字符指针变量都能实现字符串的存储和运算,但二者之间还是有显著差异的,主要有以下几点。

1. 存储内容不同

字符数组能存放字符串的所有字符和结束符,字符指针仅存放字符串的首地址。

2. 赋值方式不同

可以对字符指针变量赋值,但不能对数组名赋值。即对字符数组 str 可以进行初始化,也可以按元素来赋值,不能使用赋值语句进行整体赋值。

例如:

```
str="Student";        //错误
str[0]='S';           //正确
```

字符指针既可以进行初始化,也可以使用赋值语句赋值,例如:

```
p="a student";        //正确
*p="C";               //正确
```

3. 运算方式不同

字符数组 str 和字符指针 p 尽管都是字符串的首地址,但 str 是数组名,是一个指针常量,不允许被赋值或者进行自增、自减运算。而 p 是一个指针变量,允许被赋值或者进行自增、自减运算。

例如:

```
str++;        //错误
p++;          //正确
```

【例 8-11】 编写程序,实现字符串的赋值,并将数组 s1 中的字符串复制到数组 s2 中。

```
#include<stdio.h>
int main()
{
    char s1[80]="a teacher",s2[80],*p1=s1,*p2=s2;
                        //定义字符数组和字符指针变量,并对指针变量初始化
    while(*p1)
        *p2++=*p1++;    //将*p2 赋给*p1 并移动指针 p1、p2
    *p2='\0';           //加上字符串结束标志
    printf("string s1 is: %s\n",s1);
    printf("string s2 is: %s\n",s2);
    return 0;
}
```

运行结果如图 8-20 所示。

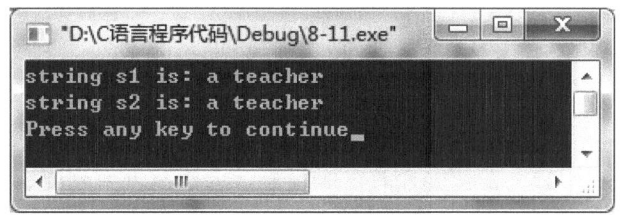

图 8-20　【例 8-11】程序运行结果

通过指针变量 p1 和 p2，将数组 s1 中的字符串复制到数组 s2 中。当然这个复制功能可以编写为函数实现，在下一节举例。

4．元素值是否可变

字符数组中各元素的值是可以改变的，而字符指针变量所指的字符串常量中的内容是不可能改变的。例如：

```
char a[]="I am a teacher!";
char *p="you are a student!";
a[1]='x';              //正确
p[1]='x';              //错误
```

8.4.3　字符串指针作函数参数

将一个字符串从一个函数传递到另一个函数，可以用地址传递的办法，即用字符数组名或者用指向字符串的指针变量作参数。在被调用函数中可以改变字符串的内容，在主调函数中可以得到改变后的字符串。

【例 8-12】　函数调用方式，实现字符串的复制。

```
#include <stdio.h>
void str_copy(char *from,char *to)
{
    while(*to++=*from++);
}
int main()
{
    char str1[80],str2[80];
    scanf("%s",str1);         //输入字符串
    str_copy(str1,str2);      //数组名作实参，把首地址传给指针变量
    printf("str2=%s\n",str2);
    return 0;
}
```

程序说明："while(*to++=* from++);"语句的执行过程为，首先将源串中的当前字符复制到目标串中；然后判断该字符（即赋值表达式的值）是否是结束标志，如果不是，则两个指针变量的值增 1，以便复制下一个字符；如果是结束标志，则结束循环。其特点是：先复制、后判断，循环结束前，结束标志已经被复制到目标串中。

8.5 指针与函数

程序中如果定义了函数，在被编译时，编译系统为函数分配相应的存储空间，这段空间的起始地址(函数的入口地址)称为这个函数的指针。C 语言规定，函数名表示函数的入口地址，可以用函数名直接调用，也可以通过指针间接调用所指向的函数。

8.5.1 指向函数的指针

可以定义一个指向函数的指针变量，用来存储一个函数的入口地址，即指向该函数。例如：

```
int (*p)(int,int);
```

定义 p 是一个指针变量，它可以指向函数，要求该函数必须具有两个整型形参且函数返回值为整型。

注意：这里(*p)两边的括号不能省略，否则将变为返回指针值的函数。

8.5.2 用函数指针变量调用函数

函数名代表该函数的入口地址，只要将这个地址赋给函数指针变量，就可以用指针调用函数了。例如：

```
int add(int,int);
int (*p)(int,int);    //定义函数指针 p
p=add;                //将函数 add 的入口地址赋给指针 p
(*p)(3,5);            //通过指针间接调用
```

【例 8-13】 利用指针间接调用函数。

```
#include<stdio.h>
void main()
{
    int add(int,int);    //函数声明
    int c;
    int (*p)(int,int);
    p=add;
    c=(*p)(3,5);    //函数调用
    printf("%d\n",c);
}
int add(int a,int b)
{
    return (a+b);
}
```

运行结果如图 8-21 所示。

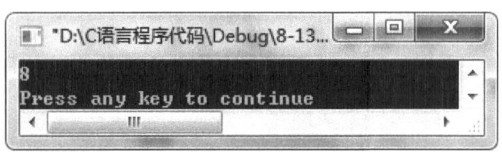

图 8-21　【例 8-13】程序运行结果

几点注意：

(1)定义指向函数的指针变量，并不意味着这个指针可以指向任何函数，它只能指向在定义时指定类型的函数。这里主要强调函数返回值类型和参数个数及其类型。

(2)如果要用指针调用函数，必须先使指针变量指向函数。如"p=add;"语句把函数的入口地址赋给了指向变量 p。

(3)用函数指针变量调用函数时，只需用(*p)代替函数名即可。其后的括号中根据需要写上实参。

(4)对指向函数的指针不能进行算术运算，如 p++、p+x 等运算是无意义的。

(5)用函数名调用函数，只能调用指定的一个函数，而通过指针变量调用函数比较灵活，可以根据不同情况先后调用不同的函数。

8.5.3　返回指针的函数

指针不仅可以作为函数的参数，函数的返回值也可以是一个指针，其一般定义格式为：

```
类型　*函数名(形参表)
{
    函数体
}
```

例如：

```
int *f(int a)
{
    ...
}
```

说明：定义了一个函数 f，它有一个参数，返回一个整型指针。

【例 8-14】　数组 a 中已保存 10 个学生的 C 语言成绩，要求输入一个学生的学号，输出该学生的成绩。

```
#include<stdio.h>
int *found(int b[10], int n);
int main()
{
    int a[10]={78,65,89,77,45,43,23,10,87,90};
    int n,*p;
    printf("please input n:");
    scanf("%d", &n);
    p=found(a,n);
    printf("%d\n", *p);
}
```

```
int *found(int b[10], int n)
{   // found()函数返回一个指向学号为 n 的学生的成绩的指针
    return b+n-1;
}
```

运行结果如图 8-22 所示。

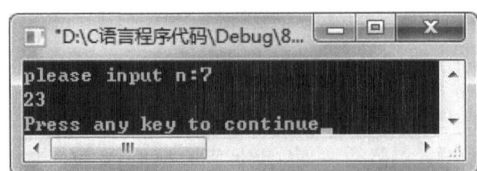

图 8-22　【例 8-14】程序运行结果

8.6　指针数组与多重指针

前面已经介绍了指针变量和数组的指针，实际上数组也可以是指针类型。多重指针变量可以用来存储指针变量的地址，简称指向指针的指针。

8.6.1　指针数组

若一个数组的元素为指针类型，则该数组称为指针数组，定义形式如下：
数据类型　*数组名[常量表达式]，…
例如：

```
char *str[3]={"book","student","teacher"};
```

说明：

(1)该语句定义了一个字符指针数组 str，它的长度为 3，并进行了初始化。
(2)str 的 3 个元素分别指向了 3 个字符串常量 book、student、teacher，其内存存储情况如图 8-23 所示。

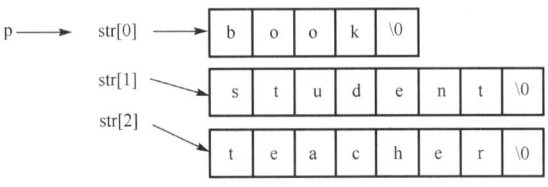

图 8-23　字符指针数组结构

以上是采用指针数组管理字符串，当然也可以用二维字符数组来管理多个字符串。例如上面的例子用二维数组管理字符串，可以写为：

```
char str[3][8]= {"book","student","teacher"};
```

该二维字符数组的内存存储情况如图 8-24 所示。

b	o	o	k	\0			
s	t	u	d	e	n	t	\0
t	e	a	c	h	e	r	\0

图 8-24　二维字符数组的结构

表面上这两种方法似乎是等价的，但是总体来看，字符指针数组管理多个字符串的效率比二维数组要高得多。其理由主要有以下几点：

（1）二维字符数组中列的长度是最长字符串的长度，这样由于多个字符串长度不一，容易造成内存空间的浪费；字符指针数组的长度与字符串的长度无关，只与这些字符串的个数有关。

（2）二维字符数组中的字符串是顺序存放的，每行存储一个字符串，要求系统为其提供连续的存储空间；而字符指针数组所指的字符串不要求顺序存放，存储空间不要求连续，只是字符串的指针顺序存放在字符指针数组内而已。

（3）在进行字符串排序等工作时，二维字符数组需要做字符串拷贝等操作，较为费时；而指针数组不需要进行字符串拷贝等操作，只是指针在发生移动，较为快捷。

【例 8-15】 某个学生兴趣小组有 5 人，给出一个学生的姓名，查询该生是否在这个小组中。

程序代码如下：

```
#include<stdio.h>
#include<string.h>
#define N 5
int main( )
{
    int search(char *a[],char *p);           //函数声明
    int i,flag;
    char *a[N]={"zhang ping","wang li","xue hua","li qing","ma lin"};
    char *b[20];
    gets(b);                                  //输入查询的学生
    flag=search(a,b);                         //函数调用
    if(flag==1) printf("found!\n");
    else    printf("not found!\n");
}
int search(char *a[],char *p)                 //函数定义
{
    int i,flag;
    for(i=0,flag=0;i<N;i++)
    if(strcmp(a[i],p)==0)
    {
        flag=1;
        break;
    }
    return(flag);
}
```

分析：定义了字符指针数组管理该兴趣小组的名单，用自定义函数 search 实现按姓名查找学生的功能。

8.6.2 多重指针

深入分析指针数组的语法，不难发现指针数组的元素是指针变量，指针数组的名字又是数组的起始地址，即数组的首地址，那么指针数组名即是一个指向指针变量的指针。C 语言规定，可以定义指向指针的指针变量，其语法形式为：

```
        数据类型  **变量名;
```

例如:

```
        int **p;
```

说明:

(1)与一级指针相比,指向指针的指针多了一个*,它属于二级指针,利用它可以访问存放在内存的数据,不必要连用两次间接访问,这种访问方式叫作二次间接访问。

(2)指向指针的指针使用时,需要先指向一个一级指针。一级指针、二级指针都是指针,但是类型不同,不能互相赋值。

例如:

```
        int **p,*q,a;
        q=&a;                   //一级指针 q 指向了普通变量 a
        p=&q;                   //二级指针 p 指向了一级指针 q
```

(3)虽然二维数组的指针以及指向一维数组的指针(行指针)也属于二级指针,但是它们与以两个*符号定义的指向指针的指针类型并不一样,不能互相赋值。

【例 8-16】 编写函数,求 3 个字符串中的最小字符串。

程序代码如下:

```
        #include<stdio.h>
        #include<string.h>
        void main( )
        {
            char strmin(char **p);                   //函数声明
            char *a[3]={"zhang","wang","li" },*q;
            q=strmin(a);
            printf("最小字符串为: %s",q);
        }
        char strmin(char **p)                        //函数定义
        {
            int i;
            char *q;
            q=*p;
            for(i=1;i<3;i++)
                if(strcmp(q,*(p+i)>0))
                    q=*(p+i);
            return(q);
        }
```

说明:函数调用时,形参 p 指向字符指针数组 a 的首元素 a[0],p+i 指向 a[i],因此*(p+i)就是 a[i],即第 i 个字符串的指针。q 始终指向当前最小的字符串,调用结束后,返回最小字符串的指针。

理论上存在 n 级指针,经过 n 次间接访问才能最终访问到相应的数据。定义多级指针的例子如下:

```
        int a=5,*p1,**p2,***p3,****p4;    //定义了多级指针变量
```

```
p1=&a;                    //p1 指向普通变量 a
p2=&p1;                   //p2 指向一级指针变量 p1
p3=&p2;                   //p3 指向二级指针变量 p2
p4=&p3;                   //p4 指向三级指针变量 p3, 即 p4 是四级指针变量
```

各指针之间的关系如图 8-25 所示。

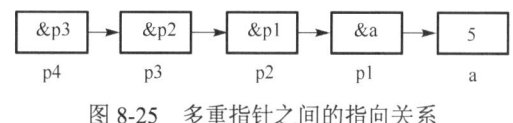

图 8-25 多重指针之间的指向关系

8.7 动态内存

8.7.1 动态内存的概念

动态分配是程序运行期间根据实际需要动态地申请或者释放内存的方式，它不像数组等静态内存分配方式那样需要预先分配存储空间，而是根据程序的需要适时分配，且分配的大小就是程序要求的大小。

由于未在声明部分定义它们为变量或者数组，因此不能通过变量名或者数组名去引用这些空间，只能通过指针来引用。

动态分配方式的特点如下：

(1) 不需要预先分配存储空间；
(2) 分配的空间可以根据程序的需要扩大或者缩小。

8.7.2 动态内存的分配和释放

C 语言动态内存管理是通过标准库函数来实现的，其头文件为 stdlib.h。

1. 动态内存分配函数

1) malloc 函数

malloc 用于分配一个指定大小的连续内存空间，函数原型为：

```
void *malloc(size_t size);
```

若分配成功，函数返回一个指向该内存空间起始地址的 void 类型指针；若分配失败，函数返回 0 值指针 NULL。参数 size 表示申请分配的字节数；size_t 指类型，如 int 等。

在实际的编程中，要将 malloc 函数返回的 void 类型指针显式地转换为其他指针类型。调用函数时，一般使用 sizeof 函数计算需要的内存空间大小，因为不同系统中数据类型的空间大小可能不一样。需要注意的是，分配得到的空间是未初始化的，即内存中的数据是不确定的。

例如：分配一个 int 型内存空间。

```
int *p;
p=(int *)malloc(sizeof(int));
```

若分配成功，则 p 指向分配得到的内存单元，*p 表示该单元。一般情况下，p 值不能改变，否则该内存单元将无法再引用了(再"找不到"其起始地址)。

当然，也可能分配不成功，主要原因是没有足够的内存空间。所以在内存分配后，要对它的返回值进行检查，确认指针是否有效。例如下面的代码形式：

```
if(p!=NULL)            // 分配失败时 p 为 NULL
    …                  // 引用*p
```

2) calloc 函数

calloc 用于分配 n 个连续的指定大小的内存空间，函数原型为：

```
void *calloc(size_t n, size_t size);
```

每个存储空间的大小为 size，总长度为 n*size，并且将分配得到的空间的所有数据初始化为 0。若分配成功，函数返回一个指向该内存空间起始地址的 void 类型指针；若分配失败，函数返回 0 值指针 NULL。

例如：分配 10 个 int 型的连续内存空间。

```
int *p;
p=(int *)calloc(10,sizeof(int));
```

等价于

```
int *p;
p=(int *)calloc(10*sizeof(int));
```

2. 动态内存的调整函数

realloc 函数用于调整已分配内存空间的大小，函数原型为：

```
void *realloc(void *ptr, size_t size);
```

realloc 将指针 ptr 指向的动态内存空间扩大或者缩小为 size 大小，无论扩大或者缩小，原有内存中的内容将保持不变，缩小空间会丢失缩小的那部分内容。如果调整成功，函数返回一个指向调整后的内存空间起始地址的 void 类型指针。

假设 ptr 指针已经指向动态分配的 20 个 int 型的空间，要调整到 10 个 int 型大小，则可以用以下语句实现：

```
p=(int *)realloc(pt,10*sizeof(int));
```

3. 动态内存释放函数

free 函数用于释放动态分配的内存空间，函数原型为：

```
void *free(void *ptr);
```

ptr 指向的动态内存空间释放后，需要将指针 ptr 设置为 NULL，避免产生"迷途指针"。

8.7.3 动态内存的应用

虽然动态内存分配适用于所有数据类型，但通常用于数组、字符串、字符串数组、自定义类型及复杂数据结构类型。

【例 8-17】 动态分配"一维数组"。

```
#include<stdio.h>
```

```
#include<malloc.h>
int main( )
{
    int i,j,n=3;
    int *a;
    a=(int *)malloc(n*n*sizeof(int));
    for(i=0;i<9;i++)
        scanf("%d",a+i);
    for(i=0;i<9;i++)
        printf("%-2d",a[i]);
    printf("\n");
}
```

程序运行结果如图 8-26 所示。

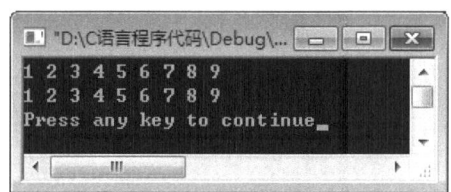

图 8-26 【例 8-17】程序运行结果

注意，动态分配的空间按一维数组使用较方便，元素就为 a[i]。若按二维数组操作，不能按 a[i][j]形式操作，只能按形式 a[i][*n+j]处理，其中 n 为二维数组中列的个数，依次类推。

8.8 程 序 举 例

由 8.6 节介绍可知，int *p[4];说明 p 是一个一维数组，它有四个元素，每个元素是一个可以指向整型数据的指针变量。注意 int *p[4]; 和 int (*p)[4];有本质的区别，后者是数组指针。

指针数组的初始化，实质上就是数组的初始化，例如：

```
int a[4][4]={1,2,3,4,5,6,7,8,9,10,11,12};
int *p[4]={a[0],a[1],a[2],a[3]};
```

初始化后指针数组 p 的元素指向了二维数组各行的首元素。若指针数组未初始化，则它的每个元素都是一个"迷途指针"。

【例 8-18】 通过一维指针数组输出二维数组各元素。

```
#include<stdio.h>
void main()
{
    int a[3][4]={1,3,5,7,9,11,13,15,17,19,21,23};
    int i,j,*p[4]= {a[0],a[1],a[2],a[3]};
    for(i=0;i<3;i++)
    {   for(j=0;j<4;j++)
            printf("%4d",p[i][j]);
        printf("\n");
```

```
        }
}
```

程序运行结果如图 8-27 所示。

注意：这里输出语句"printf("%4d",p[i][j]);"可以由"printf("%4d",*(*(p+i)+j));"代替。

【例 8-19】 对给定数组进行排序。

```
#include<stdio.h>
void sort(int *p);
int main()
{
    int i, a[8]={ 4,2,-7,11,5,234,75,28 };
    sort(a);
    for (i=0; i<8; i++)
        printf("%4d", a[i]);
    printf("\n");
}
void sort(int *p)
{
    int i, j, t;
    for (i=1; i<8; i++)
    {
        for (j=0; j<8-i; j++)
            if (p[j]>p[j+1])
            {
                t=p[j];
                p[j]=p[j+1];
                p[j+1]=t;
            }
    }
}
```

程序运行结果如图 8-28 所示。

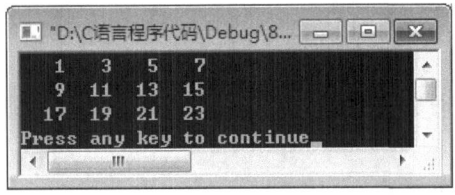
图 8-27 【例 8-18】程序运行结果

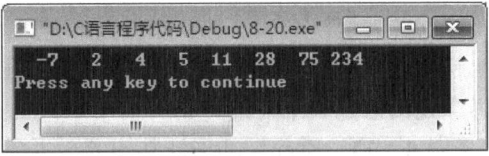
图 8-28 【例 8-19】程序运行结果

【例 8-20】 3 个学生 4 门课程的成绩已放在二维数组 A[3][4]={{66,57,70,86}, {58,67,90,45},{98,67,87,95}}中，从键盘输入一个学生的序号，输出该学生 4 门课程成绩的平均分。

```
#include<stdio.h>
int main()
{
    void aver(float *p);
```

```
    int n;
    float a[3][4]={{66,57,70,86},{58,67, 90,45},{98,67,87,95}};
    printf("please input n:", n);
    scanf("%d", &n);                //序号为1、2、3
    aver(*a,12);
    return 0;
}
void aver(float *p)
{
    float s=0, aver;
    int i;
    for (i=0; i<4; i++)
        s=s+p[i];
    aver=s/4;
    printf("aver=%5.2f\n", aver);
}
```

程序运行结果如图 8-29 所示。

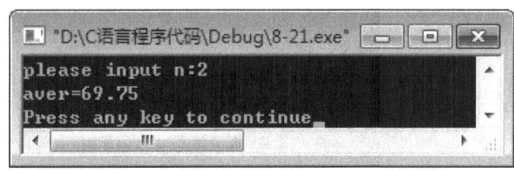

图 8-29 【例 8-20】程序运行结果

【例 8-21】 读下面的程序，说出结果。

```
#include<stdio.h>
int   max(int,int);
int   min(int,int);
void func(int , int ,int (*fun)());
int main( )
{
    int a, b;
    int (*p)();
    printf("please input a, b: ");
    scanf("%d,%d", &a, &b);
    p=min;
    func(a, b, p);
    p=max;
    func(a, b, p);
}

int min(int x, int y)
{
    int t;
    t=x<y?x:y;
    return t;
}
```

```
int max(int x, int y)
{
    int t;
    t=x>y?x:y;
    return t;
}
void func(int x, int y, int (*fun)())
{
    int t;
    t=fun(x,y);
    printf("%d\n", t);
}
```

8.9 本章易错问题

读下面的程序找出错误。

【例 8-22】 输入输出数组。

```
#include<stdio.h>
int
main( )
{
    int i, a[6];
    int *p;
    p=a;
    for (i=1; i<=6; i++)
    {
        printf("please input a[%d]:", i);
        scanf("%d", a+i);
        a++;
    }
    for (i=0; i<6; i++)
        printf("%d ", p[i]);
}
```

【例 8-23】 从键盘输入 10 个数，输出其中的最大值和最小值。

```
#include<stdio.h>
void find(int a[], int *max, int *min);
void main( )
{
    int i, max, min, a[10];
    for (i=0; i<10; i++)
    {
        printf("please input a[%d]:", i);
        scanf("%d", &a[i]);
    }
    find(a, max, min);
```

```
        printf("max=%d min=%d\n", max, min);
    }
    void find(int a[], int *max, int *min)
    {
        int i;
        max=min=a[0];
        for (i=0; i<10; i++)
        {
            if (max<a[i]) max=a[i];
            if (min>a[i]) min=a[i];
        }
    }
```

【例8-24】 用字符数组实现字符串复制。

```
#include<stdio.h>
void main()
{
    char a[]="I am a student.",b[20];
    int i;
    for(i=0;*(a+i)!='\0';i++)
        *(b+i)=*(a+i);
    (b+i)='\0';
    printf(" string a is: %c\n",a);
    printf(" string b is: ");
    for(i=0;*(b+i)!='\0';i++)
        printf("%c", b[i]);
}
```

8.10 本章小结

本章主要介绍了各种类型指针及其应用。若变量 a 的地址存储在变量 p 中，则认为 p 指向 a。访问内存的方法有直接访问和间接访问两种，若建立了指针的指向关系，则可以利用指针间接访问其所指变量。

指针的相关运算主要有=、&、*、+、−、++、—等。=用于建立指针的指向关系，&用于取变量的地址，*则用于间接访问，其中&和*作用相反，互相抵消。+、−、++和—用于数组指针的运算，指针+1 表示指针向前移动，指向下一个元素；相反，−1 则表示指针向后移动，指向上一个元素。

指针作函数参数使得在被调函数中可以间接访问主调函数中的变量，从而实现跨函数值的修改。把一维数组名赋值给一个指针变量，表示该指针指向了一维数组的第 1 个元素，若把二维数组名赋值给一个指针变量，表示该指针变量指向一行，如果要指向一个元素，则需要经过两次间接访问才能实现。

函数名代表函数的入口地址，通过指向函数的指针可以实现间接调用函数，使得某些调用更加灵活。函数不仅可以返回值，也可以返回地址。

指针数组的所有元素都具有相同类型的指针，多用于处理多个相关字符串，比二维数组的处理效率高。C 语言允许定义多级指针，通过多次间接访问，可以实现对内存数据的存取。

练习题

1. 统计字符串中字符的个数。
2. 编写函数,将一个 5×5 的矩阵转置。
3. 编写函数,实现对主调函数中数组的排序,要求形参为指针变量。
4. 编写程序,将一个字符串插入另一个字符串的指定位置。
5. 编写函数,用指针法将数组 A 中 n 个整数按反序存放。
6. 实现类似于库函数 strcmp 字符串比较的功能。
7. 查找一行字符中最长的单词。
8. 将字符串中每个单词的首字母改为大写。
9. 编写函数,函数功能是将一个整数字符串转换为一个整数。
10. 编写函数 operate(int a,int b,int (*fun)(int x,int y))。每次调用 operate 函数时可以实现不同的功能,如计算 a 和 b 的最大值、和、差等。
11. 已知 int A[3][4]={ 1,2,3,4,5,6,7,8,9,10,11,12},且&A[0][0]的值为 2000(十进制),试填写下表。

式子	值
A	
A+1	
*(A+1)	
**(A+1)	
A[0]	
A[0]+1	
*A[0]	
&A[0]	
*(A[0]+1)	
A[1][0]	
& A[1][0]	
&& A[1][0]	
*(*A+1)	
((A+1))	
((A+1)+2)	
((A+i)+j)	
*A	
**A	

第 9 章　结构体与共用体

内容导读：

前面已经知道，利用数组可以将一群相同类型的数据组织在一起。但在实际应用中，经常会遇到由多种不同类型数据组成的实体。例如，描述一个学生的数据实体包括学号、姓名、年龄、成绩等数据项，这些类型不同的数据项是相互联系的，组成了一个有机整体，如果用独立的数据项分别表示它们，则不能体现数据之间的内在联系，不便于整体操作；也不能用普通数组来存放这些类型不同的数据。这就需要用本章将要介绍的结构体类型来表述。

- 结构体类型及其变量的定义、初始化和引用
- 结构体数组和结构体指针
- 单向链表
- 共用体和枚举类型

9.1　概　　述

结构体类型是一种把一些数据分量聚合成一个整体的数据类型。一个结构体中包含的每个数据分量都有名字，这些数据分量称为结构体成员，结构体成员可以是 C 语言中的各种变量类型。

使用结构体类型之前必须先定义，关键词是 struct，一般形式为：

```
struct 结构体名
{
        成员列表
   };
```

说明：

(1) 结构体名是结构体的名字，可以省略，但为了便于定义变量，建议保留。

(2) struct 和结构体名共同代表类型，与系统提供的基本数据类型具有同样的作用，可以用来定义变量。

(3) 一对大括号是定界符，其内部是成员描述，每个成员和普通变量的定义形式相同。

(4) 最后的分号不能省略。

学生信息可用结构体描述为：

```
struct student
{
    long sno;              //学号
    char name[21];         //姓名
    char sex;              //性别
    int age;               //年龄
```

```
        float score;           //成绩
    };
```

结构体类型的声明一般放在程序文件开头,或者放到头文件中被程序包含,此时这个声明是全局的,本程序中的任何函数都可以使用它。

当然,成员也可以属于另一个结构体类型。例如:

```
struct date
{
    int day;                //日
    int month;              //月
    int year;               //年
};
```

描述学生信息的结构体类型可改为:

```
struct student1
{
    long sno;
    char name[21];
    char sex;
    struct date birthday;   //成员birthday属于struct date类型
    float score;
};
```

其中,结构体类型 struct student1 又包含一个结构体类型成员 birthday,但注意结构体类型定义时不能包含自身。

从上述可知,结构体类型可以将数组和结构体这两种截然不同的数据聚合方式嵌套起来使用,从而让 C 语言有了表示复杂数据结构的能力。

9.2 结构体变量的定义、初始化和引用

前面建立了一个结构体类型,并没有定义变量,所以系统并不分配内存单元。为了能使用结构体类型的数据,首先应定义结构体类型的变量,并在其中存放具体的数据。

9.2.1 结构体变量的定义

定义一个结构体类型的变量,可以采用以下 3 种方法。

1. 结构体变量的定义形式

(1) 先定义结构体类型,再定义变量。

在 9.1 节开头就定义了一个结构体类型 struct student,可以用它来定义变量。例如:

```
    struct student stu1,stu2;   //定义stu1和stu2为两个结构体类型变量
```

(2) 在定义类型的同时定义变量。例如:

```
    struct student
    {
```

```
        long  sno;
        char  name[21];
        char  sex;
        int   age;
        float score;
}stu1,stu2;
```

(3)省略结构体名而直接定义变量。一般形式为:

```
struct
{
    成员列表
}结构体变量名列表;
```

这种形式显然是第 2 种形式的特例。

2. 结构体变量的内存形式

结构体变量是会被分配内存空间的,例如:变量 stu1 的存储结构如图 9-1 所示。

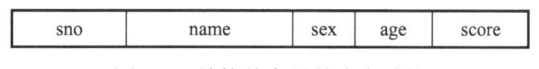

图 9-1 结构体变量的内存结构

从图中可以看出,结构体各成员根据在结构体声明时出现的顺序依次分配空间,结构体变量的长度是各个成员长度之和。

9.2.2 结构体变量的初始化

可以在结构体变量定义时进行初始化。

第 1 种定义初始化的一般形式为:

```
struct 结构体名 结构体变量名 1={初值序列 1},…;
```

第 2 种定义初始化的一般形式为:

```
struct 结构体名
{
    成员列表
}结构体变量名 1={初值序列 1},…;
```

结构体变量的初值序列与数组一样,必须用一对大括号{}将它括起来,即使只有一个数据也是如此。如果结构体变量嵌套了结构体成员,则该成员的初值可以用大括号括起来,也可以不用,初值的类型和次序必须与结构体类型声明时的一致。例如:

```
struct student1 stu1={201513218,"liping",'M',{23,01,1992}};
```

如有相同类型的成员,可以一次声明多个,如"int age,score;"声明形式。

9.2.3 结构体变量的引用

访问一个结构体变量的目的是引用它的成员,一般形式为:

```
结构体变量名.成员名
```

其中，小数点"."为结构体成员引用运算符，它在所有运算符中优先级最高，左结合性，因此可以把 stu1.sno 看作一个变量来使用，依据其类型进行各种合法的运算。

结构体成员引用运算时需要注意以下几点：

(1)不能通过结构体变量名对其进行整体输入输出，要对每个成员给出对应的格式。例如：

```
printf("%s",stu1);                        //错误
printf("%ld,%s",stu1.sno,stu1.name);      //输出学号、姓名
```

(2)若成员本身又是一个结构体类型，则要逐级向下引用，例如要输出 student1 结构体类型的变量 stu 中 birthday 成员的 year 子成员，则要用下面的形式：

```
printf("%d",stu.birthday.year);  //输出最后一级成员 year
```

这里不能用 stu.birthday 访问成员 birthday，因为它还是个结构体成员，需要继续逐级访问。

(3)结构体变量可以整体互相赋值。例如：

```
stu2=stu1;
```

C 语言编译系统允许进行同类型变量名的相互赋值，这是有些高级语言无法实现的，如 pascal 语言。

(4)既然可以把 stu1.sno 看作一个普通变量一样对待，当然如下操作是正确的：

```
scanf("%ld",&stu1.sno);
stu1.sno=201511021;
stu1.age++;
```

【例 9-1】 结构体数据的输入输出。

```
#include<stdio.h>
struct student
{
    long  sno;
    char name[21];
    char sex;
    float score;
};
main( )
{
    struct student s1;
    scanf("%s%ld%c%f",s1.name,&s1.sno,&s1.sex,&s1.score);
    printf("sno:%ld\nname:%s\nsex:%c\n%f\n",s1.sno,s1.name,s1.sex,
        s1.score);
}
```

运行情况如下：

```
Liping 201511201M91.5✓
Sno:201511201
name:Liping
sex:M
score=91.500000
```

说明：请注意 scanf 函数中格式字符的组合顺序，应交替输入数值型数据和字符型数据，以保证数据输入的正确性。

9.3 结构体数组

一个 struct student 类型结构体变量可以存放某个学生的一组相关信息，如学号、姓名和成绩等。如果有多个学生的数据需要处理，则应使用结构体数组。结构体数组和普通数组的不同之处在于：其每个数组元素都是一个结构体类型的变量。

9.3.1 结构体数组的定义

与定义普通数组的方法一样，只不过数组的类型是结构体类型。例如：在已经定义了结构体 student 的前提下，可以用如下语句定义结构体数组。

```
struct student stu[10];
```

定义了一个数组 stu，它有 10 个元素，每个元素的类型为 struct student。

结构体数组各元素在内存中按顺序存放，同样可以初始化，也是利用下标对结构体数组的元素访问。例如：

```
struct student stu[10]={{201511211,"zhanghua",'F',89},{201511212,
"maji",'M',91}};
```

这个例子中，只给 stu[0]和 stu[1]两个结构体数组元素的初始化值，但对于其他数组元素，编译器仍然会分配内存空间，如图 9-2 所示。

stu[0]	201511211	zhanghua	F	89
stu[1]	201511212	maji	M	91
…	…	…	…	…

图 9-2 结构体数组的存储形式

9.3.2 结构体数组的应用举例

【例 9-2】 输入 10 个学生的信息，按成绩降序输出这些信息。

```
#include<stdio.h>
struct student2
{
    long sno;
    char name[21];
    float score;
}
main( )
{
    struct student2 stu[10],temp;
    int i,j,index;
    for(i=0;i<10;i++)
```

```
        { printf("No %d:",i+1);    //提示输入第i个学生的信息
            scanf("%ld %s %f", &s1.sno, s1.name,&s1.score);
        }
        //按成绩降序排列,使用选择排序
        for(i=0;i<9;i++)
        {   index=i;
            for(j=i+1;j<10;j++)
                if(stu[j].score>stu[index].score)
                    index=j;
            temp=stu[index].score;
            stu[index]=stu[i];
            stu[i]=temp;
        }
        for(i=0;i<10;i++)
            printf("sno:%ld  name:%s score:%f\n",s1.sno,s1.name, s1.score);
    }
```

本例中,先输入10个学生的学号、姓名和成绩,然后使用选择排序法根据成绩对这10个学生的记录按降序排列。注意,其中的临时变量temp应该定义为struct student2类型,只有同类型的结构体变量才能互相赋值。此程序中是将stu[i]和stu[index]元素中所有成员整体互换(而不必人为地指定成员一个一个地互换),从这点可以看到使用结构体类型的好处。

9.4 结构体指针

在第8章已经学习了指针知识,指针可以指向任何一个变量,而结构体变量也是C语言中的一种合法变量,因此,指针也可以指向结构体变量,即结构体指针。实际上在指针变量中保存了结构体变量的起始地址,称为该结构体变量的指针。

9.4.1 结构体指针变量

结构体指针变量的一般定义形式如下:

```
struct 结构体名 *指针变量名;
```

例如:

```
struct student s1,*p;
```

定义了结构体变量s1和结构体指针变量p,如果再执行赋值语句p=&s1;将使p指向了s1。这时,可以通过指针变量p引用结构体变量成员,具体引用方法有以下两种:

1)用*p访问结构体成员

例如:

```
(*p).age=30;
```

其中*p表示p指向的结构体变量。注意,因为成员运算符"."的优先级高于"*"的优先级,所以(*p)两边的括号不能省略。若省略括号,则*p.age等价于*(p.age),含义发生了变化,会产生错误。

2)用指向运算符->访问结构体成员
例如：

```
p->age=30;
```

以上两种形式最终得到的结果是相同的，但在使用过程中，通常使用指向运算符->操作结构体成员。

【例 9-3】 用两种方式输出结构体数据。

```
#include<stdio.h>
struct student2
{
    long sno;
    char name[21];
    floatscore;
};

main( )
{
    struct student2 stu1={201511202,"Zhang",90}, *p=stu1;
    printf("%ld, %s, %f \n", p->sno,p->name,p->score);
    printf("%ld, %s, %f \n", (*p).sno, (*p).name, (*p).score);
}
```

运行结果如图 9-3 所示。

图 9-3　【例 9-3】程序运行结果

9.4.2 指向结构体数组元素的指针

如果将一个结构体数组元素的起始地址赋给指针变量，则指针指向该数组元素。例如：

```
struct student2  stu[3]，*p=s;
```

指针 p 指向数组 stu 的第一个元素，p+1 则指向 stu[1],依次类推，p+i 指向 stu[i]。

【例 9-4】 输入 3 个学生的姓名和数学成绩，查找并输出获得最高分的学生姓名及其成绩。

```
#include<stdio.h>
struct student3
{
    char name[21];
    float score;
};
main()
{
    int i;
```

```
        struct student3 stu[3],*p=stu,*q;
        printf("please input:");
        for (i=0; i<3; i++)
            scanf("%s %f",p->name,&p->score);
        for (i=0,q=p; i<3; i++,p++)
            if(p->score>q->score)
                q=p;       //q指针不断更新,最终指向最高成绩的数组元素
        printf("name:%s  score:%f \n", q->name,q->score);
    }
```

p 是指向 struct student3 结构体类型数据的指针变量。在 for 语句中先使 p 的初值为 stu,即数组 stu 的第一个元素的起始地址,见图 9-4 中 p 的指向。在第 1 次循环中输出 stu[0]的各个成员值,然后执行 p++,使得 p 自加 1。p+1 意味着 p 所增加的值为结构体数组 stu 的一个数组元素所占的字节数。指向 p+1 后 p 的值等于 stu+1,即 p 指向了 stu[1],见图 9-4 中的 p'。在第 2 次循环中输出 stu[1]的各个成员值。再执行 p++后,p 的值等于 stu+2,它的指向见图 9-4 中 p",再输出 stu[2]的各成员值。当再执行 p++后,p 的值变为 stu+3,已经超出数组范围,不再执行循环。

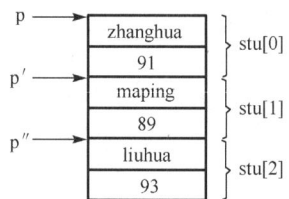

图 9-4 指向结构体的指针

9.4.3 向函数传递结构体

像其他普通的数据类型一样,既可以定义结构体类型的变量、数组、指针,也可以将结构体作为函数参数的类型和返回值的类型。将结构体传递给函数的方式有以下 3 种:

(1)用结构体的单个成员作为函数参数,向函数传递单个成员。

用单个结构体成员作为函数参数,与普通类型的变量作为函数参数没什么区别,都是传值调用,在函数内部对其进行操作,不会引起结构体成员值的变化。这种向函数传递结构体一个成员的方式很少使用。

(2)用结构体变量作函数参数,向函数传递结构体的完整结构。

用结构体变量作函数参数,向函数传递的是结构体的完整结构,即将整个结构体变量的内容复制给函数。在函数内可用成员选择运算符引用其结构体成员。因此这种传递方式也是传值调用,所以,在函数内对形参结构体成员值的修改,不会影响相应的实参结构体成员的值。这种传递方式更直观,但因其占用的内存空间比较大,因而时空开销较大。

(3)用结构体指针或者结构体数组作函数参数,向函数传递结构体的地址。

用指向结构体的指针变量或结构体数组作函数实参,实际上是向函数传递结构体的地址。因为是传址调用,所以在函数内部对形参结构体成员值的修改,将影响实参结构体成员的值。

由于仅复制结构体首地址一个值给被调函数,并不是将整个结构体成员的内容复制给被调函数,因此相对于第 2 种方式而言,这种传递方式效率更高。

【例9-5】 定义函数，实现例9-4查询到最高分的学生信息的功能。

```c
#include<stdio.h>
#define N 3
struct student3
{
    char name[21];
    float score;
};
main( )
{
    struct student3 *max(struct student3 *p);
    void print(struct student3 st)
    int i;
    struct student3 stu[N],*p=stu,*q;
    printf("please input:");
    for (i=0; i<N; i++)
        scanf("%s %f",stu[i].name,&stu[i].score);
    q=max(p);            //调用函数max,找到最高分数的学生
    print(*q);           //调用函数print,输出获得最高分的学生
}

struct student *max(struct student3 *p)   //定义函数
{
    int i;
    struct student3 *q=p;
    for (i=0; i<N; i++,p++)
        if(p->score>q->score)
            q=p;
    return(q);
}
void print(struct student3 st)
{
    printf("\n 成绩最高的学生: \n");
    printf("name:%s  score:%f \n", st.name,st.score);
}
```

此程序中，首先定义了结构体类型 struct student3，其中包含2个成员。函数 max 返回结构体数组元素的地址，即成员 score 的值最大的数组元素的起始地址。因为 print 函数的形参是 struct student3 类型的普通变量，所以调用 print 函数时，应该将 p 指向的结构体数据传值给形参，即实参为*q，而不能直接传递 q。

9.5 共 用 体

共用体，也称为联合，是将不同类型的数据组织在一起共用占用同一段内存的一种构造数据类型，每个成员在内存中的起始地址是相同的。

9.5.1 共用体类型及变量

共用体类型的定义形式和结构体类型基本相同，关键字为 union，一般形式为：

```
union 共用体名
{
    成员表列
}变量表列;
```

例如：

```
union data
{
    char a;
    int b;
    float c;
};
```

定义共用体变量的方式与结构体变量的定义也基本相同。例如：

```
union data
{
    char a;
    int b;
    float c;
}x;
union data y,z;
```

结构体变量所占内存长度是各成员长度之和，每个成员分别占有自己的内存单元；共用体中所有成员具有相同的起始地址，成员之间共享内存，所以共用体变量所占内存长度等于其最长成员的长度。上面定义的共用体变量 x 占 4 个字节(因为 float 型占 4 个字节)，而不是占 1+2+4=7 个字节，其内存结构如图 9-5 所示。共用体采用了覆盖技术，后一个数据覆盖前面的数据，即共用体中最后一个被赋值的成员才是有效的。

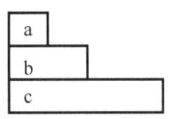

图 9-5 联合体变量的存储空间

9.5.2 共用体变量的引用

不能引用共用体变量，只能引用共用体成员，方法是采用成员引用运算符(.)，例如：

```
x.b=1920;        //给共用体整型成员赋值
x.c=12.45;       //给共用体实型成员赋值
```

如下引用是错误的：

```
x=235;           //错误,不能引用共用体变量
```

9.5.3 共用体类型数据的特点

(1)共用体变量在某一瞬间存放或者起作用的只有一个成员。某一时刻，共用体变量只能有唯一的成员有效，即起作用的是最后一次赋值的成员。例如执行如下赋值语句：

```
y.a='M';
y.b=1920;
y.c=123.45;
```

执行完以上 3 个赋值语句后，变量存储单元存放的是最后一次赋值 123.45，原来的'M'和 1920 都被覆盖了。

(2)共用体变量的地址和各成员的地址是同一个地址。例如：&x==&x.a==&x.b==&x.c。

(3)共用体类型可以出现在结构体类型和数组的定义中，反之亦然。

在什么情况下会用到共用体类型的数据呢？往往在不同情况下需要对一段空间采用不同用途时，共用体类型凸显其灵活性了。请分析例 9-6。

【例 9-6】设有若干个人员的数据，其中有学生和教师。学生的数据中包括：姓名、职业、班级。教师的数据包括：姓名、职业、职务。可以看出，学生和教师所包含的数据是不同的。现要求把它们放在同一表格中，见图 9-5。如果"job"项为"s"(学生)，则第 5 项为 class(班)。如果"job"项是"t"(教师)，则第 5 项为 position(职务)。Wang 是 professor(教授)。显然对第 5 项可以用共用体来处理(将 class 和 position 放在同一段内存中)。要求输入人员的数据，然后再输出。算法如下，为简化起见，只设两个人(一个学生、一个教师)。

```
struct
{   char name[10];
    char job;
    union
    {   int class;
        char position[10];
    }category;
}person[2];
void main()
{   int n,i;
    for(i=0,i<2; i++)
    {   scanf("%s %c", person[i].name,&person[i].job);
        if(person[i].job=='s')
            scanf("%d", &person[i].category.class);
        else if (person[i].job=='t')
            scanf("%s",person[i].category.position);
        else printf("input error! ");
    }
    printf("\n");
    printf("No. Namesex job class/position\n");
    for(i=0;i<2;i++)
    {   if(person[i]. job=='s')
            printf("%s %c %d\n",person[i].name,person[i].job,
                                person[i].category.class);
```

```
            else
                printf("%s %c %s\n", person[i].name,person[i].job,
                                     person[i]. category.position);
        }
    }
```

运行情况如下:

```
Li s501╝
Wang t professor╝
No.      Name   sex   job   class/position
Li   s    501
Wang t    professor
```

可以看到：在 main 函数之前定义了外部结构体数组 person，在结构体类型声明中包括了共用体类型，即 category（分类）是结构体中的一个成员名，在这个共用体中有 class 和 position 两个成员，前者为整型，后者为字符数组（存放"职务"的值——字符串）。

9.6 枚举类型和 Typedef

9.6.1 枚举类型

在实际应用中，有的变量的取值范围可能很小，只取离散的几个值，例如方向、月份等。枚举类型是由用户定义的多个枚举常量构成的类型。其声明的一般形式为：

```
enum [枚举名]{枚举元素列表};
```

例如：

```
enum weekdays{Sun,Mon,Tue,Wed,Thu,Fri,Sat};
enum weekdays workday;
```

以上描述了间接定义变量的方法，首先定义了枚举类型 enum weekdays，然后用这个类型再定义变量。当然也可以用直接定义法定义变量，例如：

```
enum[weekdays]{ Sun,Mon,Tue,Wed,Thu,Fri,Sat } workday;
```

注意：这里[ ]表示其中的内容和[ ]一起可以省略。

说明：

(1)枚举型仅适应于取值有限的数据。

例如，根据现行的历法规定，1 周 7 天，1 年 12 个月。

(2)大括号中的值称为枚举常量，其含义由程序员指定，目的是提高程序的可读性。

例如，上面的定义中指定用"Sun"代表"星期天"，可读性就强。注意：编译系统不是因为是单词"Sun"就永远识别为"星期天"，这里是由程序员设置的。

(3)枚举常量是有值的。

定义了枚举类型时，缺省情况下系统会给每个枚举常量（从 0 开始）赋值，因此枚举常量可以按对应的整数值进行比较运算。

例如，上例中的 Sun=0、Mon=1、……、Sat=6，所以 Mon>Sun，Sat 最大。

(4)在定义枚举类型时，枚举常量的值是可以人为指定的。

例如，如果 enum weekdays {Sun=7，Mon=1，Tue, Wed, Thu, Fri, Sat}；则 Sun=7，Mon=1，从 Tue=2 开始，依次增 1。

(5)一个枚举常量可以赋给一个枚举变量，而不能将一个整数直接赋给一个枚举变量，但可以经过强制类型转换后再赋值，如：workday=(enum weekday)3；相当于将序号为 3 的枚举元素值赋给 workday，即：workday=Tue。

【例 9-7】 多路选择程序。

```
#include<stdio.h>
main()
{
    enum derection{east,south,west,north};
    enum direction d;
    for(d=east;d<=north;d++)
        switch(d)
        {
            case east:printf("east\n");    break;
            case south:printf("south\n");  break;
            case west:printf("west\n");    break;
            case north:printf("north\n");
        }
}
```

分析：先定义了枚举类型，后定义枚举变量 d。用 for 循环输出枚举类型中所有的枚举常量。

9.6.2 Typedef

C 语言除了允许程序员直接使用标准类型名(如 int、char、float 等)和自定义的结构体、共用体、枚举类型外，还允许在程序中用 typedef 定义新的类型名来代替已有的类型名。例如：

```
typedef int integer;
typedef float real;
```

指定用 integer 代表 int 类型，用 real 代表 float 类型。即用 int、float 定义的变量也可以用 integer 和 real 定义。

注意：使用 typedef 并没有创建新的数据类型，只是命名了一个新的类型名，目的是增加程序的可读性和可移植性。常见的用法是为结构体起一个新名字，便于变量的定义。例如：

```
typedef struct student
{
    long sno;
    char name[21];
    char sex;
    float score;
}STUDENT;
```

此处给类型 struct student 另起了一个名字 STUDENT，则可以用 STUDENT 定义变量。例如：

```
STUDENT stu1,stu2;
```

这里定义了变量 stu1 和 stu2，同样可以用语句"truct student stu1,stu2;"来定义。typedef 不仅可以给一个类型名起个新名字，而且可以简化复杂的类型名，使得编写程序更加简洁。例如，可以给一个数组、指针、结构体、共用体等类型通过 typedef 起个新类型名，便于程序的通用和移植。

9.7 单向链表

9.7.1 链表概述

由前面的介绍已知：用数组存放数据时，必须事先定义好数组长度，这个长度一经定义，就是固定不变的。如果事先难以确定元素个数，则只能把数组长度指定得足够大，这就需要占用许多内存空间。另一方面，在数组中若要插入或者删除某个元素时，需要移动插入点（或删除点）后面的所有元素，浪费大量的时间。

链表是一种能动态分配存储空间的数据结构。用链表可以建立不定长度的数组，也可以在不重新组织存储结构的情况下，很方便地实现插入和删除操作。如图 9-6 所示为一种链表结构。

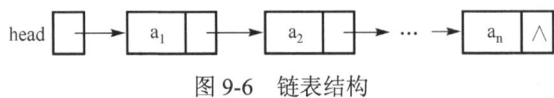

图 9-6 链表结构

此链表有一个指针变量 head，称为头指针，其中保存一个地址，该地址为第一个元素的地址。链表中的每个元素称为"结点"，每个结点都由两部分组成：第 1 部分称为数据域，用来保存元素本身的数据信息，即用户需要的信息，这里如保存 a1、a2 等的数据项，它不局限于一个成员数据，也可以是多个成员数据；第 2 部分是指针，称为链表的指针域，用来保存下一个结点的地址。

可以看出，链表是将一个个相对独立的结点通过指针彼此串接在一起，形成一个链状，被形象地称为链表。每个结点中只保存了一个地址，即只能沿着一个方向查找下一个结点，因此被称为单向链表。可以看到，该链表中各个结点在内存中的地址可以是不连续的，结点之间的前后关系通过指针来表示，所以要查找某个结点，必须找到它的前一个结点（即保存其地址的结点），例如，要找数据项为 a_2 的结点，就要先找到数据项为 a_1 的结点，所以如果没有头指针，整个链表都没法访问，足见单向链表中头指针是极其重要的。

9.7.2 建立简单的静态单向链表

下面介绍一种通过定义变量，建立静态单向链表的方法。

【例 9-8】 建立一个静态单向链表，保存并输出 3 个学生的学号和成绩。

```
#include<stdio.h>
struct student                              //声明结构体类型
```

```
    {
        long sno;
        float score;
        struct student *next;
    }
    main()
    {
        struct student x,y,z,*head,*f;    //定义结构体变量x、y、z作为链表的结点
        x.sno=201513201;   x.score=98.5;  //对结点x的数据域成员赋值
        y.sno=201513202;   y.score=88;    //对结点y的数据域成员赋值
        z.sno=201513203;   z.score=90;    //对结点z的数据域成员赋值
        head=&x;                          //将结点x的地址赋给头指针head
        x.next=&y;                        //将结点y的地址赋给x结点的next成员
        y.next=&z;                        //将结点z的地址赋给y结点的next成员
        z.next=NULL;                      //z结点的next成员值设置为空
        f=head;                           //使f也指向x结点
        do while(f!=NULL)
        {
            printf("%ld   %6.1f\n"f->sno,f->score);  //输出f指向的结点的数据
            f=f->next;                    //f指向下一个结点
        }
    }
```

程序分析：本例中首先定义了结构体 student，即链表结构，主函数中定义了结构体变量 x、y、z，分别代表一个结点，head 被指定为头指针，指向第一个结点 x，然后结点 x 的 next 指针指向了结点 y，结点 y 的 next 指针指向了结点 z，结点 z 的 next 指针被赋值为 NULL，其作用是使 next 不指向任何存储单元。do while 循环实现了单向链表的输出，其中 f=f->next 完成了 f 指针的下移，使得 f 指针指向了后继结点，直到 f 指针的值为 NULL，则表示链表中最后的一个结点已经被输出了。

本例中的结点都是程序中定义的，不是临时开辟的，也不能用完后释放，这种链表称为"静态链表"。

请读者分析：没有头指针 head 行吗？没有 f 指针行吗？各个结点是怎么构成链的？

9.7.3 建立动态单向链表

与建立静态链表步骤相似，动态链表的建立也需要如下步骤：首先定义结构体，其次在程序运行过程中动态生成结点，并与前一个结点相链接。下面以一个例子重新实现例 9.8 的功能。

【例 9-9】 建立一个动态单向链表，保存并输出多个学生的学号和成绩。

```
#include<stdio.h>
struct student                           //声明结构体类型
{
    long sno;
    float score;
    struct student *next;
}
main()
{
```

```
    struct student *head,*p;
    head=NULL;
    p=(struct student *)malloc(sizeof(struct student));
                            //开辟一个新结点,将其地址赋给头指针 p
    scanf("%ld%f",&p->sno,&p->score);
    do while(p->sno)        //当输入的学号为 0 时,结束循环
    {   p->next=head;
        head=p;
        p=(struct student *)malloc(sizeof(struct student));
        scanf("%ld%f",&p->sno,&p->score);
    }
}
```

程序分析:本例和建立静态链表的例子相似,首先定义了结构体 student,主函数中定义了结构体指针变量 head 和 p,head 指向第一个结点,被称为头指针,p 指向一个新结点,通过 scanf 函数给 p 指向的新结点赋值。若 sno 成员的值被赋为 0,则循环终止,否则该新结点插入到 head 指向的结点之前作为首结点,同时,将 head 指向这个新的首结点。本例中的结点都是程序中临时开辟的,这种链表称为"动态链表"。

9.8 程序举例

【例 9-10】 在一个职工工资管理系统中,工资信息包括编号、姓名、基本工资、奖金、保险、实发工资。输入一个正整数 n,再输入职工的前 5 项信息,计算并输出其实发工资。其中实发工资=基本工资+奖金−保险。

程序代码:

```
// 计算职工的实发工资
#include<stdio.h>
struct employee
{
    int num;
    char name[20];
    float jbgz,jj,bx,sfgz;
};
main()
{   int i,n;
    struct employee e;      // 定义结构体类型变量 e
    printf("请输入职工人数 n:");
    scanf("%d",&n);
    for(i=1;i<=n;i++)
    {   printf("请输入第%d 个职工的信息: ",i);
        scanf("%d%s",&e.num,e.name);
        scanf("%f%f%f",&e.jbgz,&e.jj,&e.bx);
        e.sfgz=e.jbgz+e.jj-e.bx;
        printf("编号:%d 姓名:%s 实发工资:%.2f\n",e.num,e.name,e.sfgz);
    }
}
```

运行结果：

请输入职工人数 n:1
请输入第 1 个职工的信息: 101 zhang 2310.5 820 80.2
编号：101 姓名：zhang 实发工资：3050.3

本例中，职工的工资项目被定义为结构体类型 struct employee，依据此类型定义结构体变量 e。通过结构体成员操作符"."对其成员进行引用和赋值，完成程序功能。

【例 9-11】 在一个以学号升序排列的单向链表中插入一个新结点，新结点的 sno 为 201513051，score 的值为 98.5。要求插入后这个单链表仍然按学号升序排列，如图 9-7 所示。

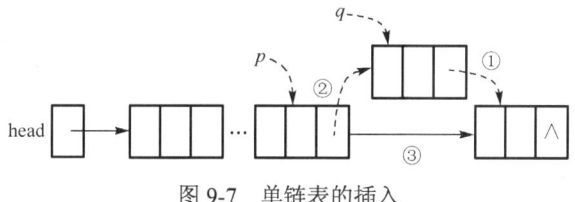

图 9-7 单链表的插入

```
#include<stdio.h>
#include<stdlib.h>
struct student                  //声明结构体类型
{
    long sno;
    float score;
    struct student *next;
};
main()
{
    struct student *head,*p,*q;
    head=NULL;
                                //以下代码为创建单链表
    p=(struct student *)malloc(sizeof(struct student));
                                //开辟一个新结点，将其地址赋给头指针 p
    scanf("%ld%f",&p->sno,&p->score);
    do while(p->sno)    //当输入的学号为 0 时，结束循环
    {   p->next=head;
        head=p;
        p=(struct student *)malloc(sizeof(struct student));
        scanf("%ld%f",&p->sno,&p->score);
    }                   //输入数据时按学号降序输入，这样建立的链表就是升序的
    q=(struct student *)malloc(sizeof(struct student));
                                //创建即将插入的新结点
    scanf("%ld%f",&q->sno,&q->score);
                                //以下程序段是查找合适位置并实现插入操作的代码
    p=head;                     //从首结点开始查找合适的位置，便于进行插入操作
    while(!p->next || p->sno<q->sno)
        p=p->next;
    q->next=p->next;            //实现了操作①的功能
```

```
        p->next=q;              //实现了操作②的功能
}
```

程序分析：本例中前半段程序动态创建了一个链表，在输入数据时按学号降序输入，这样完成后则建立了一个以学号升序排列的单链表。再使用 do while 循环不断操作语句"p=p->next;"，从而找到合适的插入位置，然后使用语句"q->next=p->next;"和"p->next=q;"分别完成图 9-7 中①和②两个指针。当完成②后，则③代表的指针会自动断开，因此，单链表的插入操作必须按①、②顺序操作，否则无法实现。

9.9 本章易错问题

读下面的程序找出错误

【例 9-12】 保存学生的学号和姓名，并输出学号和姓名。

```
#include<stdio.h>
struct student
{
    int num;
    char name[21];
};
main()
{
    int i;
    struct studentstu[3],*p;
    printf("please input:");
    for (i=0; i<3; i++)
        scanf("%d %s", stu[i]->num,stu[i]->name);
    for (p=stu; p<stu[3]; p++)
        printf("num:%d,name:%s \n", q.num,p.name);
}
```

【例 9-13】 保存人员信息(根据人员的 job 不同进行分类存储)。

```
union
{   int class;
    char position[10];
} person[2];
main()
{   int n, i;
    for(i=0, i<2; i++)
    {   scanf("%s %c",person[i].name,&person[i].job);
        if(person[i]. job=='s')
            scanf("%d", &person[i].category.class);
        else if (person[i].job=='t')
            scanf("%s",person[i].category.position);
        else printf("input error! ");
    }
    printf("\n");
```

```
        printf("No. Namesex job class/position\n");
        for(i=0;i<2;i++)
        {   if(person[i].job=='s')
                printf("%s %c %d\n",person[i].name,person[i].job,
                                    person[i].category.class);
            else
                printf("%s %c %s\n",person[i].name,person[i].job,
                                    person[i].category.position);
        }
    }
```

9.10 本章小结

本章重点介绍了结构体类型，它由成员组成，成员的类型可以不同。必须先定义结构体类型，再定义结构体变量，运用"."运算符和"->"运算符引用结构体变量的成员。结构体数组的每个元素相当于一个结构体变量，结构体指针可以指向结构体变量，也可以指向结构体数组的元素，还可以作为函数参数。

可以定义共用体类型，使得某个存储区域在程序执行的不同时间能够存储不同类型的值。当一个变量只取有限的值时，可以定义为枚举类型，以提高程序的可读性。Typedef 可以简化复杂类型变量的定义，提高程序的可读性。

链表是一种重要的动态数据结构，介绍了基本概念和基本操作。

练习题

1. 某大学有下列登记表，采用最佳方式对它进行类型定义。

姓名	性别	出生日期			职业状况		
		年	月	日	所在学院	职称	职务

2. 编程统计候选人的得票数。设有 3 个候选人 Zhang、Li、Wang，10 个选民来投票，每个选民只能输入一个人名，若输错候选人姓名，则按废票处理。选民投票结束后程序自动显示各候选人的得票结果和废票信息。要求用结构体数组来表示 3 个候选人的姓名和得票结果。

3. 将两个带头结点的递增有序的单链表 LA 和 LB 合并为一个有序链表 LC。

4. 请用字符指针实现函数 strcat(s,t)，将字符串 t 复制到字符串 s 的末尾，并且返回字符串 s 的首地址。

5. 16 个人围成一圈，从第 1 个人开始顺序报号 1、2、3。凡报到 3 者离开圈子。找出最后留在圈子中的人原来的序号，用链表实现。

6. 编写一个函数 print，打印一个成绩数组，该数组中有 5 个学生的数据记录，每个记录包含 num、name、score[3]，用主函数输入这些记录，用 print 函数输出这些记录。

7. 建立一个单链表，每个结点包括：学号、姓名、性别、年龄。输入一个年龄，如果链表中存在某个结点的年龄等于此年龄，则将此结点删除。

第 10 章 文　　件

内容导读：

前几章的例子都是从键盘输入数据，并在屏幕上显示运行结果。程序所使用的数据是存放在计算机内存中的，是临时存储，程序运行结束，则内存中的数据将丢失。而解决实际问题时，常常希望数据能够长期保存，这时就需要以文件的形式将数据保存在光盘、磁盘等外存上，以便达到重复使用、永久保存的目的。

- 文件概念
- 文件指针
- 打开关闭文件
- 顺序读写文件
- 随机读写文件

10.1　概　　述

10.1.1　什么是文件

文件(file)是指以某个文件名存储在外部存储介质上的相关数据的集合。例如，用编辑软件(如记事本)编写一个源程序，把它存储到磁盘上并指定一个文件名，就会生成一个文件。

文件有不同的类型，在程序设计中，主要用到两种文件：

1) 程序文件

程序文件包括源程序文件(.c)、目标文件(.obj)、可执行文件(.exe)等。这些文件的内容是程序代码。

2) 数据文件

数据文件的内容不是程序，而是供程序运行时读写的数据，如在程序运行过程中输出到磁盘的数据，或者在程序运行过程中读入的数据。如一批学生的成绩数据、货物交易数据、物流数据等。

本章主要讨论数据文件。

与计算机内存存储数据不同的是，文件操作使用硬盘或 U 盘等永久性的外部存储设备来存储数据，这样保存的数据在程序运行结束时不会丢失。程序员不必关心这些复杂的存储设备是如何存取数据的，因为操作系统已经把这些复杂的存取方法抽象为文件了，并以文件为单位对数据进行管理。要向外部存储介质存放数据也必须先建立一个文件(以文件名作为标志)，才能向它输出数据。

输入输出是数据传送的过程，数据如流水一般从一处流向另一端，因此常常将输入输出形象地称为流，即数据流。流表示信息从源到目的端的流动。在输入操作时，数据从文件流向计算机内存，在输出操作时，数据从计算机内存流向文件(如打印机、磁盘文件)。文件是由操作系统统一管理的，输入输出都是通过操作系统完成的。"流"是一个传输通道，数据可以从运行环境流入程序中，或从程序流至运行环境。

从程序的观点来看，无论程序一次读写一个字符，或一行文字，或一个指定的数据区，都是以逻辑数据流的方式出现的，C 语言把文件看作一个字符的序列，一个输入输出流就是一个字符流。

C 程序的数据文件由一连串的字符组成，不考虑行的界限，两行数据间不会自动加分隔符，对文件的存取是以字符为单位的。输入输出流的控制仅受程序控制而不受物理符号控制，这就增加了处理的灵活性。这种文件称为流文件。

10.1.2 文件分类

在 C 语言中，经常要对数据文件进行处理。按数据存储的编码形式，数据文件可分为文本文件和二进制文件两种。其差别在于存储数值型数据的方式不同。在二进制文件中，数值型数据是以二进制形式存储的；而在文本文件中，则是将数值型数据的每一位数字作为一个字符，以其 ASCII 码的形式存储的。因此，文本文件中的每一位数字都单独占用一个字节的存储空间。而二进制文件则是把整个数字作为一个二进制数来存储的，并非数值的每一位数字都占用单独的存储空间。例如，有如下变量定义语句：

```
short int n=234;
```

在二进制文件中，变量 n 仅占 2 个字节的存储空间，如图 10-1 所示。而把变量 n 的值存储在文本文件中则需要 3 个字节的存储空，如图 10-2 所示。

| 00000000 | 11101010 |

图 10-1　在二进制文件中变量 n 占 2 个字节存储空间

字符：	'2'	'3'	'4'
十进制的 ASCII 值：	50	51	52
二进制的 ASCII 值：	00110010	00110011	00110100

图 10-2　在文本文件中变量 n 占 3 个字节存储空间

二进制文件和文本文件各有优缺点。文本文件可以很方便地被其他程序读取，包括文本编辑器、Office 办公软件等，且其输出与字符一一对应，一个字节表示一个字符，便于对字符进行逐个处理，但一般占用的存储空间较大，且需花费 ASCII 码与字符间的转换时间。以二进制文件输出数值，可节省外存空间和转换时间，但一个字节并不对应一个字符，不能直接输出其对应的字符形式。

一般来说，数据必须按存入的类型读出才能恢复其本来面貌。例如，对图 10-2 中的文本文件来说，若按字符型以外的其他类型来读，则读出来的数据可能面目全非。所以文件的写入和读出必须匹配，两者约定为同一种文件格式，并规定好文件的每个字节是什么类型和什么数据。

很多种文件都有公开的标准格式(如 bmp、jpg 和 mp3 等)，并且通常还规定了相应的文件头的格式，要想正确读出文件中的数据，必须先了解文件头的格式和内容，只有正确读出文件头的内容才能正确读出文件头后面存储的数据。很多应用软件也都支持这些类型的文件的读和写。当然也有不公开、甚至加密的文件格式。例如，Microsoft Word 的 doc 格式就不公开，所以至今还没有 Word 以外的其他软件能完美地读出 doc 格式的文件。

C 语言有缓冲型和非缓冲型两种文件系统。缓冲型文件系统是指系统自动在内存中为每一个正在使用的文件开辟一个缓冲区,作为程序与文件之间数据交换的中间媒介。也就是在读写文件时,数据先送到缓冲区,再传给 C 语言程序或外存。缓冲文件系统利用文件指针标识文件。而非缓冲文件系统是不会自动设置文件缓冲区的,缓冲区必须由程序员自己设定。非缓冲文件系统没有文件指针,它使用称为文件号的整数来标识文件。缓冲型文件系统中的文件操作,也称为高级文件操作,高级文件操作函数是 ANSI C 定义的可移植的文件操作函数,具有跨平台和可移植的能力,可解决大多数文件操作问题。

10.2 文 件 指 针

在缓冲文件系统中,关键的概念是"文件类型指针",简称"文件指针"。每个被使用的文件都在内存中开辟一个相应的文件信息区,用来存放文件的有关信息(如文件名、文件状态及文件当前位置等)。这些信息保存在一个结构体变量中。该结构体类型是由系统声明的,取名为 FILE。例如有一种 C 编译环境提供的 stdio.h 头文件中有如下的文件类型。

声明:

```
typedef struct {
        short           level;       //缓冲区使用量
        unsigned        flags;       //文件状态标志
        char            fd;          //文件描述符
        unsigned char   hold;        //如缓冲区无内容则不读取字符
        short           bsize;       //缓冲区大小
        unsigned char   *buffer;     //数据缓冲区的首地址
        unsigned char   *curp;       //指针当前的指向
        unsigned        istemp;      //临时文件指示器
        short           token;       //用于有效性检查
}FILE;
```

不同的 C 编译系统的 FILE 类型包含的内容不完全相同,但大同小异。对以上结构体中的成员及其含义可不深究,只需知道其中存放文件的有关信息即可。可以看到,FILE 是以上结构体类型的 typedef 名称,FILE 与上面的结构体类型等价。

声明 FILE 结构体类型的信息包含在头文件 stdio.h 中,在程序中可以直接用 FILE 类型名定义变量。每个 FILE 类型变量对应一个文件的信息区,在其中存放该文件的有关信息。例如,可以定义以下 FILE 类型的变量。

```
FILE f;
```

定义了一个结构体变量 f,用它来存放一个文件的有关信息。这些信息是在打开文件时由系统根据文件的情况自动放入的,用户不必过问。

一般不对 FILE 类型的变量命名,即不通过变量名来引用该文件,而是设置一个指向 FILE 类型变量的指针变量,然后通过它来引用这些 FILE 类型变量。这样使用起来方便。

下面定义一个指向文件型数据的指针变量:

```
FILE *fp;
```

定义 fp 是一个指向 FILE 类型数据的指针变量。可以使 fp 指向某一个文件的文件信息区

(是一个结构体变量)，通过这个文件信息区的信息就能够访问该文件。即通过文件指针变量可以找到与它关联的文件。这里注意：指向文件的指针变量并不是指向外存中数据文件的开头，而是指向内存中的文件信息区的开头。

10.3 打开与关闭文件

对磁盘文件的操作主要有打开、读、写、关闭和删除等，对文件操作，必须遵循"先打开，再读写，最后关闭"的原则。

在编写程序时，在打开文件的同时，一般都指定一个指针变量指向该文件，也就是建立起指针变量与文件之间的联系，这样，就可以通过该指针变量对文件进行读写了。所谓"关闭"是指撤销文件信息区和文件缓冲区，使文件指针变量不再指向该文件，显然就无法进行对文件读写了。

10.3.1 打开文件

打开文件由库函数 fopen() 实现。其说明形式为：

```
FILE* fopen(char* filename, char* mode);
```

该函数的作用是打开一个文件，文件名为 filename 指向的字符串，文件操作方式由 mode 的值决定，返回该文件的 FILE 类型指针。例如：

```
FILE *fp;
if((fp=fopen("aa.txt", "r"))==NULL)
{
    printf("Cannot open file.\n");
    exit(0);
}
```

表示以"只读"方式打开名为 aa.txt 的文件，如果文件打开失败，fopen 函数将返回 NULL；如果文件被顺利打开，则将该文件信息区的 FILE 结构的地址赋给 fp，这样 fp 就和文件 aa.txt 联系起来了。exit 函数的作用是结束程序的执行并返回操作系统。

文件名和操作方式均要用双引号括起来，文件名前应该包含用双反斜杠(\\)隔开的路径名，如果没有路径，则表明此文件和程序文件在同一个文件夹里。文件操作方式如表 10-1 所示。

表 10-1　C 语言文件操作方式

文件操作方式	含义	备注
r（只读）	为输入数据，打开一个已经存在的字符文件	字符文件
w（只写）	为输出数据，打开一个字符文件	
a（追加）	打开一个字符文件，向文件尾部添加数据	
r+（读写）	为读写数据，打开一个字符文件	
w+（读写）	为读写数据，建立一个新的字符文件	

续表

文件操作方式	含义	备注
a+(读写)	打开一个字符文件,向文件尾部添加数据	字符文件
rb(只读)	为输入数据,打开一个二进制文件	二进制文件
wb(只写)	为输出数据,打开一个二进制文件	
ab(追加)	打开一个二进制文件,向文件尾部添加数据	
rb+(读写)	为读写数据,打开一个二进制文件	
wb+(读写)	为读写数据,建立一个新的二进制文件	
ab+(读写)	打开一个二进制文件,向文件尾部添加数据	

说明:

(1)用 r 方式打开的文件必须已存在,而且只能从文件读数据。不能用 r 打开一个并不存在的文件,否则出错。

(2)用 w 方式打开的文件只能用于向该文件写数据。若该文件不存在,则新建立一个以指定名字命名的文件;若文件已存在,则将该文件删除,然后再重新建立一个新文件。

(3)如果希望向已存在的文件的末尾添加数据,则应该用 a 方式打开。但此时应该保证该文件已经存在,否则得到出错信息。

(4)r+方式是先读文件,然后可以向文件写入数据;w+方式是先建立一个新文件,向该文件写入数据,然后可以读文件;a+方式是先添加数据,然后可以读入这些数据。

(5)如果不能实现"打开"的任务,fopen 函数将会带回一个空指针值 NULL,表示打开文件的操作未完成,原因可能是:用 r 方式打开一个并不存在的文件;磁盘出故障;磁盘已满无法建立新文件等。

(6)C 标准建议用表 10.1 列出的文件使用方式打开文本文件或者二进制文件,但目前使用的有些 C 编译系统可能不完全提供所有这些功能,请读者注意所用系统的规定。

(7)程序开始运行时,系统会自动打开 3 个标准文件:标准输入、标准输出和标准出错输出。系统定义了 3 个文件指针:stdin、stdout 和 stderr,分别指向上述 3 个标准文件。一般情况下这 3 个文件都和终端相联系,其操作由 C 系统自动完成,用户可直接使用。

10.3.2 关闭文件

程序对文件的读写操作完成后,必须关闭文件。这是因为需要及时释放文件所占用的内存空间。另外文件缓冲区的内容也需要由系统写回到文件中,否则可能导致信息的丢失。

关闭文件用函数 fclose( )。fclose( )函数的说明形式为:

```
int fclose(FILE *fp);
```

该函数的作用是关闭 fp 指向的文件,例如:

```
fclose(fp);
```

显然,fp 应指向一个已经打开的文件。

调用函数 fclose( )之后,不能再通过该文件指针变量对其原先相连的文件进行读写操作,除非被再次打开。文件被关闭后,原文件指针变量又可用来打开文件,或与别的文件相联系,或重新与原先文件建立新的联系。

10.4 文件的顺序读写

所谓顺序读写，就是文件打开之后从头开始，顺序地读写文件中的数据。文件中有一个位置指针，指向当前读写的位置。读写一个数据之后，位置指针会自动向前移动，指向下一个数据的位置。所谓向前是指从文件头向文件末尾移动的方向。

10.4.1 字符读写

1. fgetc 函数

fgetc 函数的说明格式为：

```
int fgetc(FILE *fp);
```

其中，fp 是由函数 fopen( ) 返回的文件指针，该函数的功能是从 fp 所指的文件中读取一个字符，并将位置指针指向下一个字符。如果读到文件结束符，则返回 EOF（即-1）。例如，从一个磁盘文件顺序读入字符，并在屏幕上显示出来，其程序段为：

```
ch=fgetc(fp);
while(ch!=EOF)
{
    putchar(ch);
    ch=fgetc(fp);
}
```

说明：EOF 即所谓文件结束符，它实际上是由 stdio.h 头文件中一条宏命令定义的，该命令是：

```
#define EOF -1;
```

从指定的文件读入数据时，该文件必须是以读或读写方式打开的。需要注意的是，EOF 并不是字符，不能在屏幕上显示。当系统发现已经读到文件的结尾时，它就使该函数返回-1。

2. fputc 函数

fputc 函数的说明格式为：

```
int fputc(char ch, FILE *fP);
```

该函数的作用是把一个字符写入 fp 所指向的文件，如果成功则返回被写入的字符，否则就返回 EOF。

【例 10-1】 从键盘输入一些字符，并逐个写到磁盘文件中去。

分析：调用 fopen 函数以写方式打开指定的文件，循环调用 fputc 函数，把从键盘输入的所有字符逐个写入文件。操作结束后，调用 fclose 函数关闭文件。

```
#include<stdio.h>
#include<stdlib.h>
main( )
{
```

```
        FILE *fp;
        char ch;
        if((fp=fopen("new.txt","w"))==NULL)      //打开输出文件并使 fp 指向此文件
        {
            printf("无法打开此文件.\n");          //如果打开时出错,则输出"无法打开此文件"
            exit(0);                              //终止程序
        }
        ch=getchar( );                           //接收从键盘输入的第 1 个字符
        while (ch!='#')
        {
            fputc(ch,fp);
            ch=getchar( );
        }
        fclose(fp);
    }
```

运行结果如图 10-3 所示。若从键盘输入如下字符:"C programming.#"则上述字符就被写到文件 new.txt 中。用记事本打开 new.txt,可以看到文件内容如下:

```
C programming.
```

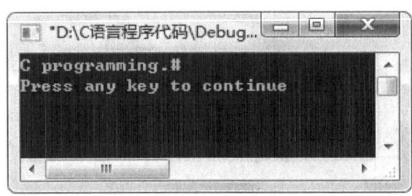 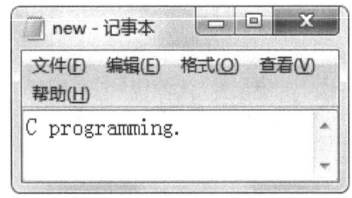

图 10-3 【例 10-1】运行结果

注意:为什么要判断文件打开成功与否呢?这是因为文件并不是每次都能被成功打开的,原因有多种,前面已经介绍过。那么如何判断文件打开是否成功呢?若文件打开失败,则函数 fopen 返回控制符 NULL。因此,可以通过检查 fopen 是否为 NULL 来判断文件打开是否成功。

【例 10-2】 请打开例 10-1 创建的 new.txt 文件,并在屏幕上显示其内容。

分析:调用 fopen 函数以读方式打开 new.txt,循环调用 fgetc 和 putchar 函数,把文件中的所有字符逐个读取并输出到屏幕。操作结束后,调用 fclose 函数关闭文件。

```
    #include<stdio.h>
    #include<stdlib.h>
    main( )
    {
        FILE *fp;
        char ch;
        if((fp=fopen("new.txt", "r"))==NULL)     /* 打开输入文件并使 fp 指向此文件 */
        {
            printf("无法打开此文件.\n");
            exit(0);
        }
```

```
            ch=fgetc(fp);
            while (ch!=EOF)
            {
                putchar(ch );
                ch=fgetc(fp);
            }
            printf("\n");
            fclose(fp);
    }
```

运行结果如图 10-4 所示。

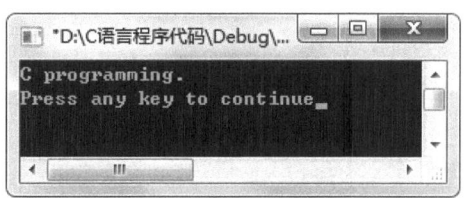

图 10-4　【例 10-2】程序运行结果

10.4.2　字符串读写

前面介绍了按字符读写的函数，当然，C 语言还提供按字符串读写的函数，分别是 fgets 函数和 fputs 函数，这两个函数以字符串的方式对文本文件读写，每次读取或者写入的是一个字符串。

1. fgets( )函数

fgets( )函数的说明形式为：

```
    char *fgets(char *str, int n, FILE *fp)
```

fgets( )函数的作用是从 fp 指向的文件读入 n-1 个字符，然后在字符串末尾自动添加"\0"，即得到一个字符串，并存放到指针 str 指向的内存空间。如果读入时遇到了换行符 "\n" 或者文件结束符 EOF 就结束，但遇到的换行符也作为一个读入的字符。该函数如果读取成功，返回读取的字符串的首地址，若失败则返回 NULL，这时，str 的内容不确定。

2. fputs( )函数

fputs( )函数的说明形式为：

```
    int fputs(char *str, FILE *fp)
```

函数 fputs( )的作用是将由参数所指的字符串复制到文件。其中字符串的结束标志符是不复制的，也不在复制的字符序列之后另外添加换行符。

【例 10-3】　将文件 new.txt 中的内容复制到文件 second.txt 中。

分析：调用 fopen 函数打开文件 new.txt 和 second.txt，借助字符数组 ch，通过 fgets( )函数读取 new.txt 文件中一个字符串(即一行)，再通过 fputs 函数将暂存于数组 ch 中的字符串输出到文件 second.txt 中。操作结束后，调用 fclose 函数关闭文件。

```
#include<stdio.h>
#include<stdlib.h>
main()
{
    FILE *fp1, *fp2;
    char ch[80];
    fp1=fopen("new.txt","r");
    fp2=fopen("second.txt","w");
    if (fp1==NULL || fp2==NULL)
    {   printf("open file error!");
        exit(0);
    }
    while (!feof(fp1))
    {
        if(fgets(ch,80,fp1)!=NULL)
        fputs(ch,fp2);
    }
    fclose(fp1);
    fclose(fp2);
}
```

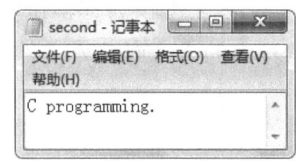

图 10-5 【例 10-3】程序运行结果

程序运行后，找到 second.txt 文件和 new.txt 文件，比较后会发现两个文件中的内容完全相同。

注意：feof( )函数的功能是判断文件指针是否到文件尾部，如果是则返回非 0 值，否则返回 0。

10.4.3 格式化读写

调用 scanf 函数和 printf 函数与终端进行格式化的输入和输出，若将终端改为磁盘文件，调用 fscanf 函数和 fprintf 函数即可与文件进行格式化的输入和输出。它们的函数说明格式分别为：

```
int fscanf(FILE *fp,char *format,…);
int fprintf(FILE *fp,char *format,…);
```

fscanf 函数的作用是按照 format 指向的格式字符串规定的格式从 fp 指向的文件读入若干数据，分别存入输入表列指定的变量，返回值为成功读入的数据个数；fprintf 函数的作用是按照 format 指向的格式字符串规定的格式把输出表列指定的若干数据写入 fp 指向的文件，返回值为成功写入的数据个数。例如：

```
fprintf(fp,"%d,%6.3f",a,b);
```

将整型变量 a 和实型变量 b 的值，按%d 和%6.3f 的格式输出到 fp 指向的文件。若 a=5，b=8.3，则输出到磁盘文件上的是：

```
5, 8.300
```

例如：

```
fscanf(fp,"%d,%f",&a,&b)
```

假设磁盘文件上已有以下字符：

```
5, 8.300
```

则把 5 送给变量 a，8.3 送给变量 b。

【例 10-4】 产生 50 以内的全部奇数，并把它们顺序写入 D 盘根目录下一个名为 a1.txt 的文件中。

分析：以写方式打开 a1.txt 文件，循环调用 fprintf 函数，将 50 以内的奇数写入文件。操作结束，关闭文件。

```c
#include<stdio.h>
#include<stdlib.h>
main( )
{
    int i;
    FILE *fp;
    if((fp=fopen( "d:\\a1.txt", "w"))==NULL)
    {   printf("open file error!");
        exit(0);
    }
    for(i=1;i<50;i=i+2)
        fprintf(fp,"%3d",i)   //将每个奇数写入文件中
    fclose(fp);
}
```

说明：程序执行后，将在 D 盘创建一个名为 a1.txt 的文件，打开此文件即可看到如图 10-6 所示的结果。

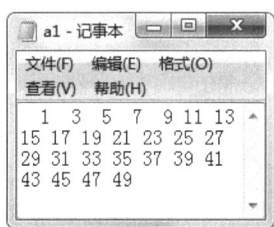

图 10-6　【例 10-4】程序运行结果

10.4.4　记录方式的读写

C 语言允许按"记录"（即数据块）读写文件，这是为了便于对程序中的数组、结构体等大型数据进行整体的输入输出。调用 fread 和 fwrite 函数即可实现按"记录"读写，它们的函数说明格式为：

```
int fread(char *buffer,unsigned size,unsigned count,FILE *fp);
int fwrite(char *buffer,unsigned size,unsigned count,FILE *fP);
```

fread 函数的作用是从 fp 指向的文件，读入长度为 size 的 count 个数据，存入 buffer 指向的内存空间，返回值为成功读入的数据个数，如果遇文件结束符或出错，则返回 0；fwrite 函数的作用是把从 buffer 开始的长度为 size 的 count 个数据，写入 fp 指向的文件，返回值为成功写入的数据个数。例如：

```
fread(buf,50,3,fp);
```

表示从 fp 指向的文件读入 3 个长度为 50 个字节的数据，并存到 buf 指向的内存空间中。
例如：

```
fwrite(buf,50,2,fp);
```

表示从 buf 开始，把 2 个长度为 50 个字节的数据，输出到 fp 指向的磁盘文件中。如果有一个结构体数组，形式如下：

```
struct student {
    int sno;              //学号
    char name[10];        //姓名
    char phone[12];       //电话
    char zip[10];         //邮编
    char addr[30];        //地址
} stu[3];
```

stu 数组用来存储 3 位学生的信息，假设这些信息已存在磁盘文件中，则可以用 for 语句和 fread 函数读取全部学生的数据。程序段如下：

```
for(i=0;i<3;i++)
    fread(&stu[i],sizeof(struct student),1,fp);
```

同样地，可以用 for 语句和 fread 函数将内存中的学生数据输出到磁盘文件中去。程序段如下：

```
for(i=0;i<3;i++)
    fwrite(&stu[i],sizeof(struct student),1,fp);
```

注意：用 fread 和 fwrite 函数实现按"记录"读写操作时，必须采用二进制文件打开方式。

10.5 随机读写数据文件

对文件进行顺序读写时，每读写一个字符后，当前位置标记就自动向后移一个字符位置，虽然容易操作，但有时效率不高。例如，文件中有 1000 个数据，若只查第 999 个数据，必须先逐个读入前面的 998 个数据，才能读入第 999 个数据。不同于顺序读写的是，对文件随机访问允许在文件中随机定位，并在文件的任何位置直接读写数据。

系统为每个文件设置了一个文件读写位置标记(简称为读写指针)，用来指示接下来要读写的一个字符的位置。

1. 重置文件头

若要使文件位置指针指向文件首部，可以用 rewind 函数来实现。其一般说明格式为：

```
void rewind(FILE *fp);
```

参数 fp 是已经打开的文件的指针。

2. 随机定位

若要使文件的位置指针指向文件的任意位置上,可以使用 fseek()函数来实现。其一般说明形式为:

```
int fseek(FILE *fp, long offset, int fromwhere);
```

其中参数 fromwhere 表示定位基准,只允许为 0、1 或 2。其中 0 代表以文件首为基准,1 代表以当前位置为基准,2 代表以文件尾为基准。0、1 和 2 分别被定义为名称 SEEK_SET、SEEK_CUR 和 SEEK_END。参数 offset 是位移量,表示以 fromwhere 为基准需要移动的字节数,正数表示向后移动(远离文件头),负值表示向前移动(趋向文件头),因它是 long 型形参,当以整数作为它的实参调用函数 fseek 时,在常量数据之后加上字母 L,表示是 long 型常量。调用函数 fseek 的例子如下:

```
fseek(fp,10L,SEEK_SET);      //文件位置设置为文件开头后第 10 个字符处
fseek(fp,10L,SEEK_CUR);      //文件位置设置为当前位置后第 10 个字符处
fseek(fp,-10L,SEEK_CUR);     //文件位置设置为当前位置前第 10 个字符处
fseek(fp,-10L,SEEK_END);     //文件位置设置为文件末尾前第 10 个字符处
```

【例 10-5】 实现对一个文本文件内容的反向显示。

程序代码如下:

```
#include<stdio.h>
main()
{
    FILE *fp;
    char ch;
    if((fp=fopen("d:\\in.dat", "w"))!=NULL)    // 写一个新文件 in.dat
    {
        ch=getchar( );                          //接收从键盘输入的第 1 个字符
        while (ch!='#')
        {
            fputc(ch,fp);
            ch=getchar( );
        }
        fclose(fp);
    }
    if((fp=fopen("d:\\in.dat", "r"))!=NULL)
    {   fseek(fp,0L,2);                         //定位文件末尾,即文件最后一个字符之后的位置
        while((fseek(fp,-1L,1))!=-1)            //相对于当前位置退后一个位置
        {   ch=fgetc(fp);                       //读取当前字符,文件指针会自动移到下一个字
                                                //  符位置
            putchar(ch);
            if(ch=='\n')                        //若读入的是换行符
                fseek(fp,-2L,1);                //换行为\r 和\a,故要向前移动 2 个字节
            else
                fseek(fp,-1L,1);                //向前移动 1 个字节
```

```
            }
            fclose(fp);
        }
}
```

运行结果如图 10-7 所示。

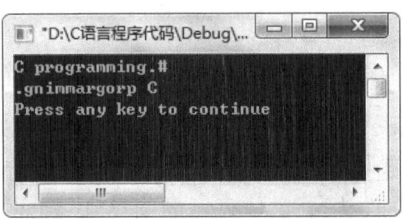

图 10-7 【例 10-5】运行结果

3. 当前定位

函数 ftell 可以得到文件当前位置相对于文件首的偏移字节数。调用函数 ftell( )就能非常容易地确定文件的当前位置。函数 ftell( )的一般说明形式为：

```
long ftell(FILE *fp);
```

利用函数 ftell( )也能方便地知道一个文件的长。如以下语句序列：

```
fseek(fp,0L,SEEK_END);
len = ftell(fp);
```

首先将文件的当前位置移到文件的末尾，然后调用函数 ftell( )获得当前位置相对于文件首的位移，该位移值等于文件所含字节数。

10.6 程 序 举 例

【例 10-6】 从键盘输入一个字符串，将其中的小写字母全部转换成大写字母，然后输出到一个磁盘文件 test .txt 中保存，输入的字符串以"！"表示结束。

分析：以写方式建立目标文件。在循环中调用 fputc 函数将字符写到源文件中，调用 fgets 函数把数据输出到目标文件。操作结束，关闭文件。程序代码如下：

```
#include<stdio.h>
main()
{   FILE *fp;
    char str[80];
    int i=0;
    if((fp=fopen("test.txt","w"))==NULL)   //建立一个新文件test.txt
    {
        printf("Can not open file\n");
        exit(0);
    }
    printf("Input astring:\n");
    gets(str);
```

```
        while(str[i]!='!')
        {
            if(str[i]>='a'&&str[i]<='z')
            str[i]=str[i]-32;
            fputc(str[i],fp);
            i++;
        }
        fclose(fp);
        fp=fopen("test.txt","r");
        fgets(str,strlen(str)+1,fp);    //输出到文件 test.txt 中
        printf("%s\n",str);
        fclose(fp);
}
```

程序运行结果如图 10-8 所示。

 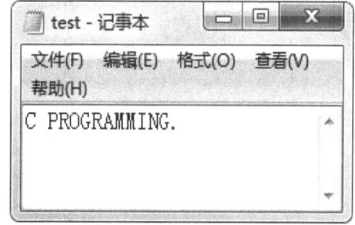

图 10-8　【例 10-6】程序运行结果

程序利用 fopen 函数建立一个文件 test.txt，然后调用 fgets 函数将字符串存放到 test.txt 文件中，同时用 printf 函数在屏幕中进行输出。

【例 10-7】　假设有 10 位同学，每人各有 3 门课程的成绩。试编写程序，从键盘输入每位同学的姓名和 3 门课的成绩，然后把数据转存到磁盘文件中。

分析：定义结构体类型数组存放学生信息，以写方式打开文件，然后循环调用 fprintf 函数把信息写入文件。操作结束，关闭文件。

```
#include<stdio.h>
#include<stdlib.h>
#define N 3                //学生总人数
struct student
{
    char sno[10];          //学号
    char name[10];         //姓名
    int grade[3];          //3 门课的成绩
};
main()
{
    FILE *fp;
    struct student s[10];
    int i,j;
    if((fp=fopen("stud.txt","W"))==NULL)    //以写方式打开字符文件
    {
        printf("Can not open file!\n");
```

```
        exit(0);              //终止程序
    }
    printf("please input data:\ n");
    for(i=0;i<N;i++)
    {
        scanf("%s",s[i].sno);
        for(j=0;j<3;j++)
            scanf("%d",&s[i].grade[j]);
        scanf("%s",s[i].name);
    }
    for(i=0;i<N;i++)
        fprintf(fp," %s%s%d%d%d\n",s[i].sno,s[i].name, s[i].grade[1],
                                    s[i].grade[2]);
    fclose(fp);               //关闭文件
}
```

程序运行结果如图 10-9 所示。

 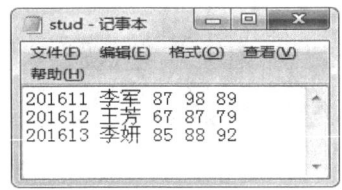

图 10-9 【例 10-7】运行结果

调用 fprintf 函数将学生信息输入 stud.txt 文件中，完成最终功能。

【例 10-8】 已知一个文本文件 file.txt 中保存了 5 个学生的计算机等级考试成绩，包括考号、姓名和成绩，文件内容如下：

```
1501101    张文      90
1501102    陈辉      80
1501103    王东华    85
1501104    曾伟      90
1501105    郭涛      56
```

请将文件中的内容读出并显示到屏幕中。

```
#include<stdio.h>
main()
{
    FILE *fp;
    long sno;                //学号
    char name[20];           //姓名
    int grade;               //成绩
    if((fp=fopen("file.txt","r"))==NULL)   //以读写方式打开字符文件
    {
        printf("file open error!\n");
        exit(0);             //终止程序
    }
    while(! feof(fp))
```

```
    {
        fscanf(fp, "%ld%s%d",&sno,name,&grade);
        printf("%ld  %s  %d", sno,name,grade);
    }
    fclose(fp);           //关闭文件
}
```

程序运行结果如图 10-10 所示。

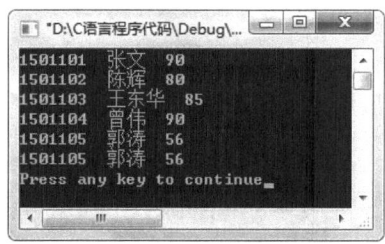

图 10-10 【例 10-8】运行结果

程序中调用了 fscanf 函数将文件中的数据读入到变量 sno、name 和 grade，并通过 printf 函数把结果输出到屏幕。

【例 10-9】 编写函数 fun，函数的功能是：根据以下公式计算 s，计算结果作为函数值返回，并输入到文件当中，n 通过形参传入。

s=1+1/(1+2)+1/(1+2+3)+…+1/(1+2+3+…+n)

分析：本题可以通过 for 循环语句来实现第 1 项到第 n 项的变化，最后计算各项的累加和。最后调用 fprintf 函数把信息写入文件。操作结束，关闭文件。

本题中 s1 用来表示公式中每一项的分母，它可以由前一项的分母加项数得到。注意：由于 s1 定义成一个整型，所以在 s=s+1.0/s1 中不能把 1.0 写成 1。

```
#include <conio.h>
#include <stdio.h>
#include <string.h>
#include <stdlib.h>
float fun(int  n)
{
    int i,s1=0;          //定义整型变量 s1,表示分母
    float s=0.0;         //定义单精度变量 s,表示每一项
    for(i=1;i<=n;i++)
    {
        s1=s1+i;         //求每一项的分母
        s=s+1.0/s1;      //求多项式的值
    }
    return s;
}
void main()
{
    FILE *wf;   int n;
    float s;
```

```
            system("CLS");
            printf("\nPlease enter N: ");
            scanf("%d",&n);
            s=fun(n);
            printf("The result is:%f\n " , s);
            wf=fopen("out.dat","w");
            fprintf (wf,"%f",fun(11));        //将函数调用结果输出到文件 out.dat 当中
            fclose(wf);
       }
```

程序运行结果如图 10-11 所示。

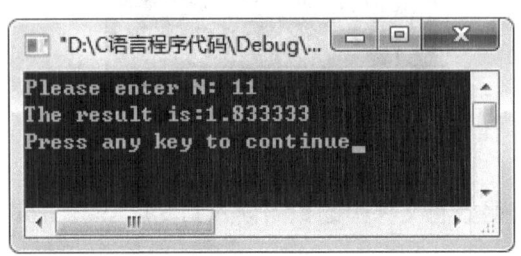

图 10-11 　【例 10-9】运行结果

程序在调用函数后得到结果，在屏幕输出并输出到 out.dat 文件中，在当前目录下可见该文件及其内容。

10.7　本章常见问题

常见问题实例	常见错误描述	错误类型
—	打开文件时，没有检查文件打开是否成功	运行时错误
fp=fopen("d:\stud.txt", "a+")	文件打开时，路径中少写了一个反斜杠	提示 warning
—	读文件时使用的文件打开方式与写文件时不一致	运行时错误
—	从文件读数据的方式与向文件写数据的方式不一致	运行时错误

10.8　本 章 小 结

文件有文本文件和二进制文件两种数据格式，一般存储在外部介质中，在程序中通过文件指针控制文件。C 语言提供了文件操作的库函数，对文件的使用简单易行，灵活便捷。使用文件应遵循"先打开，后读写，最后关闭"的原则。

本章重点介绍了文件操作函数的调用方法及应用。调用 fopen 函数打开文件，打开方式决定了文件的使用方式，调用 fclose 函数关闭文件。fgetc 和 fputc 函数以字符为单位读写文件，fgets 和 fputs 函数以字符串为单位读写文件，fscanf 和 fprintf 函数能够实现对文件的格式化读写，fread 和 fwrite 函数能够按"记录"读写文件。feof 函数可以检查文件是否结束，fseek 函数能够实现对文件的定位，rewind 函数则使文件读写指针重置于文件开始处。希望读者灵活运用这些函数，在编程实践中逐步掌握文件的使用方法。

练习题

1. 什么是缓冲文件系统？什么是非缓冲文件系统？这二者有什么区别？
2. 什么是文件指针？通过文件指针访问文件有什么优点？
3. 统计一个文本文件中字母、数字及其他字符各有多少个，试编写相应程序。
4. 编写一个程序，用于将文本文件 test.txt 中所有包含字符串"student"的行输出。
5. 编写一个程序，用于比较两个文本文件的内容是否相同，并输出两个文件内容首次不同的行号和字符位置。
6. 修改例 10-7，利用结构体数组计算每个学生的 3 门课的平均分，将学生的各科成绩和平均分存放到磁盘文件 score.txt 中。

第 11 章 高 级 编 程

以上各章介绍了 C 语言的基本语法以及一些常用的算法,使读者了解了结构化程序设计的思想。C 程序不仅能完成一般的操作,还能实现绘图、游戏制作、系统开发、硬件操作等功能。为了使读者更进一步领略 C 程序的魅力,在实际工作中熟练地应用 C 语言的库函数,深入学习程序设计的实用开发技术,本章将介绍几个典型的程序示例。希望通过对这几个示例的分析和讲解,提高读者的实际编程水平,为今后应用型能力的培养打下良好的基础。

11.1 个人小金库的管理

每个人都可以建立自己的小金库,里面是自己的资金。买东西时会花费资金,这是支出;获得奖学金、爸妈给的生活费或者打工赚的钱,这是收入。小金库的资金会不断地变化,需要对其进行管理。下面介绍一个小金库管理程序,供参考。

要求:

(1)小金库的信息统一放在随机文件中,该随机文件包括的数据项有记录 ID、发生日期、发生事件、发生金额(正的表示收入,负的表示支出)和余额。每记录一次收支,文件要增加一条记录,并计算一次余额。

(2)程序可以创建该文件并添加新收入或者支出信息,可进行查询,以得知小金库的收支流水账即收入、支出及余额信息。cashbox.dat 文件的部分内容如下:

```
Log id   log date      log note        charge      balance
1        2016-06-01    alimony         500.00      500.00
2        2016-06-08    shopping        -300.00     200.00
3        2016-06-15    shopping        -60.00      140.00
4        2016-06-20    workingpay      200.00      340.00
5        2016-08-01    scholarship     1000.00     1340.00
……
```

源程序如下:

```c
// crashbox.dat 是随机文件,记录金库收入支出流水账信息
// 程序的功能:添加新流水账记录,查询金库最后余额
#include "stdio.h"
#include "stdlib.h"
long size;              //当前最近一次的流水号
struct LogData{         //记录的结构
    long logid;         //记录 ID
    char logdate[11];   //记录发生日期
    char lognote[15];   //记录事件说明
    double charge;      //发生费用:负表示支出,正表示收入
    double balance;     //余额
};
```

```c
int inputchoice()        //选择操作参数
{
int mychoice;
printf("\nEnter your choice: \n");
printf("1-Add a new cash LOG. \n2-List All Cash LOG.\n");
printf("3-Query Last Cash LOG. \n0-End program. \n");
scanf("%d",&mychoice);
returnmychoice;
}
long getLogcount(FILE*cfptr)         //获取文件记录总数
{longbegin,end,logcount;
    fseek(cfptr, 0L, SEEK_SET);
    begin=ftell(cfptr);
    fseek(cfptr,size,SEEK_END);
    end=ftell(cfptr);
    logcount=(end-begin)/size-1;
    returnlogcount;
}
void ListALLLog(FILE *cfptr)          //列出所有收支流水账
{
    structLogData log; longlogcount;
    fseek(cfptr,0L,SEEK_SET);          //定位指针到文件开始位置
    fread(&log,size,1,cfptr);
    printf("logidlogdatelognotecharge  balance \n");
    while(!feof(cfptr))
    {   printf("%6ld %-11s  %-15s %10.2lf %10.2lf \n",
        log.logid,log.logdate,log.lognote,log.charge,log.balance);
        fread(&log,size,1,cfptr);
    }
}
void QueryLastLog(FILE*cfptr)         //查询显示最后一条记录
{
    struct LogData log;
    long logcount;
    logcount=getLogcount(cfptr);
    if(logcount>0)                    //表示有记录存在
    {
        fseek(cfptr, size*(Logcount-1),SEEK_SET);    //定位最后记录
        fread(&log, size, 1, efptr);                 //读取最后记录
        printf("The last log is: \n");
        printf("logid:%-6ld \nlogdate:%-11s\nlognote: %-15s\n",
            log.logid,log.logdate,log.lognote);
        printf("charge: %-10.2lf\nbalance: %-10.2lf\n",
            log.charge,log.balance);                 //显示最后记录内容
    }
        elseprintf("no logs in file! \n");
}
```

```c
void AddNewLog(FILE *cfptr)                          //添加新记录
{
    struct LogDatalog,lastlog;
    long logcount;
    printf("Input logdate(format:2016-01-01): ");
    scanf("%s",log.logdate);
    printf("Input lognote: ");
    scanf("%s",log.lognote);
    printf("Input Charge: Income+and expend: ");
    scanf("%lf",&log.charge);
    logcount=getLogcount(cfptr);                     //获取记录数
        if(logcount>0){
        fseek(cfptr,size*(logcount-1),SEEK_SET);
        fread(&lastlog,size,1,cfptr);                //读入最后记录
        log.logid=lastlog.logid+1;                   //记录号按顺序是上次的号+1
        log.balance=log.charge+lastlog.balance;
        }
        else{                                        //如果文件是初始,记录数为0
        log.logid=1;
        log.balance=log.charge;
        }
    rewind(cfptr);
    printf("logid=%ld\n",log.logid);
    fwrite(&log,sizeof(struct LogData),1,cfptr);     //写入记录
}

main(void)
{
    FILE*fp;  int choice;
    if((fp=fopen("cashbox.dat","ab+"))==NULL)
    {
        printf("can not open file cashbox.dad\n");
        exit(0);
    }
    size=sizeof(structLogData);
    while((choice=inputchoice())!=0)
    {
        switch(choice){
        case 1:
            AddNewLog(fp);  break;
        case 2:
            ListAllLog(fp);break;         //列出所有的收入支出情况
        case 3:
            QueryLastLog(fp);  break;     //查询最后的余额
        default:
            printf("Input Error.");  break;
        }
```

```
        }
        fclose(fp);
}
```

本程序运行后,提示一个主菜单,提供了添加新记录、查询最后记录、列出所有记录功能,可以进行选择操作。

11.2 简单的信息管理系统

信息管理系统是目前社会经济领域中最基本的计算机应用系统,它为进一步开展以宏观经济管理决策为目标的决策支持系统提供了重要的技术基础。管理信息系统要求具有集中统一的数据库,以便于对企业经营活动所产生的大量数据进行迅捷、高效的管理。

要求:设计并开发一个学生 C 语言成绩管理系统。

分析:本例是一个简单的信息管理系统,目的是对学生 C 语言成绩进行有效管理,为教务部门考察学生学习情况以及评估教学效果提供依据。系统有录入、删除、查询、统计、保存、调入等功能,可以利用计算机自动保存和处理学生的成绩。通过这个实例,使读者能够理解结构化程序设计的基本思路,掌握 C 语言中函数、指针、结构体以及文件等知识,并能够综合应用,模拟实现数据库的基本功能。

1) 数据结构

合理地选择和实现系统的数据结构,对于软件开发来说是非常重要的。学生是一种复杂的对象,无法用简单数据类型来描述,显然要定义结构体类型。由于学生人数很多,还需要定义数组或者链表。数组的特点是数据在内存中顺序存放,长度必须事先指定,而学生的人数很难估计。如果数组长度定得过大,会造成存储空间的浪费;如果数组长度定得过小,又无法满足需求。特别是在进行插入、删除等操作时,代价较大而又容易出错。用链表来管理学生成绩就显得较为妥当,首先它不用估计学生人数,其次进行插入、删除等操作时,代价较小。

定义链表结构的关键在于:为学生定义结构体类型时,应该定义一个 next 成员,该成员可以把学生结点进行链接。以下是定义学生结构体类型的代码:

```
struct STU{
    char name[10;        //姓名
    int num;             //学号
    int age;             //年龄
    char sex;            //性别
    int score;           //成绩
    structSTU  *next;    //指向后继结点的指针
};
```

2) 主模块

结构化程序设计的基本思想是:自顶向下,逐步细化,把功能进行分解,最终分解为较易实现的小模块。模块是由函数实现的,函数之间形成明确的调用关系。

main 函数就是程序的主模块,它控制整个程序的运行,具体功能主要在各个子模块中实现。main 函数不断循环调用主菜单函数,根据用户输入的命令,调用相关的功能函数,如果用户输入"退出"命令,则结束程序。以下是 main 函数的代码:

```c
#include"stdio.h"
#include"stdlib.h"
#include"string.h"
#include"conio.h"
#define LEN Sizeof(struct STU)
main()
{
    struct STU *ins(struct STU *);
    struct STU *del(struct STU *);
    void quer(struct STU *);
    void disp(struct STU *);
    void stat(struct STU *);
    void savef(struct STU *);
    void quit(struct STU *);
    void menu(void);
    struct STU *init(structSTU*);
    struct STU*head=NULL;            //链表的头指针
    int cho;
    head=init(head);                 //链表初始化
    while(1)
    {
        menu();                      //显示菜单
        do
        {
            printf("please input selection: ");
            scanf("%d", &cho);       //输入命令
        }while(cho<1 || cho>7);
        switch(cho)                  //判断命令
        {case 1:head=ins(head);  break;
        case 2:head=del(head);  break;
        case 3:quer(head);  break;
        case 4:disp(head);break;
        case 5:stat(head);   break;
        case 6:savef(head);  break;
        case 7:quit(head);
        }
    }
}
```

3) 初始化模块

该模块负责在用户进入系统时,调入保存在磁盘文件中的学生成绩信息,由 init 函数实现。学生的成绩信息保存在 aaa.txt 文件中,用 fopen 函数以读方式打开。调用 fscanf 函数从文件读入数据,动态分配内存空间,存放学生成绩信息,并且在读入数据时组织链表。以下是 init 函数的代码:

```c
struct STU *init(struct STU *head)
{
    FILE *fp;   //文件指针
```

```
struct STU *prev,*cur;
if((fp=fopen("aaa. txt", "r"))==NULL)     //打开失败
{
    printf("can't open file aaa.txt . \n");
    getch();
    return 0;
}
if(feof(fp))       //文件内容为空
    return(NULL);
    cur=(struct STU *)malloc(LEN);        //动态分配内存
            //从文件读入某个学生的成绩信息
fscanf(fp,"%s%d%d%c%d",cur->name,&cur->num,&cur->age,&cur->sex,
        &cur->score);head=cur;
prev=cur;
while(!feof(fp))
{
    cur=(struct STU *)malloc(LEN);
    fscanf(fp,"%s%d%d%c%d",cur->name,&cur->num,&cur->age,&cur->sex,
    &cur->score);prev->next=cur;           //组织链表
    prev=cur;
}
prev->next=NULL;
return(head);
}
```

4)菜单模块

系统与用户交互的界面是通过菜单实现的,用户根据菜单的提示输入命令,然后主模块调用相应的功能模块,实现用户所要求的操作。菜单是由 menu 函数实现的,主要是通过显示一些文字,构建一个简单的字符界面。为了便于操作,又定义了一个 pristr 函数用来显示菜单的轮廓。以下是 menu 函数的代码:

```
void menu(void)
{   void pristr(void);
    clrscr();//清屏
    pristr( );
    pristr( );
    printf("    student C manage system  \n\n\n");
    printf("1:insert a student \n");
    printf("2:delete a student \n");
    printf("3:find a student \n");
    printf("4:display the whole class \n");
    printf("5:statics score \n");
    printf("6:save record \n");
    printf("7:exit system \n");
    pristr();
    pristr();
    printf("\n\n\n");
}
```

```
voidpristr(void)
{
    printf(0★—★—★—★—★—★—★—★—★—★—★\n");
}
```

说明：在 menu 函数中调用了库函数 clrscr( )，它的功能是清屏。调用前需要包含头文件 conio.h。

5) 录入模块

成绩录入模块功能是由 ins 函数来实现的。录入的学生成绩信息插入在链表的尾部。以下是 ins 函数的代码：

```
struct STU *ins(struct STU *head)
{
    struct STU *newn,*t1;
    newn=(structSTU *)malloc(LEN);
    printf("please input the student's information\n");
    scanf("%s%d%d%c%d",newn->name,&newn->num,&newn->age,&newn->sex,
        &newn->score);
    if(head==NULL)        //链表为空
    {head=newn;
        newn->next=NULL;
    }
    else
    { t1=head;
        while(t1->next!=NULL)
        t1=t1->next;
        t1->next=newn;        //插入链表尾部
        newn->next=NULL;
    }
    return(head);
}
```

说明：也可以按学号排序组织链表。录入时按学号顺序把学生信息插入链表相应位置。

6) 删除模块

成绩删除模块功能是通过 del 函数实现的，用户输入学生姓名，系统找到之后，删除相关学生的成绩信息。删除算法较为复杂，关键是要把遇到的各种情况考虑清楚。可能遇到的情况有：链表为空、删除的是第 1 个结点、删除的是中间结点以及所删结点不存在等，这些都要分别处理。以下是 del 函数的代码：

```
struct STUdel(struct STU *head)
{
    struct STU *prev,*cur;
    char name[10];
    int flag=0;
    printf("\nplease input the name:");
    scanf("%s",name);
    if(head==NULL)      //链表为空
        printf("empty chat \n");
    else if(strcmp(head->name,name)==0)        //按姓名查找
```

```
        {
            cur=head;
            head=head->next;
            free(cur);
            flag=1;
        }
        else
        {
            cur=head->next;
            prev=head;
            while(cur!=NULL)
            if(strcmp(cur->name,name)==0)
            {
                prey->next=cur->next;
                free(cur);
                flag=1;
                break;
            }
            else
            {
                prev=cur;
                cur=cur->next;
            }
        }
        if(flag==1)
            printf("\nthe node is deleted\n");
        else
            printf("\n the node is not existed\n");
        return(head);
}
```

7) 查询模块

查询模块的功能是由 quer 函数来实现的。根据输入的学生姓名在链表中进行查找工作，如果找到，则显示该生的相关信息；如果查无此人，也给出提示信息。以下是 quer 函数的代码：

```
void quer(struct STU *head)
{
    struct STU *t=head;
    char name[10];
    int flag=0;
    printf("\nplease input the name:");
    scanf("%s",name);
    while(t!=NULL)
    if(strcmp(t->name,name)==0)     //查找成功
    {
        flag=1;
        break;
```

```
        }
        else
            t=t->next;
    if(flag==1)
    {
        printf("the node is found\n");
        printf("name:%-8s,num:%3d,age:%3d,sex:%c,score:%3d\n",
            t->name,t->num,t->age,t->sex,t->score);
    }
    else
        printf("the node is not found \n");       //查无此人
}
```

说明：也可以提供按学号查询的功能，请读者自行完成。

8) 显示模块

显示模块的功能是由 disp 函数实现的。disp 函数从链表的第 1 个结点开始，将所有学生的成绩信息显示在屏幕上。以下是 disp 函数的代码：

```
void disp(struct STU *head)
{   struct STU *t1;
    if(head==NULL)
    {printf("empty chart \n");
        getch( );
        return;
    }
    else
    {
        for(t1=head; t1!=NULL; t1=t1->next)
        printf("%-8s,%3d,%3d,%c,%5d\n",t1->name,t1->num,t1->age,t1->sex,
            t1->score);
        getch( );
    }
}
```

9) 统计模块

统计模块的功能是由 stat 函数实现的。它主要统计学生 C 语言成绩的最高分、最低分以及平均成绩。以下是 stat 函数的代码：

```
void stat(struct STU *head)
{
    int max,min,i;
    struct STU *t;
    float sum;
    if(head==NULL)      // 空表
        printf("empty char\n");
    else
    {
        max=min=head->score;
        sum=head->score;
```

```
            t=head->next;
            for(i=1; t!=NULL; t=t->next, i++)
            {
                if(t->score>max)
                max=t->score;
                if(t->score<min)
                min=t->score;
                sum+=t->score ;
            }
        }
            printf("\nmaxis%3d,minis%3d,average is%6.2f\n",
        max,min,sum/i);
        }
            getch();
        }
```

10)存盘模块

存盘模块的功能是通过 savef 函数实现的。savef 函数以写方式打开文件，调用 fprintf 函数将链表中的结点写入磁盘。以下是 savef 函数的代码：

```
void savef(struct STU *head)
{
    char s[20];
    FILE *fp;
    struct STU *node=head;
    printf("please input file name:\n");
    scamf("%s",s);
    if((fp=fopen(s,"w"))==NULL)
    {
        printf("can't open file \n");
        getch( );
        return;
    }
    while(node!=NULL)
    {
        fprintf(fp,"%s %d %d%c%d",node->name,node->num,node->age,node->sex,node->score);
        node=node->next;
    }
    fclose(fp);
}
```

11)退出模块

退出模块的功能是通过 quit 函数实现的。quit 函数首先提示用户是否确认退出，如果用户确认退出，则结束程序的运行。以下是 quit 函数的代码：

```
void quit(struct STU *head)
{
    char c;
```

```
        printf("save zheresult,y or n? \n");
        scanf("%c",&c);
        if(c=='y')
        savef(head);
        printf("now exit zhe manage system \n");
        getch( );
        exit(0);
}
```

说明：结束程序时通过调用库函数 exit 实现的，它的功能是结束程序的运行。调用 exit 函数之前，应该包含头文件 stdlib.h。

11.3 贪吃蛇游戏

贪吃蛇游戏是一款老少皆宜、颇受欢迎的游戏，与俄罗斯方块等小游戏齐名。其玩法是一条蛇在封闭的围墙内四处游动，吃掉不断出现的食物，每吃掉一个食物，蛇的身子就增长一节，分数也加上 10 分。如果蛇在游动过程中撞到墙壁或者蛇头碰到蛇身，它就死了，游戏也随之结束。

游戏界面中蛇、围墙以及食物都用方块表示，围墙由很多浅色小方块组成，它们沿屏幕四周围成一圈；蛇由红色小方块组成，蛇头用两节方块表示，蛇身每长一节，就增加一个方块；食物用绿色小方块表示，它在围墙内随机出现。蛇自动沿着某一个方向游动，一次移动一节身体，玩家可以通过方向键改变蛇的游动方向。蛇必须从蛇头开始移动，而且不能向相反方向移动。

编程实现时，调用图形库函数 rectangle 画出小方块，调用 kbhit 函数接收用户按键，调用 rand 函数随机确定食物出现的位置。用覆盖法实现蛇游动以及食物被吃掉的动画效果，通过 delay 函数控制游戏的速度。

在设计数据结构时，定义 3 个结构体类型，其中 struct point 描述点，struct Food 描述食物，struct Snake 描述蛇。定义一个枚举类型 direction，表示右、左、上、下 4 个方向。struct Snake 有一个成员是 struct point 数组，用于存放蛇身体每一节的位置，还有一个枚举类型成员 d，用于指示蛇当前移动的方向。以下是实现贪吃蛇数据结构的相应代码：

```
#define N 100
#define M 2
#include"graphics.h"
#include"stdio.h"
#include"stdlib.h"
#include"dos.h"
#include"bios.h"
#include"time.h"
#define LEFT 0x4b00
#define RIGHT 0x4d00
#define DOWN 0x5000
#define UP 0x4800
#define ESC 0x011b
int score=0;                   //成绩
struct point                   //位置
```

```
{
    int x;
    int y;
};
enum direction{Left, Right, Up, Down};
struct Food              //食物
{
    int x;
    int y;
    int flag;            //食物出现标志
}food;

struct Snake             //蛇
{
    struct point p[N];
    int node;            //蛇的节数
    enum direction d;    //蛇移动方向
    int life;            //生命状态
}snake;
```

整个程序由主控模块、图形初始化模块、图形结束模块、画围墙模块、画食物模块、游戏模块、成绩显示模块和游戏结束模块组成。首先介绍主控模块，它由 main 函数实现，主要是调用其他函数，控制游戏的进程。以下是实现 main 函数的相应代码：

```
    void Init(woid);         //图形驱动
    void Close(void);        //图形结束
    void DrawK(void);        //画围墙
    void GameOver(void);     //结束游戏
    void GamePlay(void);     //游戏具体过程
    void PrScore(void);      //输出成绩
    voidDrawF(void);         //画食物
    int Check(void);         //检测相撞
    main()                   //主函数
    {
        Init( );             //图形驱动
        DrawK( );            //画围墙
        GamePlay( );         //游戏具体过程
        Close( );            //图形结束
    }
```

图形的初始化和结束分别由 Init 函数和 Close 函数实现，以下是相应代码：

```
    void Init(void)
    {
        int gd=DETECT,gm;
        initgraph(&gd,&gm," ");
        cleardevice( );      //清空屏幕
    }
    void Close(void)
```

```
        {
            getch( );
            closegraph( );
        }
```

画围墙模块由 DrawK 函数实现,设置颜色和线型,通过循环调用 rectangle 函数,画出封闭的围墙,以下是相应代码:

```
void DrawK(void)         // 画出左上角坐标为(50,40)、右下角坐标为(610,460)的围墙
{
    int i;
    setcolor(LIGHTCYAN);
    setlinestyle(SOLID_LINE,0,THICK_WIDTH);  //设置线型
    for(i=50;i<=600;i+=10)                    //画围墙
    {
        rectangle(i,40,i+10,49);              //上边
        rectangle(i,451,i+10,460);            //下边
    }
    for(i=40;i<=450;i+=10)
    {
        rectangle(50,i,59,i+10);              //上边
        rectangle(601,i,610,i+10);            //下边
    }
}
```

画食物模块由 DrawF 函数实现,随机产生食物的坐标并做适当调整,调用 rectangle 函数画出食物,以下是相应代码:

```
void DrawF(void)
{
    food.x=rand()%400+60;
    food.y=rand()%350+60;
    if(food.x%10!=0)//必须让食物在整格内,这样才可以让蛇吃到
        food.x=(food.x/10+1)*10;
    if(food.y%10!=0)
        food.y=(food.y/10+1)*10;
    setcolor(GREEN);//显示食物
    rectangle(food.x,food.y,food.x+10,food.y-10);
}
```

游戏结束模块由 GameOver 函数实现。先显示游戏成绩,再显示"GAME OVER",表示游戏结束。其中显示成绩是调用成绩显示模块实现。以下是相应代码:

```
void GameOver(void)
{
    cleardevice();
    PrScore();          //显示成绩
    setcolor(RED);
    settextstyle(0,0,4);
    outtextxy(200,200,"GAME OVER");    //显示文本
    getch();
}
```

成绩显示模块由 PrScore 函数实现。先画出一个条形图，然后显示成绩。以下是相应代码：

```c
void PrScore(void)
{
    char str[20];
    setfillstyle(SOLID_FILL,YELLOW);
    bar(50,15,220,35);
    setcolor(BROWN);
    settextstyle(0,0,2);
    sprintf(str,"score: %d",score);
    outtextxy(55,20,str);
}
```

检测相撞模块由 Check 函数实现。检查蛇是否撞到墙或者碰到自己的身体，返回检测结果。以下是相应代码：

```c
int Check(void)
{
    int i,flag=0;
        //检测蛇是否撞到墙或者碰到自己的身体，返回检测结果
        //从蛇的第 M+2 节开始判断是否撞到自己，蛇头为 M 节，第 M+1 节不可能拐过来
        for(i=M+1; i<snake.node; i++)
        {flag=1;
        break;
        }
        if(snake.p[i].x==snake.p[0].x &&snake.p[i].y==snake.p[0].y)
        {
        flag=1;
        break;
        }
        if(snake.p[0].x<55||snake.p[0.x>595 || snake.p[0].y<55 ||snake.
            p[0].y>455)
    //检测蛇是否撞到墙壁
    {
    flag=1;
    return(flag);
}
```

游戏模块由 GamePlay 函数实现，判断食物标志，在随机位置产生食物；自动移动蛇的身体，通过方向键改变移动方向；如果吃到食物则蛇身增长一节，如果蛇撞到墙或者碰到自己的身体则游戏结束。以下是相应代码：

```c
void GamePlay(void)              //玩游戏具体过程
{
    int i, key, speed=500;       //游戏速度
    randomize();                 //随机数发生器
    food.flag=1;                 //1 表示需要出现新食物，0 表示已经存在食物
    snake.life=0;                //活着标志
    snake.d=Right;               //方向往右
```

```c
snake.p[0].x=100;
snake.p[0].y=100;                        //蛇头
snake.node=M;                            //节数
PrScore();                               //输出得分
while(1)
{
while(!kbhit())                          //t 在没有按键的情况下,蛇自己移动身体
{
 if(food.flag==1)                        //需要出现新食物
{
DrawF();
Food.flag=0;                             //画面上有食物了
}
for(i=snake.node-1; i>0; i--)            //蛇的每个环节往前移动
snake.p[i]=snake.p[i-1];
switch(snake.d)                          //判断右、左、上、下 4 个方向,移动蛇头
{
case Right:snake.p[0].x+=10;   break;
case Left:snake.p[0].x-=10;    break;
case Up:snake.p[0].y-=10;      break;
case Down:snake.p[0].y+=10;
}
if(Check()==1)
{
GameOver();                              //游戏失败
snake.life=1;
break;                                   //如果蛇死就跳出内循环
}
if(snake.p[0].x==food.x&&snake.p[0].y==food.y)        //吃到食物
{
setcolor(0);                             //把画面上的食物去掉
rectangle(food.x,food.y,food.x+10,food.y-10);
snake.p[snake.node].x=-20;
snake.p[snake.node].y=-20;
//新的一节先放在看不见的位置
                                         //下次循环就取前一节的位置
snake.node++;                            //蛇的身体长一节
food.flag=1;                             //画面上需要出现新的食物
score+=10;
PrScore();                               //输出新得分
}
setcolor(4);                             //画出蛇
for(i=0; i<snake.node; i++)
rectangle(snak.p[i].x,snake.p[i].y,snake.p[i].x+10,snake.p[i].y-10);
delay(speed);
setcolor(0);                             //用黑色去除蛇的最后一节
rectangle(snake.p[snake.node-1].x,
snake.p[snake.node-1].y,
```

```
                snake.p[snake.node-1].x+10,snake.p[snake.node-1].y-10);
        }                                   //endwhile(!kbhit)
    if(snake.life==1)                       //如果蛇死就退出
    break;
    key=bioskey(0);                         //接收按键
    if(key==ESC)                            //按Esc键退出
    break;
    else if(key==UP&&snake.d!=Down)
    //判断是否往相反的方向移动
    Snake.d=Up;
    else if(key==RIGHT&&snake.d!=Left)
    snake.d=Right;
    else if(key==LEFT&&snake.d!=Right)
    snake.d=Left;
    else if(key==DOWN&&snake.d!=Up)
    snake.d=Down;
    }                                       //endwhile(1)
}
```

附录　C 库 函 数

库函数并不是 C 语言的一部分，它是由开发人员根据需要编制并提供给用户使用的。每一种 C 编译系统都提供了一批库函数，不同的编译系统所提供的库函数的数目和函数名以及函数功能是不完全相同的。考虑到通用性，本书列出 ANSI C 标准建议提供的、常用的部分库函数。对多数 C 编译系统，可以使用这些函数的绝大部分。由于 C 库函数的种类和数目很多，限于篇幅，本附录只根据教学的需要列出最基本的一部分。读者在编制 C 程序时可能要用到更多的函数，请查阅所用系统的手册。

1. 数学函数

使用数学函数时，应该在该源文件中使用以下命令行：

```
#include<math.h> 或 #include"math.h"
```

函数名	函数原型	函数功能
fabs	double fabs(double x)	求 x 的绝对值
sqrt	double sqrt(double x)	计算 x 的平方根
exp	double exp(double x)	计算 e^x
pow	double pow(double x,double y)	计算 x^y
log	double log(double x)	计算 lnx
log10	double log10(double x)	计算 $\log_{10}x$
floor	double floor(double x)	求小于 x 的最大整数
fmod	double fmod(double x，double y)	求整除 x/y 的余数
sin	double sin(double x)	计算 sin(x)
cos	double cos(double x)	计算 cos(x)
tan	double tan(double x)	计算 tan(x)
acos	double acos(double x)	计算 arccos(x) 的值
asin	double asin(double x)	计算 arcsin(x) 的值
atan	double atan(double x)	计算 arctan(x) 的值
atan2	double atan2(double x,double y)	计算 arctan(x/y) 的值
rand	int rand(void)	产生 –90～32767 的随机整数

2. 输入输出函数

下列输入输出函数在头文件 stdio.h 中说明。使用这些函数时，应该在该源文件中使用以下命令行：

```
#include<stdio.h> 或 #include "stdio.h"
```

(1) 格式化输入输出函数见下表。

函数名	函数原型	函数功能
printf	int printf(char *format,输出表)	按 format 指定格式，输出各表达式的值，输出到标准输出文件
scanf	int scanf(char *format,输入项地址表列)	按 format 指定格式，读入数据，存入各个地址对应的存储单元中
sprintf	int sprint(cahr *s,char *format,输出表)	功能类似 printf 函数，但输出目标为字符串 s
sscanf	int sscanf(char *format,输入项地址表列)	功能类似 scanf 函数，但输入源为字符串 s

(2) 字符(串)输入输出函数见下表。

函数名	函数原型	函数功能
getchar	int getchar( )	从标准输入文件读入一个字符
putchar	int putchar(char ch)	向标准输出文件输出字符 ch
gets	char *gets(char *s)	从标准输入文件读入一个字符串到字符数组 s，输入字符串以回车结束
puts	int *puts(char *s)	把字符串 s 输出到标准输出文件，"\0" 转换为 "\n" 输出
fgetc	int fgetc(FILE*fp)	从 fp 所指文件中读取一个字符
fputc	int fputc(char ch,FILE*fp)	将字符 ch 输出到 fp 所指文件
fgets	char*fgets(char*s,int n, FILE *fp)	从 fp 所指文件读取一个长度为 n−1 的字符串，存入起始地址为 s 的空间中
fputs	int *fputs(char *s, FILE *fp)	将字符串 s 输出到 fp 所指向文件

(3) 文件操作函数见下表。

函数名	函数原型	函数功能
fopen	FILE*fopen(char *fname,char *mode)	以 mode 方式打开文件 fname
fclose	int fclose(FILE*fp)	关闭 fp 所指文件
feof	int feof(FILE*fp)	检查 fp 所指文件是否结束
fread	int fread(T *a,long sizeof(T), unsigned int n, FILE *fp)	从 fp 所指文件复制 n*sizeof(T) 个字节，到 T 类型指针变量 a 所指的内存空间
fwrite	fwrite(T*a,long sizeof(T), unsigned int n, FILE *fp)	从 T 类型指针变量 a 所指处起复制 n*sizeof(T) 个字节的数据，输出到 fp 所指向的文件
rewind	void rewind(FILE *fp)	移动 fp 所指文件读写位置到文件头，并清除文件结束标志和错误标志
fseek	int fseek(FILE*fp, long n, unsigned int posi)	移动 fp 所指文件读写位置到以 posi 为基准、以 n 为位移量的位置
ftell	long ftell(FILE*fp)	求当前读写位置到文件头的字节数
remove	int remove(char *fname)	删除名为 fname 的文件
rename	int rename(char*oldfname, char*newfname)	改文件名 oldfname 为 newfname

说明：fread()和 fwrite()中的类型 T 可以是任一合法定义的类型。

(4) 字符判别函数。

下列字符判别函数在头文件 ctype.h 中给出了说明。使用这些函数时，应该在该源文件中使用以下命令行：

```
#include<ctype.h>
```

函数名	函数原型	函数功能
isalpha	int isalpha(char c)	判别 c 是否为字母字符
islower	int islower(char c)	判别 c 是否为小写字母
isupper	int isupper(char c)	判别 c 是否为大写字母
isdigit	int isdigit(char c)	判别 c 是否为数字字符
isalnum	int isalnum(char c)	判别 c 是否为字母、数字字符
isspace	int isspace(char c)	判别 c 是否为空格字符
iscntrl	int iscntrl(char c)	判别 c 是否为控制字符
isprint	int isprint(char c)	判别 c 是否为打印字符
isgraph	int isgraph(char c)	判别 c 是否为除字母、数字、空格以外的打印字符
tolower	int tolower(char c)	将大写字母 c 转换为小写字母
toupper	int toupper(char c)	将小写字母 c 转换为大写字母

(5) 字符串操作函数。

要使用字符串操作函数时，应该在该源文件中使用以下命令行：

```
#include<ctype.h>
```

常见的字符串操作函数见下表。

函数名	函数原型	函数功能
strcat	char *strcat(char *s,char *t)	把字符串 t 连接到 s，使 s 成为包含 s 和 t 的结果串
strcmp	int strcmp(char *s,char *t)	逐个比较字符串 t 和 s 中的对应字符，直到对应字符不等或者比较到串尾
strcpy	char *strcpy(char *s,char *t)	把字符串 t 复制到 s 中
strlen	unsigned int strlen(char *s)	计算字符串 s 的长度(不包括"\0")
strchr	char *strchr(char *s,char *c)	在字符串 s 中找字符 c 首次出现的地址
ststr	char *ststr(char *s,char *t)	在字符串 s 中找字符串 t 首次出现的地址

（6）数值转换函数。

要使用把数值内容的字符串转换为数值的函数，应该在该源文件中使用以下命令行：

```
#include<stdlib.h>
```

函数名	函数原型	函数功能
abs	int abs(int x)	求整型数 x 的绝对值
atof	double atof(char *s)	把字符串 s 转换成双精度浮点数
atoi	int atoi(char *s)	把字符串 s 转换成整型数
atol	long atol(char *s)	把字符串 s 转换成长整型数
rand	int rand()	产生一个伪随机的无符号整数
srand	int srand(unsignedint seed)	以 seed 为初始值产生一个无符号随机整数

（7）动态内存分配函数。

要使用动态内存分配函数，应该在该源文件中使用以下命令行：

```
#include<stdlib.h>
```

函数名	函数原型	函数功能
calloc	void *calloc(unsigned int n,unsigned int size)	分配 n 个连续存储单元(每个单元包含 size 个字节)
malloc	void *malloc(unsigned int size)	分配 size 个字节的存储单元块
free	void free(void *p)	释放 p 指向的存储单元块
realloc	void realloc(void *p,unsigned int size)	将 p 所指向的已分配存储单元块的大小改为 size

（8）过程控制函数。

要使用过程控制函数，应该在该源文件中使用以下命令行：

```
#include<process.h>
```

函数名	函数原型	函数功能
exit	void exit(int status)	使程序指向立刻终止，并清除和关闭所有打开的文件 status=0 表示程序正常结束；status 非 0 则表示程序存在错误执行